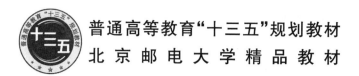

普通高等教育"十三五"规划教材

北 京 邮 电 大 学 精 品 教 材

数据结构与算法

徐雅静　肖波　马占宇　黄平牧　编著

北京邮电大学出版社
www.buptpress.com

内 容 简 介

"数据结构与算法"是计算机及其相关专业的重要课程,是计算机软件开发及应用人员必备的专业基础。本书首先介绍数据结构与算法的基础知识,然后系统地论述线性表、栈、队列、串、数组、树和二叉树、图等基本数据结构,并讨论了常用的查找和排序技术。在用例选择方面,充分考虑了电子信息类专业的特点,尤其突出了信息与通信工程相关专业的特色。本书在部分章节加入了相应的标准模板库(STL),旨在使读者了解STL 与数据结构的关系并且掌握各类 STL 的应用,提高其实际应用能力和程序设计的效率。

　　本书内容丰富、层次清晰、深入浅出,可作为高等院校计算机及相关专业,尤其是电子信息类专业数据结构课程的教材,也可供从事计算机软件开发和应用的工程技术人员阅读和参考。

图书在版编目(CIP)数据

数据结构与算法 / 徐雅静等编著. -- 北京 : 北京邮电大学出版社,2019.2(2022.3 重印)
ISBN 978-7-5635-5175-0

Ⅰ.①数… Ⅱ.①徐… Ⅲ.①数据结构②算法分析 Ⅳ.①TP311.12

中国版本图书馆 CIP 数据核字(2019)第 033481 号

书　　　名：数据结构与算法
编 著 者：徐雅静　肖　波　马占宇　黄平牧
责任编辑：彭　楠　米文秋
出版发行：北京邮电大学出版社
社　　　址：北京市海淀区西土城路 10 号(邮编:100876)
发 行 部：电话:010-62282185　传真:010-62283578
E-mail：publish@bupt.edu.cn
经　　　销：各地新华书店
印　　　刷：保定市中画美凯印刷有限公司
开　　　本：787 mm×1 092 mm　1/16
印　　　张：18
字　　　数：470 千字
版　　　次：2019 年 2 月第 1 版　2022 年 3 月第 3 次印刷

ISBN 978-7-5635-5175-0　　　　　　　　　　　　　　　　定　价：45.00 元

前　　言

　　"数据结构与算法"是计算机及相关专业的重要专业基础课。它不仅是计算机专业学生的必修课程，也是许多非计算机专业的重要课程。数据结构的知识内容及其涉及的技术方法是计算机、电子、信息与通信等领域中诸多课程的基础，同时也是软件工程研究、开发和应用中必备的基础。

　　数据结构所包含的内容丰富、知识抽象，许多算法技巧性强，学生学习难度大。本书在内容选择上不仅涵盖了数据结构的基础知识及重要数据结构和算法，还结合了电子信息类专业特点，从内容到用例都经过作者精心选择。撰写本书旨在打造一本具有一定针对性的电子信息类专业的数据结构教材，同时又不失一般性，亦可作为普通的数据结构教材使用。本书作者长期从事数据结构课程的教学工作，在本书的写作过程中注重知识点的难易把握，突出数据结构在实际问题中的应用，同时对内容进行合理的剪裁和扩充，梳理出清晰的数据结构学习主线。

　　本书的特点主要表现在以下几个方面。

　　1. 内容全面

　　本书第 1 章系统介绍数据结构基本概念及算法分析方法；第 2～5 章系统论述线性表、栈、队列、串、数组和广义表、树和二叉树、图等基本数据结构，对其逻辑结构、存储表示及运算操作进行阐述；最后两章讨论了常用的查找和排序技术。

　　2. 图表丰富，通俗易懂

　　全书内容既注重原理，又注重实践，配有大量的图表和图示。对 C++ 语言描述的算法进行了详细的注解和简要的性能分析，引入实例说明各种数据结构的具体应用。为使读者理解所设计的类的作用，书中加入了实际用例和测试代码。

　　3. 突出电子信息类专业特色

　　全书内容充分考虑了电子信息类专业的特点，很多实例直接选择相关专业，尤其是信息与通信工程相关专业较为基础的实际问题。因此本书既可作为具有电子信息类专业针对性的数据结构教材，又可作为普通的数据结构教材使用。

　　4. 难易适中，启发性强

　　书中内容难易适中，在内容选择上不仅注重基础知识的阐述，而且兼顾重要算法的分析。对于已超出本书讲述范围的非常复杂的问题只给出算法思想，同时引导读者阅读更深层次的资料。本书注重培养学生的思考能力和创新能力，对应各个知识点配以若干思考问题，启发读者进一步地分析和思考。

　　5. 联系实际，实用性强

　　书中的很多例题都结合实际问题，使读者容易理解。同时，书中还在部分章节加入了标准模板库（STL）的内容，旨在使读者在理解数据结构的同时联系 STL、掌握 STL 的实现机制和应用、快速地利用 STL 编写程序。

　　本书共 7 章：第 1、2 章由徐雅静编写，第 3 章由马占宇编写，第 4、5 章由肖波编写，第 6、7 章由黄平牧编写。全书由徐雅静统稿。书中的所有 C++代码、PPT 等都可通过北京邮电大学出版社网站下载。

　　在本书的写作过程中，作者得到了同事及研究生的广泛支持和帮助。特别感谢蔺志青教授、别红霞教授、赵衍运副教授、胡佳妮副教授对本书内容的总体把握和指导，并对各章内容提出很多重要的修改意见。本书的写作还得到郭军教授的大力支持，并提出很多有益的建议，在此一并表示感谢。

　　由于作者水平有限，书中难免存在错误和疏漏。在此欢迎广大读者多提宝贵意见和建议，对书中错误、疏漏之处批评指正，可直接将意见发送至 xyj@bupt.edu.cn，作者将非常感谢。

作　者

2018 年 12 月于北京邮电大学

目　　录

第1章 绪论

人们在进行程序设计时通常关注两个重要问题:一是如何将待处理的数据**存储**到计算机中,即数据表示;二是使用何种逻辑来**操作**这些数据,即数据处理。数据表示的本质是数据结构设计,数据处理的本质是算法设计,这两个问题相互作用,相辅相成。一个高质量的程序,既需要设计合理的数据结构,又需要巧妙的处理算法,才能得到最好的执行效率。因此,PASCAL语言之父,著名的瑞士计算机科学家沃思(Niklaus Wirth)教授提出一个著名的公式:算法+数据结构=程序。

本章将系统地介绍数据结构与算法的基本概念和方法,逐步带读者进入计算机算法的世界,体会数据结构与算法的精彩。

1.1 数据结构与算法的重要性

1946年,世界上第一台通用计算机"ENIAC"诞生在美国宾夕法尼亚大学,当时人们使用计算机主要是处理数值计算问题。由于当时计算机的计算能力低下,所涉及的运算对象是简单的整数、实数及布尔型数据,所以程序设计者的主要精力集中于数学建模的方法,而不需要设计复杂的存储方法。

之后,在20世纪60年代到80年代,随着计算机应用领域的扩大和软硬件的发展,"非数值处理问题"显得越来越重要。如何表示数据成为程序设计的重要问题,数据结构及抽象数据类型以及算法的概念被人们提出,从而使程序设计越来越规范。所以,数据结构与算法起源于程序设计,并随着程序设计的发展而发展。

下面将从所有程序员都会遇到的问题开始,了解学习数据结构与算法的必要性。

(1)数据结构与算法用于解决哪些问题?

现实世界中存在两大类问题:一类是数值计算问题,如概率统计问题、求极限、求面积等,该类问题一般采用数学建模、公式推导来解决;另一类就是非数值计算问题,如图书管理问题、对弈问题、路由问题,该类问题一般使用数据结构与算法来解决。

(2)什么是数据结构?什么是算法?

利用编程来解决现实生活中的非数据计算问题时,至少需要考虑以下两个方面:一是这个问题所需要的数据如何存储到计算机中,即数据表示问题,如图1-1所示,这就是"数据结构";

二是采用什么处理逻辑来操作这些数据,得到问题的答案,即数据处理,这就是"算法"。

图 1-1 中的"某种方法"就是数据结构要研究的内容,也就是说,数据结构是研究如何将现实生活中的复杂数据合理高效地存储在计算机中的方法。

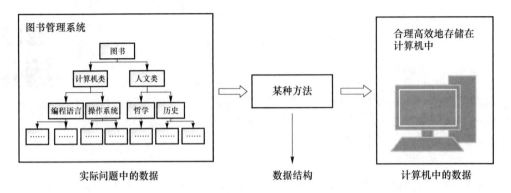

图 1-1　数据存储示意图

数据结构解决数据如何存储的问题,即解决如何将现实中的问题在计算机中的表示,接下来就是面对实际问题进行的一些操作,如查找某一本书,删除某一类图书。如何进行高效稳定的查询、删除以及其他操作,就是算法要研究的内容。例如,以在数据{12,5,21,16,8,18,3,6,23}中查找数字 6 为例,如图 1-2 所示,可以采用不同的数据结构(图 1-2(a)为线性结构,图 1-2(b)为非线性结构)存储数据,采用不同的查找算法:线性查找算法和树表查找算法。

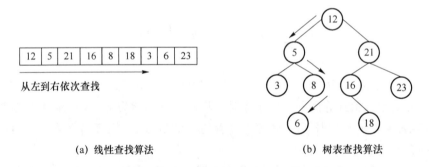

(a) 线性查找算法　　　　　　　　(b) 树表查找算法

图 1-2　不同数据结构与算法示意图

从这里可以看出,数据结构与算法是程序的两个重要组成部分,即算法＋数据结构＝程序。不同的数据结构会对应不同的算法,具有不同的执行效率。数据结构是指数据之间的关系和相应的存储方法,而算法是指对数据的操作方法的描述,即解决一个问题的一系列步骤。因此,通常将程序设计的本质看成是为实际问题选择一种好的数据结构,加上设计一个好的算法。而算法的优劣往往又取决于所选择的数据结构。

(3) 系统或软件开发过程中,哪个环节会使用数据结构与算法设计?

随着计算机科学和技术的不断发展,越来越多的计算机系统软件和应用软件都要用到数据结构与算法设计的知识才能构建,如通信协议软件的开发、信息处理技术、数据挖掘等。无论是系统还是软件开发都至少会经历 4 个环节:需求分析、系统设计、系统开发、系统维护,如图 1-3 所示,数据结构与算法是在系统设计阶段使用最多的知识和方法。

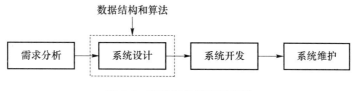

图 1-3 软件开发过程示意图

为什么还有很多人在研发系统过程中感觉不到数据结构与算法的重要性呢？因为数据结构与算法是编程最重要的基本功,其目的是提升软件的时间效率和空间效率,一般在高性能服务系统的后端开发和大数据处理中使用较多,如常用的 GPS 导航系统、关键网络设备中的路由器系统、搜索引擎系统、压缩软件 RAR、视频压缩编解码等,都需要设计精妙的存储结构和算法,才能使其具备更高的时间效率和更好的扩展性。

（4）数据结构与面向对象技术有什么关系？

随着计算机技术的发展,到 20 世纪 80 年代初,面向对象(object oriented)技术出现,目前已成为构建大型系统的最流行的程序设计技术。在面向对象技术中,问题世界中的相关实体被看成是一个对象,对象由属性和方法构成,属性描述了对象的特征或状态,方法用以改变对象的状态、操作对象的特征或描述对象的行为。一组具有相同属性和方法的对象的集合抽象为类,每个具体的对象都是类的一个实例。例如,“学生”是一个类,“张三”“李四”等对象都是“学生”类的实例。

数据结构与面向对象具有对应关系,如图 1-4 所示。数据结构主要研究两个方面的问题,即数据之间的关系及针对这些关系的基本操作。数据及其关系构成对对象实体状态和特性的描述,针对数据及其关系的操作构成对对象实体行为的描述。因此,本书主要采用面向对象技术来具体描述数据结构。

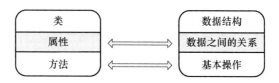

图 1-4 数据结构与面向对象之间的关系

数据结构与算法作为计算机程序设计的关键技术,至今依然在不断发展。近年来,尤其是面向各专门领域的数据结构得到长足的研究和发展,各种实用、有效的高级数据结构被设计出来,各种空间数据结构也在探索中。

1.2 数据结构的基本概念

为了更好地理解数据结构的概念,本书将所有基本概念融入图 1-5 中,给出各个知识点之间的关系。

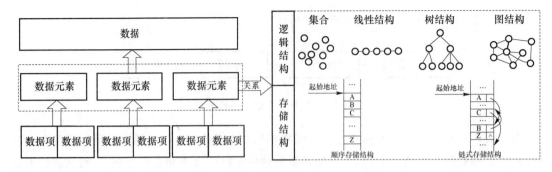

图 1-5　数据结构各个概念之间的关系

数据(data),是信息的载体,能够被计算机识别、存储和加工处理。在计算机领域中,人们通常将数据分为两大类:一类是数值型数据,如代数方程求解程序中所使用的整数或实数数据;另一类是非数值型数据,如音视频播放器程序播放的声音或视频、互联网络中的 Web 数据等。

数据元素(data element),是数据的基本单位,在计算机程序中通常作为一个整体进行处理。例如,学生成绩单中每个学生的信息就是一个数据元素。有些情况下,数据元素也称为元素、结点、顶点或记录。

数据项(data item),是构成数据元素的不可分割的最小单位。每个数据元素可以包含多个不同的数据项,每个数据项具有独立的含义。例如,学生成绩单中每个学生的信息可以包含学生的班级、学号、姓名、成绩等,这些都是数据项。有时也将数据项称为字段或域。

数据类型(data type),是具有相同性质的计算机数据的集合以及在这个数据集合上的一组操作。数据类型可以分为简单类型(或称为原子类型)和构造类型(或称为结构类型)。例如,C++语言中,整数、实数、字符等都是简单的数据类型,而数组、结构类型、类等都是构造类型。每种类型的数据都有各自的特点及相关运算。

数据结构(data structure),是指按照某种逻辑关系组织起来的一组数据,按一定的存储方式存储在计算机的存储器中,并在这些数据上定义了一组运算的集合。通常人们认为数据结构包含以下 3 个方面的内容。

① 数据元素之间的逻辑关系,也称为数据的逻辑结构(logical structure)。

② 数据元素及其关系在计算机存储器内的存储形式,称为数据的存储结构(storage structure)或物理结构。

③ 对数据的操作或运算。

数据的逻辑结构描述了数据相互间的关联形式或邻接形式,反映了数据内部的构成方式,定义了数据的本质特点,因此人们常常将数据的逻辑结构直接称为数据结构。数据的逻辑结构独立于计算机,与存储方式无关,可认为是从具体问题抽象出来的数学模型。数据元素之间不同的逻辑特点代表不同的逻辑结构,常见的逻辑结构有 4 种,分别是集合、线性结构、树和图。

① 集合,其数据元素之间的逻辑特点是满足"共同属于一个集合"的关系。通常要求集合中的元素不可重复。

② 线性结构,其数据元素之间的逻辑特点是有且只有一个起始结点和一个终端结点,并且其他结点的前面有且只有一个结点(称为直接前驱),每个结点的后面有且只有一个结点(称

为直接后继）。本书第 2 章、第 3 章介绍的线性表、栈、队列、串和多维数组都是线性结构。

③ 树结构,其数据元素之间存在着一对多的层次关系。本书第 4 章介绍的树、二叉树等结构都是树结构。

④ 图结构,数据元素之间存在着多对多的关系。图结构将在本书第 5 章介绍。

为了与线性结构对应,通常将树结构和图结构称为非线性结构。图 1-6 给出了以上 4 种数据结构的示意图。

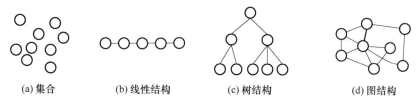

(a)集合　　　　(b)线性结构　　　(c)树结构　　　　(d)图结构

图 1-6　4 种数据结构示意图

数据的存储结构考虑的是如何在计算机的存储器中存储各个数据元素,并且同时反映数据元素间的逻辑关系。对于每种逻辑结构,都可以设计多种存储方法,基本的存储结构通常有两大类:顺序存储结构和链式存储结构。

① 顺序存储结构,即用一组连续的存储单元依次存储各个数据元素。数据元素间的逻辑关系由存储单元的邻接关系来体现。通常顺序存储结构借助于程序设计语言的数组来描述。例如,字母表(A,B,…,Z)的顺序存储示意图如图 1-7 所示。

② 链式存储结构,即用一组任意的存储单位存储各个数据元素,数据元素间的关系通常用指针来表示,例如,后一个元素的地址存储在前一个元素的某个特定数据项中。图 1-8 给出了链式存储结构的示意图。

图 1-7　顺序存储结构示意图　　图 1-8　链式存储结构示意图

数据的逻辑结构反映了数据内部的逻辑关系,是面向实际问题的;而存储结构是面向计算机具体实现的,其目标是将数据及其逻辑关系存储到计算机中。仅有逻辑结构,只能确定对数据有哪些操作,而如何实现这些操作是不得而知的。因此,只有确定了数据的存储结构,才能设计对数据的具体操作算法。而且对于相同逻辑结构的同一种操作,如果采用不同的存储结构进行存储,对数据处理的效率往往也是不同的。因此,需要根据对数据的操作来设计合理的存储方式,以提高处理效率。

在后续的章节中,每学习一种数据结构,首先分析其逻辑结构及其相关操作。掌握了各种数据结构的逻辑特点,当分析待处理数据时可以根据数据特点来确定数据结构类型。分析了逻辑结构后,再学习其各种常见存储方式。对于每种存储结构,还要研究针对该存储结构的各种算法的实现,并对这些算法进行分析,使读者掌握不同存储方式下的各种操作或算法的优缺点,以便在实际问题中能够灵活应用。

1.3 算法和算法分析

数据的运算是通过算法(algorithm)描述的,讨论算法的效率和性能是数据结构课程的重要内容之一。

1.3.1 算法描述

算法就是解题的方法。从计算机处理的角度看,算法是由若干条指令组成的有穷序列。通常一个问题可以有多种不同的算法,每个算法必须满足以下 5 个准则。

① 输入:具有 0 个或多个输入的参数。

② 输出:算法执行要有输出结果,不同的输入通常对应不同的输出。

③ 有穷性:算法中每条指令的执行次数必须是有限的,也就是说算法在执行了有穷步后能够结束。

④ 确定性:每条指令必须有确切的含义,无二义性。

⑤ 可行性:每条指令的执行时间都是有限的。

算法与程序的概念略有差别,程序可以不满足有穷性。例如,操作系统这种特殊的程序,或者其中的服务程序,只要系统不关闭或不遭破坏,它们就不会停止,而是无限循环地执行下去。一般来讲,将一个算法用计算机程序设计语言来编写后,便形成一个程序。

算法可以使用多种方法来描述,如自然语言、流程图、伪代码、程序设计语言或其他约定的语言。下面以欧几里得算法为例介绍算法的描述方法。欧几里得算法即用辗转相除法求两个自然数 m 和 n 的最大公约数,假定 $m \geqslant n$,算法的正确性不在这里讨论。

1. 自然语言

用自然语言描述算法最大的优点是容易理解,缺点是在描述时比较随意,容易产生二义性,并且描述往往比较冗长。欧几里得算法用自然语言描述如下:

① 输入 m 和 n;

② 取得 m 除以 n 的余数 r;

③ 若 $r=0$,则 n 为最大公约数,算法结束;否则执行第④步;

④ 将 n 放到 m 中,r 放到 n 中;

⑤ 重复执行第②步。

2. 流程图

用流程图描述算法直观易懂,是一种常用的方法。在计算机应用早期,使用流程图描述算法是主流的算法描述方法,然而实践证明,这种方法描述简单算法比较方便,对于复杂算法的描述则非常不方便。用流程图描述欧几里得算法如图 1-9 所示。

3. 伪代码

伪代码是介于自然语言和程序设计语言之间的方法。在描述算法时,它采用某种程序设计语言的基本语法,并且结合自然语言

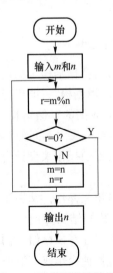

图 1-9 流程图描述算法

来设计。采用伪代码描述算法非常灵活,无须关注太多程序设计语言的语法限制,因此伪代码已成为算法描述最常用的方法之一,通常被称为算法语言。欧几里得算法采用符合 C/C++ 语言语法的伪代码描述如下:

```
[1] input m,n
[2] r = m % n;
[3] while(r != 0)
    [3.1] m = n;
    [3.2] n = r;
    [3.3] r = m % n;
[4] output n;
```

4. 程序设计语言

用程序设计语言描述的算法可以直接通过计算机执行,但描述时通常需要考虑过多的算法具体细节以及程序设计语言的语法限制,从而使算法设计者不能将精力完全集中到算法的逻辑设计中。此外,还需要算法设计者掌握很多的编程技巧。因此一般来说,不推荐采用程序设计语言直接描述算法。一般首先采用其他简单的方法将算法逻辑描述清楚,然后采用编程语言对算法进行设计。

欧几里得算法用 C++ 语言书写的程序如下:

```cpp
# include < iostream >
using namespace std;
int EUCLID(int m, int n){
    int r = m % n;
    while(r != 0){
        m = n;
        n = r;
        r = m % n;
    }
    return n;
}
void main(){
    cout << EUCLID(77,55) << endl;
}
```

在采用面向对象的思想设计算法时,往往将算法看成是某个类的某种运算方法。例如,每个自然数都可以与其他自然数求解两者的最大公约数,因此这个求解运算可认为是自然数类的一种操作方法。如何采用面向对象的方法描述这种欧几里得算法呢?下面给出了简单的实例。

```cpp
//定义自然数类
class NaturalNumber{
public:
```

```
    unsigned long int EUCLID(NaturalNumber & nn);//欧几里得算法求解最大公约数
    //……其他外部接口
private:
    unsigned long int num;                            //存储真正的自然数
};
//返回欧几里得算法求解最大公约数
unsigned long intNaturalNumber :: EUCLID(NaturalNumber & nn)
{
    unsigned long int m = num;                        //较大的自然数赋值给 m
    unsigned long int n = nn.num;                     //较小的自然数赋值给 n
    unsigned long int r = m % n;
    while(r != 0){
        m = n;n = r;r = m % n;
    }
    return n;
}
```

通过以上采用程序设计语言描述算法的两个例子不难看出,面向对象的程序设计与面向过程的设计方法是不同的。但在面向对象的设计中,具体到每个方法的设计往往离不开面向过程设计。

以上给出几种算法描述方法,通常认为伪代码最适合算法描述。它不是实际的编程语言,但在表达上又类似于编程语言,同时忽略了不必要的技术细节。因此,本书将采用基于 C++ 语言的伪代码来描述算法。

1.3.2　算法分析

对于同一问题,往往有多种不同的求解算法。可以从多个角度评价这些算法的好坏,如算法的时间复杂度、空间复杂度、算法可读性等,其中最重要的就是算法的时间复杂度和空间复杂度。本书主要分析算法的时间特性,有时也会涉及空间特性的讨论。

1. 算法的时间复杂度

算法的时间复杂度是对算法执行时间的度量。一个算法的执行时间往往与算法本身、计算工具以及问题的规模等因素相关。在分析算法的时间复杂度时,可以忽略计算工具的因素,例如,同一个算法,在早期的 286 计算机和当前的酷睿双核计算机上运行的时间肯定是不同的。问题规模通常是指算法处理的数据量的大小,例如,同一个排序算法,对 10 个数排序和对 10 000 个数排序的用时是不同的。在分析算法时间复杂度时,要处理的数据量往往不能确定,因此通常将问题规模设为 n,作为参数进行分析。这样,运行算法所需的时间 T 可看成问题规模 n 的函数,记为 $T(n)$。

一个算法的执行时间,应该是该算法每条语句执行的时间之和。假定每条语句执行一次所需的时间是单位时间,则每条语句执行的时间正比于该语句执行的次数。通常将语句执行的次数称为该语句的频度(frequency count)。算法运行所需的时间可认为是算法中所有语句的频度之和。

例 1.1　分析下面算法的用时。

① for(i = 0;i < n;i ++)　　　　$n+1$
②　　for(j = 0;j < n;j ++)　　$n(n+1)$
③　　　　k ++ ;　　　　　　　n^2

上面程序段的右侧列出了每个语句的频度。第一条语句从 $i=0$ 开始执行,循环语句每执行一次后进行 $i+1$ 操作,一直到 $i=n$,执行完 $i<n$ 比较语句后结束,因此其频度为 $n+1$;第二条语句是内循环语句,外循环控制变量 i 从 0 到 $n-1$ 都会执行该循环,共执行 n 次。对于每个确定的 i,对应内循环的控制变量 j 要执行 $n+1$ 次,因此第二条语句频度为 $n(n+1)$;同理,第三条语句的频度为 n^2。由此,算法的总用时,即算法中所有语句的频度之和为

$$T(n)=2n^2+2n+1$$

通过上面的分析不难发现,随着 n 不断增大,$T(n)$ 与 n^2 之比是一个不等于零的常数,即

$$\lim_{n\to\infty}\frac{T(n)}{n^2}=\lim_{n\to\infty}\frac{2n^2+2n+1}{n^2}=2$$

此时称 $T(n)$ 与 n^2 是同阶的,或者说 $T(n)$ 与 n^2 是同数量级的,记为 $T(n)=O(n^2)$。称 $T(n)=O(n^2)$ 是上述算法的渐进时间复杂度,简称为时间复杂度。"O"具有严格的数学定义:如果存在两个正常数 c 和 n_0,对于任意 $n \geq n_0$,都有 $T(n) \leq c \times f(n)$,则称 $T(n)=O(f(n))$。

在分析时间复杂度时,也可以直接利用算法中的基本语句进行计算。所谓基本语句,是指其执行次数与算法的执行次数成正比的语句。例如例 1.1 中,可将语句③作为基本语句。这样只需要分析基本语句的执行次数,就可以方便地得到整个算法的时间复杂度。

下面给出几个例子,说明如何分析算法的时间复杂度。

例 1.2

```
j = j + i;
i = j - i;
j = j - i;
```

本例代码实现了 i 与 j 的互换,每条语句的频度均为 1,执行时间与问题规模 n 无关,因此算法的时间复杂度为常数阶,记为 $T(n)=O(1)$。一般来说,只要算法的执行时间不随着问题规模 n 的增加而增长,即使算法中有上千条语句,其执行时间也只是一个较大的常数,此时算法的时间复杂度为 $O(1)$。如例 1.3 的代码,其时间复杂度为 $O(1)$。

例 1.3

```
for(i = 0;i < 100;i ++ )
    for(j = 0;j < i;j ++ )
        sum += j;
```

例 1.4

```
for(i = 0;i < n;i ++ )
    for(j = 0;j <= i;j ++ )
        sum += j;
```

本例代码中,基本语句为 sum+=j。当 $i=0$ 时,该语句执行 1 次,当 $i=k$ 时,该语句执行 $k+1$ 次,因此基本语句的频度为

$$\sum_{i=0}^{n-1}(i+1) = \frac{1}{2}n^2 + \frac{1}{2}n$$

该代码的时间复杂度 $T(n)=O(n^2)$。

例 1.5

```
y = 0;
while((y + 1) * (y + 1) < = n)y + + ;
```

本例中的基本语句为 y++,设执行次数为 $T(n)$,每执行一次,变量 y 增 1,最终 $T(n)=y$,即 $(T(n)+1)^2 \leqslant n$,所以 $T(n)=O(n^{1/2})$。

例 1.6

```
i = 0,j = 0;
while(i + j < n)
{
    if(i > j)j + + ;
    else i + + ;
}
```

本例中,无论 i 与 j 的关系如何,循环体每执行一次,$i+j$ 作为一个整体加 1,共循环 n 次,因此 $T(n)=O(n)$。

很多算法的时间复杂度不仅是问题规模 n 的函数,还与所处理的数据集的分布有关。对于这种情况,可根据数据集可能出现的最好情况、最坏情况和一般情况,分别估计出算法的最好时间复杂度、最坏时间复杂度和平均时间复杂度。

例 1.7 以下代码实现了在数组 $a[n]$ 中查找值为 k 的元素,若找到返回其位置 $i(0 \leqslant i < n)$,否则返回 -1。

```
int i = n - 1;
while(i > = 0 && a[i] != k)i - - ;
return i;
```

显然,算法中的基本语句"i--;"的频度不仅与问题规模 n 有关,还与待查元素 k 及数组 a 中的元素值有关。下面分析该算法的最好时间复杂度、最坏时间复杂度和平均时间复杂度。

最好的情况是 $a[n-1]$ 刚好与 k 的值相等,此时语句 i-- 没有执行,因此算法的最好时间复杂度为 $O(1)$。查找成功的最坏情况是 $a[0]$ 与 k 的值相等,此时语句 i-- 的频度为 $n-1$,因此算法的最坏时间复杂度为 $O(n)$。若数组 a 中不存在值为 k 的元素,则查找不成功,语句 i-- 的频度为 n,因此算法查找不成功的时间复杂度为 $O(n)$。对于一般情况,设数组 a 中第 i 个元素的值为 k 的概率为 p_i。若 $a[n-1]$ 刚好与 k 的值相等,则基本语句 i-- 的频度为 0,若 $a[n-2]$ 刚好与 k 的值相等,则基本语句 i-- 的频度为 1,以此类推。假定以上情况等概率出现,即 p_i 均为 $1/n$,则语句 i-- 的平均执行次数为

$$\sum_{i=0}^{n-1} p_i(n-1-i) = \frac{1}{n}\sum_{i=0}^{n-1} i = \frac{n-1}{2}$$

因此,算法的平均时间复杂度为 $O(n)$。

常见的时间复杂度有:常数阶 $O(1)$、对数阶 $O(\log n)$、线性阶 $O(n)$、线性对数阶 $O(n\log n)$、平方阶 $O(n^2)$、立方阶 $O(n^3)$、k 次方阶 $O(n^k)$、指数阶 $O(2^n)$ 等。随着问题规模 n 的增大,这些时间复杂度的增长率依次增大,图 1-10 所示为不同时间复杂度随 n 的增大的变化趋势。因此对于解决同一问题的不同算法,算法的时间复杂度越低越好。当问题规模较大时,通常认为具有指数阶量级的算法是不可计算的。

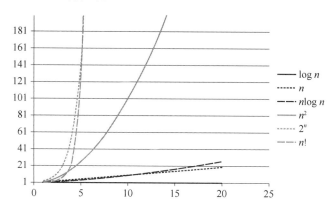

图 1-10 不同时间复杂度与问题规模 n 的变化比较

2. 算法的空间复杂度

算法的空间复杂度是指算法在执行过程中所耗费的存储空间。一般来说,算法的空间复杂度也是问题规模 n 的函数。早期的计算机系统内存较小,因此在设计算法时往往需要在很大程度上将注意力放在如何降低算法运行时占用的空间。随着计算机内存储器成本的降低及存储容量的不断增大,常常可以牺牲算法的空间效率来获得其更高的时间效率。当然,如果问题规模 n 很大,算法的空间效率也是非常重要的,此时也需要准确分析其空间复杂度,如海量数据处理问题。本书中,也会偶尔讨论一些算法的空间复杂度。

1.3.3 NP 问题

1971 年,斯蒂芬·库克(Stephen A. Cook)发表了 *The Complexity of Theorem Proving Procedures*(定理证明过程的复杂性)。文中把以多项式时间解决为衡量标准的问题归为三大类,即 NP(non-deterministic polynomial)多项式复杂程度的非确定性问题,NP 完全(NP-Complete)与 NP 难度(NP-Hard)问题。在理解 NP 问题前,首先介绍一下什么是 P 问题。

对于某个问题,若存在以问题规模 n 为变量的多项式函数 $p(n)$,解决该问题的算法的时间复杂度为 $O(p(n))$,则称该问题为多项式时间问题(polynomial time problem),简称 P 问题,或者说,如果一个问题可以找到一个能在多项式的时间里解决它的算法,那么这个问题就属于 P 问题。其解决算法为多项式时间算法(polynomial time algorithm)。例如,时间复杂度为 $O(1)$、$O(3n^3)$、$O(10^6 n^7)$ 等的算法均为多项式时间算法。另外,还有一类算法,其任何时间复杂度函数不可能用前面的多项式函数去界定,这类算法称为指数时间算法(exponential time algorithm)。例如,时间复杂度为 $O(2^n)$、$O(n!)$、$O(n^n)$、$O(n^{\log n})$ 的算法都认为是指数时间算法。如果问题规模 n 很大,显然多项式时间算法优于指数时间算法。

对于很多问题,可能不清楚是否存在一个能在多项式的时间里解决它的算法,但可以在多项式的时间里验证一个解,这种问题称为非确定性多项式时间问题(non-deterministic polynomial time problem),简称 NP 问题,显然 P⊆NP。

例如,大的合数分解质因数的问题,没有一个公式,把合数代进去,就直接可以算出它的因子。这种问题的答案,是无法直接计算得到的,只能通过间接的"猜算"来得到结果。这就是非确定性问题。而这些问题通常有个算法,它不能直接告知答案是什么,但可以告知,某个可能的结果是正确的还是错误的。这个可以告知"猜算"的答案正确与否的算法,假如可以在多项式时间内算出来,就称作 NP 问题。而如果这个问题的所有可能答案,都是可以在多项式时间内进行正确与否的验算的话,就称作 NP 完全问题,也称作 NPC 问题。例如,教学安排中的排课算法就是一个 NPC 问题。

NP 问题通俗来说是其解的正确性能够被"很容易检查"的问题,这里"很容易检查"指的是存在一个多项式检查算法。若 NP 中所有问题到某一个问题是图灵可归约的,则该问题为 NP-hard 问题。NP-hard 问题不一定是一个 NP 问题,但所有的 NP 问题都可以约化到该问题。例如,售货员旅行问题即 TSP(Traveling Salesman Problem)问题,是最具有代表性的 NP 问题之一。

1.4 STL 与数据结构

1.4.1 STL 简介

STL(Standard Template Library,标准模板类)是 C++语言提供的一个基础模板集合,包含了各种常用的存储数据的模板类及相应的操作函数,为开发者提供了一种快速有效的访问机制。STL 最初由惠普实验室(Hewett—Packard Labs)开发,并于 1998 年被定为国际标准,正式成为 C++语言的标准库。

STL 的出现具有革命性。从根本上说,STL 是一些容器、算法和其他一些组件的集合,这些容器有 list、vector、set、map 等。所有容器和算法都是在总结了几十年来数据结构与算法研究成果,汇集了许多计算机专家学者经验的基础上实现的,基本上达到了各种存储方法和相关算法的高度优化。STL 已经是标准化组件,用户在使用时不需要重新开发,直接使用现成的组件。STL 已经是 C++的一部分,不用额外安装,已完全被内置在编译器之内。因此,使用 STL 编写程序会更加容易和高效,这也是 STL 被广泛使用的原因。

在 C++标准中,STL 被组织为以下 13 个头文件:< algorithm >、< deque >、< functional >、< iterator >、< vector >、< list >、< map >、< memory >、< numeric >、< queue >、< set >、< stack >和< utility >。通常认为 STL 由空间管理器、迭代器、泛函、适配器、容器和算法 6 部分构成,其中前面 4 部分服务于后面两部分。

空间管理器为容器类模板提供用户自定义的内存申请和释放功能。默认情况下,STL 仍然采用 C/C++的内存管理函数或操作符来完成动态内存申请和释放,如使用 malloc 函数和 new 操作符完成内存的申请,使用 free 函数和 delete 操作符完成内存的释放。用户也可以不使用这些方法,而采用自己重新定义的新策略来实现内存管理,但这往往只有高级用户才有改变内存分配策略的需求,因此空间管理器对于一般用户来说并不常用。

迭代器(iterator)类似于指针,存储某个对象的地址或者说指向某个对象,有时也被称为广义指针。迭代器可以为 STL 中的算法提供数据输入,也可以用来遍历容器类或流中的对象。指针本身也可以认为是一个迭代器,用户也可以自定义迭代器。

在 STL 中,如果某个类重载了函数调用运算符"(　)",则称该类为泛函类,并称其对象为泛函。通过引入泛函,可以为算法提供某种策略。例如,同一个排序算法,可以利用泛函完成对不同关键字进行升序或降序等各种排序策略。

适配器对象将自己与另外一个对象绑定,使对适配器对象的操作转换为对被绑定对象的操作。STL 中适配器应用较广,有容器适配器,如栈(stack)、队列(queue)、优先队列(priority_queue),以及迭代器适配器和泛函适配器等。

所谓容器,是指可以包含若干对象的数据结构,并提供少量操作接口。STL 提供 3 类标准容器,即顺序容器、排序容器和哈希容器,后两类容器有时也统称为关联容器。

① 顺序容器,包括向量(vector)、列表(list)、双端队列(deque)。顺序容器将单一类型元素聚集起来成为容器,然后根据位置来存储和访问这些元素。

② 排序容器,包括集合(set)、多重集合(multiset)、映射(map)以及多重映射(multimap)。排序容器中的元素位置一般通过元素键值的大小关系来确定,可以通过键值高效地查找和读取元素。

③ 哈希容器,包括哈希集合(hash_set)、哈希多重集合(hash_multiset)、哈希映射(hash_map)和哈希多重映射(hash_multimap)。哈希容器中的元素位置直接通过元素的键值确定,通过键值将会更加高效地查找和读取元素。

以上 3 类容器的存储方式完全不同,因此对于某些相同操作,其效率也不同。这些容器的存储方式虽然经过各种优化,但与本教材所讲述的各种数据结构具有密切的关系。

算法可以认为是 STL 的精髓,所有算法都是采用函数模板的形式提供的。STL 提供的算法大致分为 4 类:日常事务类算法、查找类算法、排序类算法、工作类算法。

1.4.2　STL 与数据结构的关系

如前所述,STL 的基础就是数据结构与算法的基本理论和研究成果。因此,STL 与数据结构的关系密不可分,并且目前两者仍然处于不断发展的过程中,并非达到了一个完全成熟的阶段。

使用 STL 进行编程时,程序员往往不需要花太多精力考虑一般数据的存储和常见算法的优化,这是不是说数据结构与算法的基础知识不再重要? 显然答案是否定的,这是因为:

① STL 自身就来源于数据结构与算法;

② 当人们对数据结构与算法的知识有一定了解,才能深入理解 STL 的实现原理,从而更加方便、高效、准确地使用 STL 中各种容器和相关算法;

③ 在很多情况下,对于复杂数据的处理,还需要程序员自己来设计高效的存储方法和算法,这些都离不开数据结构与算法的相关知识。

在本教材中,会在各章最后为读者介绍一些常见的容器及算法,便于读者在学习各种数据结构的同时,也理解 STL 相关容器的实现原理,并且学会使用 STL 编程。

1.5 工程实践和思考

下面将通过 3 个实例来理解如何运用数据结构与算法的知识更好地分析和解决问题,使程序具有更好的执行效率。

例 1.8 统计字符串中的字符出现的次数。

假设任意输入一个不限长度的字符串,如"This is a problem which can be solved by data structure method."如何统计其中每一个字符的出现次数(假设都是英文字符)?

解决此问题,首先需要定义一个用来存储统计数据的存储结构,如可以使用结构体数组来保存,如下所示:

```
struct RESULT{    //定义一个结构体,存储字符统计的结果
    char ch;      //存储字符
    int num;      //存储此字符出现的次数
};
RESULT r[128];
```

其次,基于上面的存储结构,很容易想到的解决方法就是一个字符一个字符地读,然后判断是哪一个字符,若该字符已经出现过,则计数加 1;否则增加一个新的字符,计数为 1。按照这个想法,可以用下面的 C++字符统计算法来实现。

```
void CountChar1(char * s,RESULT r[],int& n){   //字符统计算法
    n = 0;                                      //记录不同字符的个数
    while( * s!= '\0'){                         //字符串未结束
        int i;
        for(i = 0;i < n;i ++ )                  //①检测该字符是否已出现过
            if(r[i].ch == * s){
                r[i].num ++ ;
                break;
            }
        if(i == n){                             //字符未出现,则新增字符计数
            r[n].ch = * s;
            r[n].num = 1;
            n ++ ;
        }
        s ++ ;
    }
}
```

最后,写出一个测试函数,来验证上述算法的正确性,并评估执行效率。假设字符串的长度为 m,那么该算法的时间复杂度为 $O(m * n)$。

```
void main(){
    char s[] = "This is a problem which can be solved by data structure method. ";
    int n = 0;
    CountChar1(s,r,n);                          //调用字符统计算法
    for(inti = 0;i < n;i ++ )
        cout << r[i].ch <<" : "<< r[i].num << endl;    //输出统计结果
}
```

运行结果如下:

```
T : 1
h : 4
i : 3
......                                          //省略
```

到目前为止,这个问题算是完美解决了吗? 是否还有其他的方法能够具有更低的时间复杂度或者使用更少的代码也能完成该任务? 首先分析已有字符统计算法中最为耗时的地方:这个算法每读一个字符,都需要和已统计过的 RESULT 数组中的字符重新一一比较,再计数,见代码中标①的部分。若是能够通过计算而不是比较就可以知道该字符是否已经统计过,那么就可以将算法的时间复杂度降为 $O(m)$。借鉴第 6 章查找算法中的 hash 思想,可以使用字符 ASCII 码值作为字符储存的位置,每读一个字符直接定位该字符次数的存储位置,从而直接计数。

因此,可以使用下面的存储结构来存储统计结果:

```
int chnum[128] = {0};
```

字符统计算法也可以更加简练,即每读一个字符,直接在该字符对应 ASCII 码值的位置计数,新的字符统计算法如下。

```
void CountChar2(char ∗ s,int chnum[]){
    while( ∗ s!= '\0'){
        chnum[ ∗ s] ++ ;    //字符 ASCII 码值作为字符储存的位置,直接计数
        s ++ ;
    }
}
```

最后,我们写一个测试函数来验证该算法的正确性,并评估执行效率。假设字符串的长度为 m,那么该算法的时间复杂度为 $O(m)$。

```
void main(){
    char s[] = "This is a problem which can be solved by data structure method. ";
    CountChar2(s,chnum);         //调用字符统计算法
    for(inti = 0;i < 128;i ++ )
        if(chnum[i]!= 0)         //输出统计结果
            cout <<(char)i <<" : "<< chnum[i]<< endl;
}
```

运行结果如下：

```
    ：12    //空格
 . ： 1
 T ： 1
 a ： 4
 ……    //省略
```

比较 CountChar1() 和 CountChar2() 运行结果，除了打印顺序不同外，二者完成了同样的功能。从算法可以看出，二者使用了不同的存储结构来存储数据，不同的存储结构对应不同的算法实现。显然，后者的代码更加简练，时间复杂度更低，执行效率更高。

思考：

若字符串中既包含英文又包含中文，如何扩展 CountChar2() 算法来进行统计？

例 1.9 电话号码查询问题。

编写电话号码查询算法，要求输入任意人名，若该人有电话号码，则返回所有其电话号码。若同时有多人同名，则返回所有该人名下的电话号码。若该人名无电话号码，则指出该人名无电话号码。

解决此问题首先要构造一张电话号码表。表中每条记录存储两个数据项：人名和电话号码。要设计高效的查询算法，需要对电话号码表设计合理的存储方式。以下给出两种存储方法，可以清楚地看到，选择合理的存储方法将得到高效的查询效率。

① 最简单的方法就是将整张电话号码表不做任何处理存储到计算机内存中。这样，查询任何人名，算法都要从头到尾遍历整张表。遇到要查询的人名，则给出相应的电话号码，然后继续向后查找重名的人。若整张表都没有要查询的人名，则返回无电话号码的提示信息。显然，这种方法对于任意查询都要遍历整张表，我们称之为顺序查找，其效率较低。

② 按索引查找。该方法是首先将电话号码表按姓氏排序，然后建立一张姓氏的索引表，其存储方法如图 1-12 所示。当查询某个人名时，首先在姓氏索引表中找到该名字的姓，然后根据索引地址在电话号码表中查找姓名，这样整个查找过程就不需要在其他姓氏的人名中查找，从而缩小了查找范围，加快了查找速度。

图 1-11　未处理的电话号码

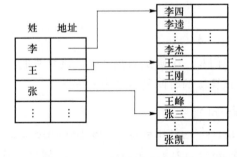

图 1-12　电话号码的索引存储

因此，采用第二种存储结构产生的查找算法具有更高的效率。

思考：

除了上述的查找算法外，是否还有其他的存储方法，使得相应的查找效率更高？

本书第 6 章将介绍各种常见的查找算法。

例 1.10　田径运动会的时间安排问题。

设某个田径运动会共有 7 个项目的比赛,分别为 100 m、200 m、跳高、跳远、铅球、铁饼和标枪。每个选手最多参加 3 个项目,现有 6 名选手参赛,他们选择的项目如表 1-1 所示。考虑到每个选手参加的各个项目不能同时进行,则如何设计合理的比赛日程,使运动会在尽可能短的时间内完成?

表 1-1　参赛选手所报项目表

姓名	项目 1	项目 2	项目 3
张凯	跳高	跳远	
王刚	100 m	200 m	铁饼
李四	跳高	铅球	
张三	跳远	标枪	
王峰	铅球	标枪	铁饼
李杰	100 m	跳远	

为了解决这个问题,最简单的处理方法就是将每个比赛放在不同的时间段进行,则整个运动会需要 7 个时间段。但实际上有些项目是可以同时进行的,为此需要设计合理的数据结构来表示它。我们设计了如图 1-13 所示的图结构,图中共有 7 个顶点,每个顶点代表一个运动会项目,在所有不能同时比赛的两个项目间连上一条边,也就是说每个选手参加的所有项目两两间用边相连。例如,王刚选择的项目是 100 m、200 m 和铁饼,则这 3 个项目代表的顶点之间均有边相连。

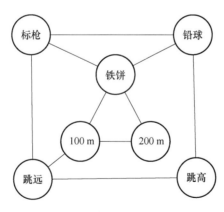

图 1-13　运动会项目的数据结构模型

以上描述的无向图结构是一种重要的数据结构。运动会项目的时间安排问题可以抽象为对该无向图进行着色操作,即使用尽可能少的颜色表示不同比赛时间。着色时任意有边相连的相邻顶点着不同颜色,每种颜色代表一个比赛时间段,同一颜色的顶点对应的项目可以同时进行。例如,标枪、200 m 和跳高互不相邻,因此可以选择颜色 1 进行着色。跳远和铁饼互不相邻但都与标枪相邻,因此可以用颜色 2 进行着色。铅球和 100 m 互不相邻但都与铁饼相邻,可用颜色 3 进行着色。最终得到运动会只需要 3 个时间段就可以完成。时间段 1 进行标枪、200 m 和跳高 3 个项目,时间段 2 进行跳远和铁饼两个项目,时间段 3 进行铅球和 100 m 两个项目。

图结构将在本书的第 5 章介绍。现实世界中很多问题都可以转化为图问题来解决。

通过以上的几个例子不难看出,解决问题的一个关键步骤是选择合理的数据结构来表示问题,然后才能设计出有效的算法。

习　题　1

1. 填空题

(1) _____是指数据之间的相互关系,即数据的组织形式。通常人们认为它包含 3 个方面的内容,分别为数据的_____、_____及其运算。

(2) _____是数据的基本单位,在计算机程序中通常作为一个整体进行处理。

(3) 数据元素之间的不同逻辑特点代表不同的逻辑结构,常见的逻辑结构有_____、_____、_____和_____。

(4) 数据的存储结构考虑的是如何在计算机中存储各个数据元素,并且同时兼顾数据元素间的逻辑关系。基本的存储结构通常有两大类:_____和_____。

(5) 通常一个问题可以有多种不同的算法,但每个算法必须满足 5 个准则:输入、输出、_____、_____和_____。

(6) 通常通过衡量算法的_____复杂度和_____复杂度来判定一个算法的好坏。

(7) 常见时间复杂性的量级有:常数阶_____、对数阶_____、线性阶_____、线性对数阶_____、平方阶_____和指数阶_____。通常认为,当问题规模较大时,具有_____量级的算法是不可计算的。

(8) STL 提供的标准容器有顺序容器、_____和_____。

(9) 算法可认为是 STL 的精髓,所有算法都是采用_____的形式提供的。

(10) 通常认为 STL 由空间管理器、迭代器、泛函、适配器、_____和_____6 部分构成,其中前面 4 部分服务于后面两部分。

2. 选择题

(1) 以下结构中,(　　)属于线性结构。

A. 树　　　　　　B. 图　　　　　　C. 串　　　　　　D. 集合

(2) 算法描述的方法有很多种,常常将(　　)称为算法语言。

A. 自然语言　　　B. 流程图　　　　C. 伪代码　　　　D. 程序设计语言

(3) 现实生活中的家族谱,可认为是一种(　　)结构。

A. 树　　　　　　B. 图　　　　　　C. 集合　　　　　D. 线性表

(4) 手机中存储的电话号码簿,可认为是一种(　　)结构。

A. 树　　　　　　B. 图　　　　　　C. 集合　　　　　D. 线性表

(5) NP 问题是(　　)。

A. 非多项式时间问题,即非 P 问题　　　B. 非确定性多项式时间问题

C. P 问题的子集　　　　　　　　　　　D. 与 P 问题不相交的

(6) 以下(　　)不属于 STL 的顺序容器。

A. 向量(vector)　　　　　　　　　　B. 列表(list)

C. 队列(queue)　　　　　　　　　　D. 双端队列(deque)

3. 分析以下程序段的时间复杂度。

(1) for(i = 1;i < = n;i + +){
   k + + ;
   for(j = 1;j < = n;j + +)
    m + = k;
  }

(2) for(i = 1;i < = n;i + +)
   k + + ;
   for(j = 1;j < = n;j + +)
    m + = k;

(3) i = 1;
  while(i < = n)
   i *= 2;

(4) i = 1;
  while(i < = n)
   i + = 2;

(5) k = 100,i = 10;
  do {
   if(i < n)break;
   i + + ;
  }while(i < k);

(6) for(i = 0;i < 100;i + +)
   for(j = 0;j < i;j + +)
    sum + = j;

(7) y = 0;
  while(y * y * y < = n)
   y + + ;

(8) int i = 0;
  while(i < n && a[i]! = k)i + + ;
  return i = = n? - 1:i;

4. 将整数设计为一个类,将整数相关的常见数学运算设计为类的接口并进行实现,如求给定值的最大公约数、最小公倍数、因式分解等。

第2章
线性表

线性表(linear list)是一种最简单、最常用的数据结构,也是最典型的线性结构。线性表的逻辑结构简单,相邻元素之间具有单一的前驱和后继的关系,便于实现和操作。因此,在实际应用中线性表被广泛采用,如手机通信录、图书管理系统、选课系统等,都可以使用线性表来实现。本章将从这些实例入手,逐一讲解如何设计并实现线性表,从而快速搭建各种信息检索系统。

2.1 线性表概述

线性表在实际生活中具有广泛的应用,如我们日常生活中经常使用的各种软件系统:
- 手机通信录;
- 图书管理系统,如图书管理、借阅管理等;
- 学籍管理系统;
- 选课系统,如课程管理、选课管理、成绩管理等。

虽然这些系统各有不同,但都具备一些共同的特点:所有数据都是以一条一条记录的形式进行存储,都具备增、删、改、查等基本功能。区别在于管理的数据类型或内容不同,如数据可以是图书信息、课程信息或商品信息等,因而形成了不同的信息管理或检索系统。

那么,有没有可能设计一些通用的类,来完成上述系统需求,并能够对不同类型的数据进行管理和检索?

答案是肯定的,线性表就是为了这一类应用而设计的数据结构。通过本章的学习,结合C++的模板类技术,就可以设计并实现适合不同应用的通用的线性表类,达到快速开发各种信息系统的目的。

2.1.1 线性表的定义

线性表简称表,是由零个或多个具有相同类型的数据元素构成的有限序列。元素的个数称为线性表的长度。长度为零的线性表称为空表。对于非空表,通常记为

$$L = (a_1, a_2, \cdots, a_n)$$

其中,n 为线性表的长度,$a_i (1 \leqslant i \leqslant n)$ 称为数据元素或结点,i 表示该元素在线性表中的位置或序号,称 a_i 是线性表 L 的第 i 个数据元素。a_1 称为第一个元素或开始结点,a_n 称为最后一

个元素或终端结点,对于中间任意一个元素 a_i($1 < i < n$),称 a_{i-1} 为 a_i 的直接前驱,称 a_{i+1} 为 a_i 的直接后继。线性表的示例如图 2-1 所示。

图 2-1 线性表的示例

对于非空的线性表 L,具有如下性质:

① 有且仅有一个开始结点 a_1,a_1 没有直接前驱,有且仅有一个直接后继 a_2;

② 有且仅有一个终端结点 a_n,a_n 没有直接后继,有且仅有一个直接前驱 a_{n-1};

③ 其余的任意内部结点 a_i($1 < i < n$)有且仅有一个直接前驱结点 a_{i-1},有且仅有一个直接后继结点 a_{i+1}。

对于一个含有相同类型元素的有限数据集合,如果满足上述性质,则认为该数据集合是线性表结构。例如,英文字母表(A,B,C,D,…,X,Y,Z)、一周中的 7 天(星期日,星期一,星期二,星期三,星期四,星期五,星期六),这两个示例都是线性表结构。

2.1.2 线性表的运算

线性表的运算是指对线性表的基本操作。这里所说的运算是定义在逻辑结构上的,也就是说只确定这些运算的功能是"做什么",并不去考虑其具体实现。通常只有确定了具体的存储结构,才可以实现运算的具体细节,即确定"如何做"的问题。

对于线性表的基本运算,常见的主要有以下几种。

① 求长度 GetLength(L),求线性表 L 的表长。

② 置空表 SetNull(L),将线性表 L 置成空表。

③ 按位查找 Get(L,i),查找线性表 L 中的第 i 个元素,i 应满足 $1 \leqslant i \leqslant$ GetLength(L)。

④ 修改 Set(L,i,x),修改线性表 L 中的第 i 个元素的值为 x。

⑤ 删除 Delete(L,i),删除线性表 L 中的第 i 个元素。

⑥ 插入 Insert(L,i,x),在线性表 L 中的第 i 个位置插入一个值为 x 的新元素。

⑦ 按值查找 Locate(L,x),查找线性表 L 中值为 x 的元素。

⑧ 排序 sort(L),按某种要求重新排列线性表 L 中各元素的顺序。

在实际应用中,往往会涉及线性表更为复杂的运算,如线性表的合并,对有序表的插入、删除等。这些复杂操作常常会用到一个或多个上述基本运算。

2.1.3 各种常用存储结构

常用的线性表的存储结构包括顺序存储结构(顺序表)和链式存储结构如单链表、循环链表、双向链表、静态链表等,不同的存储结构具备不同特点,适合不同环境下的应用。

1. 顺序表

顺序表是最简单的线性表存储方式,即把线性表中的数据元素按逻辑次序依次存放在一组地址连续的存储空间中,如图 2-2 所示。通常认为线性表中的所有数据元素具有相同的数据类型,占用相同的存储空间。

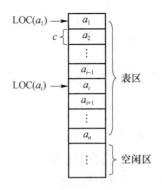

图 2-2　顺序表示意图

假定顺序表长度为 n，每个元素占用 c 个存储单元，其中第一个存储单元的地址就是该元素的存储地址，第 i 个数据元素 a_i 的地址记为 $LOC(a_i)$，则有如下计算公式：

$$LOC(a_i)=LOC(a_1)+(i-1)\times c \qquad 1\leqslant i\leqslant n$$

也就是说，顺序表中的每个元素的存储地址是该元素在表中的位置的线性函数，只要知道第一个元素的存储地址及每个元素占用的存储空间，就可以直接计算得到任意元素的存储地址。因此顺序表是一种随机存取结构。显然，在 C++语言中，可以使用数组来顺序存储顺序表中的所有元素。需要注意的是，C++中数组的下标是从 0 开始的，因此通常将顺序表中第 i 个元素存储在数组中下标为 $i-1$ 的位置。

2. 链式存储结构

不同于顺序表，链表用一组任意的存储单元存放线性表中的各个元素。这组存储单元可以是连续的，也可以是不连续的，甚至零散地分布在内存的某些位置。因此，链表中数据元素的逻辑次序和物理次序不一定相同，为了正确表示结点间的逻辑关系，在存储每个元素值的同时，还要存储该元素的直接后继元素的位置信息，这个信息称为指针（pointer）或链（link），这两部分信息构成了实际的存储结构，称为结点（node），然后各个结点通过指针链接起来形成一个完整的链式结构，称为链表。图 2-3 给出了单链表 $L=(a_1,a_2,a_3,a_4)$ 在内存中的存储示意。通常人们关心的是单链表中各个结点的逻辑次序，而不关心其实际的存储位置，因此为了更加方便地表示单链表的存储结构，通常采用如图 2-4 所示的形式，即用箭头来表示存储后继结点地址的指针域。其中指向第一个结点的指针，我们称为头指针；最后一个结点，由于其没有后继结点，设置为空指针，即 NULL（一般在图中用"∧"示意）。

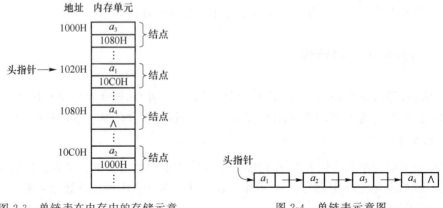

图 2-3　单链表在内存中的存储示意　　　　图 2-4　单链表示意图

根据链表结构或者结点结构的不同,可以把链表分为单链表、循环链表和双链表三种。

（1）单链表

链表中的每个结点只包含一个指向直接后继的指针即为单链表。若链表为空,则头指针值为 NULL;如果链表不空,头指针存储第一个结点的地址。有时,单链表第一个结点不存放数据,仅作为表头使用,则称其为带头结点的单链表;否则称其为不带头结点的单链表。图 2-5 所示为两种单链表,front 为指向头结点的指针。

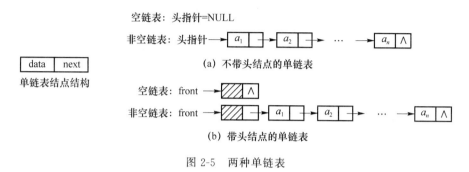

图 2-5　两种单链表

思考:

为什么单链表要加一个头结点？头结点有什么作用？

（2）循环链表

如果将单链表最后一个结点的指针域指向头结点,则整个链表构成一个环,这种首尾相接的单链表被称为单循环链表,如图 2-6 所示。

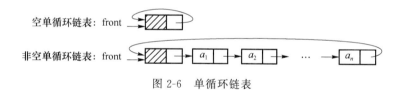

图 2-6　单循环链表

这种循环链表查找第一个元素很方便,但查找最后一个元素很慢,因此,常常使用尾指针rear 来表示单循环链表,如图 2-7 所示,即设指针 rear 指向单循环链表的最后一个结点,这样就可以很方便地访问首尾两端的元素了。

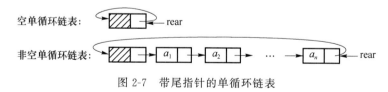

图 2-7　带尾指针的单循环链表

（3）双链表

对于单链表,由于前一个结点已经存储了直接后继结点的地址,因此可以直接得到直接后继结点。而如果查找当前结点的直接前驱结点,则需要从第一个元素开始遍历,操作比较烦琐。为此,可在每个结点中再加入一个指针域,用于存储前一个元素的地址,这样便可以方便地得到直接前驱元素。这种链表中有两条方向相反的链,因此称为双向链表（double linked list）,简称双链表,如图 2-8 所示。

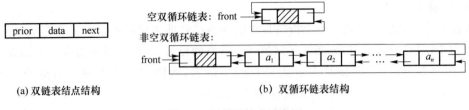

图 2-8　双循环链表示意图

　　不同的存储结构具有各自的优缺点,实现方法也各有不同,实际应用中需要根据不同的需求进行选择。

2.2　顺序表的实现

2.2.1　顺序表的存储结构

　　由于顺序表中的数据元素可以是任意类型,因此在定义顺序表时可采用 C++模板的机制。根据上一节给出的顺序表的定义,以及线性表的运算,下面给出用 C++描述的顺序表模板类,读者也可以根据实际的需要进行修改和扩充。

```
template<class T,int N>              //定义模板类 SeqList,N 表示顺序表最大长度,
                                      实例化时给出
class SeqList
{
public:
    SeqList(){length = 0;}           //无参构造函数
    SeqList(T a[],int n);            //有参构造函数,使用含有 n 个元素的数组 a 初始化
    int GetLength(){return length;}  //获取顺序表的长度
    void PrintList();                //按次序遍历顺序表中的各个数据元素
    void Insert(int i,T x);          //在顺序表的第 i 个位置上插入值为 x 的新元素
    T Delete(int i);                 //删除顺序表第 i 个元素,并将该元素返回
    T Get(int i);                    //获取顺序表第 i 个位置上的元素
    int Locate(T x);                 //查找顺序表中值为 x 的元素,找到后返回其位置
private:
    T data[N];                       //存储顺序表数据元素的数组
    int length;                      //顺序表的长度
};
```

　　该类含有两个私有变量,数组 data 存储顺序表的所有数据元素,length 表示顺序表当前的长度。

2.2.2　顺序表的基本运算

定义了顺序表的存储结构之后,就可以实现相应的各种运算。对于简单的运算,如求长度、建立空表等操作,已经直接在类的定义中给出。

1. 构造函数

顺序表模板类中含有两个构造函数,其中无参构造函数用于建立空顺序表,实现比较简单,只需设置顺序表当前的长度为零,在类的定义中已经给出具体实现。有参构造函数 SeqList(const T a[],int n)创建一个长度为 n 的顺序表,其数据元素依次来自参数数组 a 的各个元素,其长度为传入的参数 n。需要注意的是,如果 n 超出了顺序表的最大长度,则应该抛出异常,终止操作。有参构造函数实现如下。

```
template < class T,int N >
SeqList < T,N >::SeqList(T a[],int n)      //有参构造函数,使用含有 n 个元素的数组
                                             a 初始化
{
    if(n > N)throw "数组长度超过顺序表的最大长度";
    for(int i = 0;i < n;i ++ )
        data[i] = a[i];
    length = n;
}
```

2. 遍历顺序表

遍历顺序表是指按序号依次访问顺序表中的各个数据元素。为简单起见,"访问"在这里表示为将元素的值显示。需要注意的是,由于数据类型不确定,显示操作可能有多种不同处理方式。如果数据元素为简单数据类型,可以直接显示其数值;而对于一些构造类型,则需要调用其相应的显示函数。

简单数据类型的遍历操作如下。

```
template < class T,int N >
void SeqList < T,N >::PrintList()      //按序号依次遍历顺序表中的各个数据元素
{
    cout <<"按序号依次遍历线性表中的各个数据元素:" << endl;
    for(int i = 0;i < length;i ++ )
        cout << data[i] << " ";
    cout << endl;
}
```

若数据元素为构造类型,如结构类型或类等复杂数据类型,则不能直接使用 cout,此时需要设计相应的显示函数。

思考:

假定数据元素为结构类型或类,该如何设计相应的显示函数?

3. 插入操作

插入操作是指在顺序表的第 $i(1 \leqslant i \leqslant n+1)$ 个位置上插入值为 x 的新元素。若在表尾追加,则不涉及表中已有元素的移动;如果在表头或中间某个位置 i 插入,则顺序表中原来序号从 i 到 n 的元素都要后移一个位置。最终顺序表的长度由 n 变为 $n+1$,如图 2-9 所示。

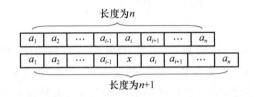

图 2-9 在顺序表第 i 个位置上插入新元素 x

需要注意的是,数据元素在后移时,必须从最后一个元素开始移动,即先移动 a_n 到 $n+1$ 位置,再移动 a_{n-1} 到 n 位置,依次类推,直到将 a_i 移动到 $i+1$ 位置。另外,对于一些操作不成功的特殊情况,需要抛出异常或返回错误号。例如,如果在插入之前顺序表已满,则抛出上溢异常;如果插入的位置不合理,则抛出位置异常。插入操作的算法伪代码描述如下:

[1] 如果表满,则抛出上溢异常;
[2] 如果元素插入位置不合理,则抛出位置异常;
[3] 依次从最后一个元素开始到第 i 个元素分别后移一个位置;
[4] 将元素 x 插入第 i 个位置;
[5] 表长加 1。

下面给出具体的顺序表插入运算算法。

```
template < class T, int N >
void SeqList < T,N >::Insert(int i,T x)    //在顺序表的第 i 个位置上插入值为 x 的新
                                             元素
{
    if(length > = N)throw "上溢异常";
    if(i < 1 || i > = length + 1)throw "位置异常";
    for(int j = length;j > = i;j - - )      //从最后一个元素开始顺序后移,直到第 i
                                              个为止
        data[j] = data[j - 1];
    data[i - 1] = x;//将 x 插入顺序表第 i 个位置
    length + + ;
}
```

下面对算法的时间复杂度进行分析。该算法的问题规模是顺序表的长度 n,基本语句是 for 循环中元素后移的语句。当插入的位置在表尾,即 $i=n+1$ 时,不执行元素后移操作,这是最好的情况,时间复杂度为 $O(1)$;当插入的位置在表头,即 $i=1$ 时,所有元素都要进行后移操作,这是最坏的情况,时间复杂度为 $O(n)$;当插入的位置在表的中间某一位置时,则要分析算法的平均时间复杂度。设 $T(n)$ 表示元素移动的平均次数,插入位置为 $i(1 \leqslant i \leqslant n+1)$,元素的

移动次数为 $n-i+1$,因此有

$$T(n) = \sum_{i=1}^{n+1} p_i(n-i+1)$$

其中,p_i 表示在表中第 i 个位置插入新元素的概率。假定在任意位置进行插入操作的概率都相同,则对于任意的 i,有

$$p_i = \frac{1}{n+1}$$

因此,

$$T(n) = \sum_{i=1}^{n+1} p_i(n-i+1) = \frac{1}{n+1}\sum_{i=1}^{n+1}(n-i+1) = \frac{n}{2} = O(n)$$

也就是说,对顺序表进行插入操作,在等概率情况下,平均要移动表中一半的元素,算法的平均复杂度为 $O(n)$。

4. 删除操作

删除操作是指把顺序表的第 $i(1 \leqslant i \leqslant n)$ 个位置上的元素删除,并把删除的元素返回。若删除表尾元素,则不涉及原来元素的移动;如果要删除表头或中间某个位置 i 上的元素,则顺序表中原来序号从 $i+1$ 到 n 的元素都要向前移动一个位置。最终顺序表的长度由 n 变为 $n-1$,如图 2-10 所示。

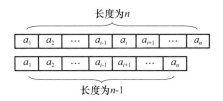

图 2-10　删除顺序表第 i 个位置上的元素

与插入操作相反,数据元素在前移时,必须从第 $i+1$ 个位置开始移动,即先移动 a_{i+1} 到 i 位置,再移动 a_{i+2} 到 $i+1$ 位置,依次类推,直到将最后一个元素 a_n 移动到 $n-1$ 位置。类似于插入运算,对于操作不成功的特殊情况需要抛出异常或返回错误号。例如,如果在删除操作之前顺序表已经为空表,则抛出下溢异常;如果删除的位置不合理,则抛出位置异常。删除操作的算法伪代码描述如下:

[1] 如果表空,则抛出下溢异常;

[2] 如果删除元素位置不合理,则抛出位置异常;

[3] 取出将被删除的元素;

[4] 依次从第 $i+1$ 个元素开始到第 n 个元素分别前移一个位置;

[5] 表长减 1,并返回被删元素的值。

下面给出顺序表删除运算的具体算法。

```
template < class T,int N >
T SeqList<T,N>::Delete(int i)      //删除线性表的第 i 个位置上的元素
{
        if(0 == length)throw "下溢异常";
```

```
    if(i < 1 || i > length)throw "位置异常";
    T x = data[i - 1];              //将待删除元素暂存
    for(int j = i;j < length;j + + )   //从第 i + 1 个元素(下标为 i)开始顺序前移,直
                                       到最后一个元素
        data[j - 1] = data[j];
    length - - ;
    return x;
}
```

下面对算法的时间复杂度进行分析。类似于插入运算,算法的问题规模是顺序表的长度 n,基本语句是 for 循环中元素前移的语句。当删除的位置在表尾,即 $i = n$ 时,不执行元素前移操作,这是最好的情况,时间复杂度为 $O(1)$;当删除的位置在表头,即 $i = 1$ 时,其余所有 $n - 1$ 个元素都要进行前移操作,这是最坏的情况,时间复杂度为 $O(n)$;当删除的位置在表的中间某一位置时,则要分析算法的平均时间复杂度。设 $T(n)$ 表示元素移动的平均次数,删除位置为 $i(1 \leqslant i \leqslant n)$,元素的移动次数为 $n - i$,因此有

$$T(n) = \sum_{i=1}^{n} p_i(n - i)$$

其中,p_i 表示删除表中第 i 个位置上元素的概率。假定在任意位置进行删除操作的概率都相同,则对于任意的 i,有

$$p_i = \frac{1}{n}$$

因此,

$$T(n) = \sum_{i=1}^{n} p_i(n - i) = \frac{1}{n} \sum_{i=1}^{n} (n - i) = \frac{n - 1}{2} = O(n)$$

也就是说,在顺序表上进行删除操作的等概率情况下,平均要移动表中一半的元素,算法的平均复杂度为 $O(n)$。

5. 查找操作

(1) 按位查找

按位查找是指查找顺序表中指定位置的数据元素。由于顺序表中采用数组存储数据元素,第 i 个数据元素对应的数组下标为 $i - 1$,所以其算法实现比较简单。

```
template < class T, int N >
T SeqList < T, N >::Get(int i)//获取线性表第 i 个位置上的元素
{
    if(i < 1 || i > length)throw "查找位置非法";
    return data[i - 1];
}
```

显然,按位查找算法的时间复杂度为 $O(1)$。

(2) 按值查找

按值查找是指查找顺序表中指定数值的数据元素。在实现时需要依次比较顺序表中的每个数据元素,直到找到指定数值的数据元素或遍历完整顺序表都没有找到。如果没有找到,称

为查找不成功,返回查找失败错误号,如"0"。算法实现如下。

```
template < class T,int N >
int SeqList < T,N >::Locate(T x)        //查找线性表中值为 x 的元素,找到后返回其位置
{
    for(int i = 0;i < length;i + + )
        if(data[i] = = x)return i + 1;
    return 0;                           //查找失败
}
```

该算法需要注意的是进行值比较的语句 data[i]= = x,由于比较的数据类型是参数化类型 T,具体类型不确定,对于简单类型,可以直接进行比较;对于复杂类型,如自定义类,则需要在自定义类中对"= ="进行运算符重载。在后续一节顺序表的应用中给出了该实现的示例代码。

思考:

如果 data 数组从 data[1]开始存储顺序表数据元素,data[0]不存储顺序表数据元素,能否设计更高效的算法?

该算法的时间复杂度分析方法同前面的插入操作或删除操作。首先分析查找成功的时间复杂度,最好的情况是比较第一个数据元素时就找到,时间复杂度为 $O(1)$。最坏的情况是遍历到最后一个数据元素时才找到,此时的时间复杂度为 $O(n)$。而平均情况下,假定要查找的元素存在,且其位置是等概率分布的,则平均要比较 $(n+1)/2$ 个元素。因此,按值查找算法查找成功的平均时间复杂度为 $O(n)$。对于查找不成功的情况,需要循环 n 次,因此按值查找算法查找不成功的最好、最坏和平均时间复杂度均为 $O(n)$。

2.2.3　顺序表的应用——通信录

模板类 SeqList 中的形式化参数 T,在实例化时可以使用任何数据类型来替换,因此,下面以通信录为例,学习如何使用 SeqList 来快速方便地实现实际应用。

(1) 定义通信录的数据类型。

```
class PHONEBOOK
{
private:
    int m_ID;
    string m_name;
    string m_phone;
    string m_group;
public:
    PHONEBOOK(){}                                          //默认构造函数
    PHONEBOOK(int id,char * name,char * phone,char * group){ //有参构造函数
        m_ID = id;
        m_name = name;
```

```
        m_phone = phone;
        m_group = group;
    }
    void print(){                          //显示函数
        cout << m_ID << '\t' << m_name << '\t' << m_phone << '\t' << m_group << endl;
    }
    bool operator == (PHONEBOOK &p){ //重载 == 运算符,从而使得 locate()函数可用
        if(p.m_ID == m_ID)
            return true;
        return false;
    }
};
```

(2) 改写 SeqList 类中的 PrintList()显示函数。

```
template < class T,int N >
void SeqList<T,N>::PrintList()        //按序号依次遍历顺序表中的各个数据元素
{
    for(int i = 0;i < length;i ++)
        data[i].print();
    cout << endl;
}
```

(3) 假定将模板类 SeqList 的定义及成员函数的实现代码全部写到 SeqList.h 头文件中,则在通信录实例化后可以进行基本的线性表操作。下面的测试主函数就实现了通信录的构造、插入、删除和查找操作。

```
# include "SeqList.h"
# include < string >
void main()
{
    PHONEBOOK pbook[4] = { { 20181208,"Mary","13011221827","classmates"},
                          { 20181127,"Tom","13934621123","family" },
                          { 20181156,"John","1324579880","classmates" },
                          { 20181133,"Lisa","1378001822","classmates" } };
    PHONEBOOK record(20181209,"phoenix","15930209020","teacher");
    SeqList < PHONEBOOK,100 > list(pbook,4);
    cout << "通信录内容列表:" << endl;
    list.PrintList();
    list.Insert(1,record);
    cout << "通信录内容列表:" << endl;
```

```
        list.PrintList();
        PHONEBOOK x = list.Delete(3);
        cout << "删除元素:" << endl;
        x.print();
        cout << "通信录内容列表:" << endl;
        list.PrintList();
        int p = list.Locate(record);
        cout << "phoenix 的位置是:" << p << endl;
}
```

程序执行结果如下。

通信录内容列表:

20181208 Mary 13011221827 classmates

20181127 Tom　13934621123 family

20181156 John 1324579880　classmates

20181133 Lisa 1378001822　classmates

通信录内容列表:

20181209 phoenix 15930209020 teacher

20181208 Mary　　13011221827 classmates

20181127 Tom　　　13934621123 family

20181156 John　　　1324579880　classmates

20181133 Lisa　　　1378001822　classmates

删除元素:

20181127 Tom 13934621123 family

通信录内容列表:

20181209 phoenix 15930209020 teacher

20181208 Mary　　13011221827 classmates

20181156 John　　　1324579880　classmates

20181133 Lisa　　　1378001822　classmates

phoenix 的位置是:1

思考:

请同学们扩展上面的应用,思考如何实现图书管理系统、成绩管理系统。

2.2.4　STL 中的顺序表——vector

C++的 STL 中有很多与线性表相关的容器,其中最常用的容器——向量(vector)就是使用顺序结构实现的模板类,即内部使用数组来实现的模板类,因此 vector 具有顺序表的所有特点，所以也可以使用 vector 来实现通信录。vector 类的常用方法如表 2-1 所示。

表 2-1 定义在 vector 类中的方法

方法名	方法描述	方法名	方法描述
back()	返回最后一个向量的值	erase()	在向量的任意位置删除元素
begin()	返回指向第一个元素的迭代器	insert()	在向量的任意位置插入元素
capacity()	返回容量	pop_back()	删除最后一个元素
clear()	将容器清空	push_back()	在向量尾部添加元素
empty()	若大小为 0，返回 true；否则，false	resize()	改变容量
end()	返回指向最后一个元素的迭代器	size()	返回向量中的元素个数

在使用 vector 之前，必须包含相应的头文件：

```
#include<vector>
using std::vector;
vector<int>ivec;              //定义向量对象 ivec，向量中每一个元素都是 int 类型
vector<PHONEBOOK>vec;         //定义向量对象 vec，向量中每一个元素都是一条通信录
```

vector 在实例化时不需要声明长度。标准库负责管理与储存元素相关的内存，用户不用担心长度不够。这也是 vector 对象（以及其他标准库容器对象）的重要属性，因此在运行时可以高效地添加元素。

下面给出一段使用 vector 实现通信录的例子。

```
#include<iostream>
using namespace std;
#include<vector>
using std::vector;
void main()
{
    vector<PHONEBOOK>vec;
    PHONEBOOK pbook[4]={ { 20181208,"Mary","13011221827","classmates" },
                         { 20181127,"Tom","13934621123","family" },
                         { 20181156,"John","1324579880","classmates" },
                         { 20181133,"Lisa","1378001822","classmates" } };
    for(int i=0;i<4;i++)
        vec.push_back(pbook[i]);      //尾部添加 4 条通信录
    cout<<"通信录内容列表："<<endl;
    for(int i=0;i<vec.size();i++)
        vec[i].print();               //使用数组方式访问每个元素
    PHONEBOOK record(20181209,"phoenix","15930209020","teacher");
    vec.insert(vec.begin(),record);   //在 vec 头添加元素 record，该操作时间复
                                      //   杂度为 O(n)
    cout<<"通信录内容列表："<<endl;
```

```
for (vector < PHONEBOOK >::iterator it = vec.begin();it != vec.end();it ++)
    ( * it).print();                          //使用迭代器访问每个元素
cout << "删除元素:" << endl;
vec.erase(( ++ ++ vec.begin())) -> print();    //删除第 3 位置的元素
cout << "通信录内容列表:" << endl;
for (vector < PHONEBOOK >::iterator it = vec.begin();it != vec.end();it ++)
    ( * it).print();                          //使用迭代器访问每个元素
cout << endl;
}
```

程序的执行结果与 2.2.3 节使用 Seqlist 类得到的结果几乎完全一样,可对照查看 vector 类中的函数功能。这里要重点说明的是,上例第一个循环采用下标方式访问向量对象 vec 中的每个元素,操作与数组相同,但需要注意在使用下标操作符"[]"时要防止地址越界,否则这类错误很难被捕捉到,会导致程序运行结果不确定。为了避免这种错误,一般使用迭代器,如上例中的第二个循环。

定义迭代器的方法如下:

`vector < PHONEBOOK >::iterator it;`

迭代器类似于指针,可以使用 * it 访问相应元素。如 it = vec.begin()表示迭代器 it 指向 vec 的第一个元素;it = vec.end()表示迭代器 it 指向 vec 最后一个元素的下一个元素位置。若向量对象 vec 为空,vec.begin()与 vec.end()指向同一个位置。容器的 begin()和 end()函数都是常用接口,在程序设计时注意灵活使用。上例中还调用了 push_back()、size()、insert()、erase()这 4 个接口函数,具体功能见表 2-1。

思考:

从上面的例子中不难发现,vector 容器是自增长的,即随着数据元素的增多,vector 能够自动申请内存,使用完毕自动释放。若希望 SeqList 也是自增长的,如何实现?

2.3　单链表的实现

顺序表利用物理位置上的相邻关系来表示数据元素之间的逻辑关系,这一特点使得这种存储结构具有以下优缺点。

顺序表的优点如下。

① 不需要为表示元素之间的逻辑关系而增加额外的存储空间。

② 可以方便地随机访问顺序表中任一位置的元素。

顺序表的缺点如下。

① 插入和删除操作需移动大量的数据元素,效率较低。在等概率条件下,两种操作平均需要移动顺序表中约一半的元素。

② 顺序表难以选择合适的存储容量。顺序表要求占用连续的存储空间,存储分配只能预先进行,因此属于静态存储分配方式。若开始时分配的空间过小,则插入操作很容易引起顺序表的溢出;若分配的空间过大,则可能造成一部分空间长期闲置,不能被充分利用。

为了克服顺序表的缺点,可以采用链式(或称为链接)存储方式存储线性表。最简单的链式存储方式就是单链表(single linked list),这种方法采用动态存储分配方式,即程序在运行时根据实际需要随时申请内存,在不需要时将申请的内存释放。

2.3.1 单链表的存储结构

根据 2.1.3 节对单链表的存储结构描述可知,单链表由一个一个结点通过结点的指针(pointer)或链(link)按照元素逻辑顺序链接而成,因此,单链表的每一个结点(node)都由数据域(data)和指针域(next)两部分构成,如图 2-11 所示。data 域用于存储元素的值;next 域用来存储直接后继的地址或位置。

data	next

图 2-11　结点结构

由于结点的数据类型不确定,因此可采用 C++的模板机制,使用结构类型或类来描述单链表的结点。使用结构类型定义如下:

```
template <class T>
struct Node
{
    T data;                    //数据域
    struct Node <T> * next;    //指针域,在这里<T>可省略
};
```

单链表除第一个结点外,其他每个结点的地址都存储在前一个结点的 next 域中,因此,只要取得第一个结点的地址,就可以顺序遍历单链表的所有结点,因此头指针具有标识一个单链表的作用。

分析不带头结点的单链表的存储结构,如果表为空,则头指针值为 NULL;如果表不空,头指针存储第一个结点的地址。在实际操作时,由于不能确定表是否为空,因此处理头指针时往往需要按两种情况分开考虑。另外,涉及第一个结点的操作时,往往需要修改头指针;如果不涉及第一个结点,则一般不需要修改头指针。因此在算法设计时常常分两种情况,增加了程序的复杂性。例如,对非空单链表中值为 x 的结点进行删除操作,就需要考虑两种情况:若该结点刚好是单链表中第一个结点,则删除后还要修改头指针指向第二个结点;若该结点不是第一个结点,则不需要进行这个操作。图 2-12 给出了相应的示意图。

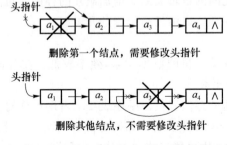

删除第一个结点,需要修改头指针

删除其他结点,不需要修改头指针

图 2-12　不带头结点的单链表进行删除操作示意图

为了统一处理上述情况,通常在单链表的开始结点之前附设一个类型相同的结点,称为头结点(head node)。头结点虽然增加了一点内存开销,没有实际意义,却使单链表的很多操作实现起来更加方便。这一点在后续章节讨论单链表的具体实现时将会有所体现。在本书中,若不加特殊说明,链表默认都带头结点,头结点的地址保存在头指针中,如图 2-13 所示。

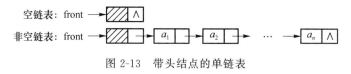

图 2-13 带头结点的单链表

下面给出用 C++描述的单链表模板类。

```
template < class T >
class LinkList
{
public:
    LinkList(){front = new Node < T >;front -> next = NULL;}//无参构造函数
    LinkList(T a [],int n);   //有参构造函数,使用含有 n 个元素的数组 a 初始化单链表
    ~LinkList();              //析构函数
    void PrintList();         //按次序遍历线性表中的各个数据元素
    int GetLength();          //获取线性表的长度
    Node < T > * Get(int i); //获取线性表第 i 个位置上的元素结点地址
    int Locate(T x);          //查找线性表中值为 x 的元素,找到后返回其位置
    void Insert(int i,T x);  //在线性表的第 i 个位置上插入值为 x 的新元素
    T Delete(int i);          //删除线性表第 i 个元素,并将该元素返回
private:
    Node < T > * front;      //头指针
};
```

在单链表模板类中,结点类型 Node 已经在前面给出,私有成员 front 为头指针,用于存储头结点的地址。

2.3.2 单链表的基本运算

1. 构造函数

如果建立空单链表,则只需建立头结点,在单链表模板类中已经给出了无参构造函数的实现。有参构造函数 LinkList(T a [],int n)使用长度为 n 的数组 a 来初始化单链表,一般来说建立单链表的方法有两种,分别为头插法和尾插法。

(1) 头插法

采用头插法建立单链表是指每次插入元素都从单链表的第一个结点位置插入,先前插入的结点随着新结点的插入而不断后移。因此,若希望数组 a 中的各个元素插入后在单链表后的次序依然为 $a[0],a[1],\cdots,a[n-1]$,则插入时应先插入 $a[n-1]$,再插入 $a[n-2]$,依次类推,最后插入 $a[0]$。

头插法的执行过程如图 2-14 所示。无论是插入第一个结点还是插入第 k 个结点,操作都分为 4 个步骤,在图中用①~④表示。这 4 个步骤中,③和④不可以互换。

① 在堆中建立新结点:

Node < T > * s = new Node < T >;

② 将 $a[i]$ 写入新结点的数据域:

s - > data = a[i];

③ 修改新结点的指针域:

s - > next = front - > next;

④ 修改头结点的指针域,将新结点加入链表中:

front - > next = s;

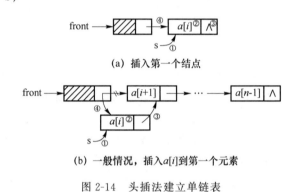

(a) 插入第一个结点

(b) 一般情况,插入 $a[i]$ 到第一个元素

图 2-14　头插法建立单链表

分析操作的执行过程,不论插入第一个结点还是其他结点,操作的步骤都是一样的,这也体现了带头结点的单链表操作更为简便。

思考:

对于不带头结点的单链表,其头插法操作该如何实现? 此时需要注意在空链表中插入第一个结点时的特殊情况。

下面给出利用头插法建立单链表的算法。

```
template < class T >
LinkList < T >::LinkList(T a [],int n)    //头插法建立单链表
{
    front = new Node < T >;
    front - > next = NULL;                //构造空单链表
    for(int i = n - 1;i > = 0;i - - )
    {
        Node < T > * s = new Node < T >; //①建立新结点
        s - > data = a[i];                //②将 a[i]写入新结点的数据域
        s - > next = front - > next;      //③修改新结点的指针域
        front - > next = s;               //④修改头结点的指针域,将新结点加入链表中
    }
}
```

显然,算法的时间复杂度为 $O(n)$。

(2) 尾插法

尾插法是指每次新插入的元素都在单链表的表尾。通常尾插法需要一个指针变量保存终端结点的地址,称为尾指针,设为 r。每插入一个结点后,r 指向新插入的终端结点。

尾插法插入过程如图 2-15 所示。每个新结点的插入可分为以下 4 个步骤。

① 在堆中建立新结点:

Node < T > ∗ s = new Node < T >;

② 将 $a[i]$ 写入新结点的数据域:

s - > data = a[i];

③ 将新结点加入链表中:

r - > next = s;

④ 修改尾指针:

r = s;

需要注意的是,全部结点插入后,需要将终端结点的指针域设为空,即

r - > next = NULL;

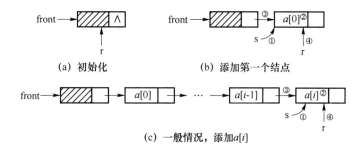

(a) 初始化 (b) 添加第一个结点

(c) 一般情况,添加 $a[i]$

图 2-15 尾插法建立单链表

利用尾插法建立单链表的算法如下所示。

```
template < class T >
LinkList < T >::LinkList(T a [],int n)      //尾插法建立单链表
{
    front = new Node < T >;
    Node < T > ∗ r = front;
    for(int i = 0;i < n;i + +)
    {
        Node < T > ∗ s = new Node < T >;   //①建立新结点
        s - > data = a[i];                 //②将 a[i]写入新结点的数据域
        r - > next = s;                    //③将新结点加入链表中
        r = s;                             //④修改尾指针
    }
    r - > next = NULL;                      //终端结点的指针域设为空
}
```

显然算法的时间复杂度为 $O(n)$。

2. 析构函数

单链表的各个结点都是采用操作符 new 动态申请的,在单链表对象生命期结束时,需要将这些结点释放,这就是析构函数要做的事情。下面给出具体算法。

```
template <class T>
LinkList <T>::~LinkList()          //析构函数
{
    Node <T> * p = front;          //初始化工作指针 p
    while(p)                        //要释放的结点存在
    {
        front = p;                  //暂存要释放的结点
        p = p->next;                //移动工作指针
        delete front;               //释放结点
    }
}
```

若链表长度为 n,则包括头结点在内需要进行 $n+1$ 次循环释放结点空间,所以析构函数的时间复杂度为 $O(n)$。

3. 查找算法

(1) 按位查找

如前所述,顺序表采用数组存储,是一种随机存取(random access)的存储方式,可以直接按序号访问结点。而链表是一种顺序存取(sequential access)方式,只能从链表的表头出发,顺着每个结点的指针域往后依次搜索访问每个结点。

设单链表的长度为 n,要查找表中的第 i 个元素,则 i 应满足 $1 \leqslant i \leqslant n$。设工作指针为 p,当开始查找时 p 指向第一个结点,用整型变量 j 作计数器,初始时 $j=1$。p 每指向下一个结点,j 进行加 1 操作,直到 j 等于 i,此时 p 指向的结点(有时简称 p 结点)就是所要找的结点;或者 j 不等于 i 但 p 已经为空,此时说明 i 是不合法的,算法可抛出异常或返回错误标识。在实现时,可直接返回 p,因为若 p 为空,说明第 i 个元素不存在,返回空地址;否则,p 指向的元素就是所查找的元素,即返回元素地址。查找过程如图 2-16 所示。

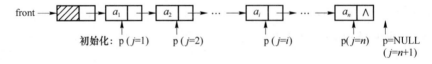

图 2-16 按位查找操作

下面给出按位查找单链表中第 i 个元素的算法伪代码。

[1] 初始化工作指针 p 和计数器 j,p 指向第一个结点,$j=1$;
[2] 循环以下操作,直到 p 为空或 j 等于 i;
　　[2.1] p 指向下一个结点;
　　[2.2] j 加 1;
[3] 返回 p。

根据以上伪代码,给出 C++ 描述的具体算法:

```cpp
template < class T >
Node < T > * LinkList < T >::Get( int i )   //获取线性表第 i 个位置上的元素
{
    Node < T > * p = front -> next;        //初始化工作指针
    int j = 1;                             //初始化计数器
    while( p && j != i )                   //两个条件都满足,则继续循环
    {
        p = p -> next;                     //工作指针后移
        j ++ ;
    }
    return p;                              //查找到第 i 个元素返回地址,或未找到元
                                           素返回 0
}
```

算法中 p = p -> next 是其中一条基本语句,该语句执行次数与被查找结点在单链表中的位置有关。在查找成功的情况下,查找位置 i 满足 $1 \leqslant i \leqslant n$,则基本语句执行次数为 $i-1$,假定查找每个结点的概率相等($p_i = 1/n$),则查找成功的平均时间复杂度为

$$T(n) = \sum_{i=1}^{n} p_i \times (i-1) = \frac{1}{n} \sum_{i=1}^{n} (i-1) = \frac{n-1}{2} = O(n)$$

若查找不成功,则需要执行基本语句 n 次,因此查找不成功的时间复杂度为

$$T(n) = n = O(n)$$

(2) 按值查找

按值查找是指在单链表中查找给定值的结点,找到后返回元素地址或序号。相对于按位查找,按值查找算法比较简单,下面直接给出按值查找算法的 C++ 描述,在这里算法返回的是元素的序号。

```cpp
template < class T >
int LinkList < T >::Locate( T x )          //查找线性表中值为 x 的元素,找到后返回其位置
{
    Node < T > * p = front -> next;        //初始化工作指针
    int j = 1;
    while( p )
    {
        if( p -> data == x ) return j;     //找到被查元素,返回位置
        p = p -> next;
        j ++ ;
    }
    return -1;                             //若找不到,返回错误标识 -1
}
```

思考：

如果查找算法要求返回元素地址的形式，该如何修改？

4. 插入操作

单链表的插入操作在这里定义为在单链表的第 i 个位置上插入值为 x 的元素。该操作可分为两个阶段，首先进行按位查找操作，即找到第 $i-1$ 个位置的元素，然后在该元素后插入新元素。查找操作可直接调用按位查找 Get 函数，插入新元素的步骤在构造函数中已经进行了分析。下面直接给出插入操作的 C++算法。

```
template < class T >
void LinkList<T>::Insert(int i,T x)  //在线性表的第 i 个位置上插入值为 x 的新元素
{
    Node <T> * p = front;              //初始化工作指针
    if(i != 1)p = Get(i - 1);          //若不是在第一个位置插入,得到第 i-1
                                       //  个元素的地址
    if(p){
        Node <T> * s = new Node <T>;   //建立新结点
        s -> data = x;
        s -> next = p -> next;
        p -> next = s;                 //将新结点插入 p 所指结点的后面
    }
    else throw "插入位置错误";
}
```

上述插入操作首先查找插入位置 i 的前一个元素，因此平均时间复杂度与按位查找的时间复杂度相同，为 $O(n)$。

还有一类插入操作是在给定的元素前或后进行插入，这些操作相应的函数并没有写到前面的 LinkList 类中，读者可以根据需要自行加入。如果插入位置的前一个元素的地址已知，设为 p，则只需在 p 所指元素后插入一个新结点，时间复杂度为 $O(1)$，这种操作称为后插操作。相反，如果 p 指向待插入位置的元素，则新元素实际上插入 p 所指元素的前一个位置，这种操作称为前插操作。容易想到，前插操作过程是首先获得 p 所指元素的前一个元素地址，设为 q，然后对 q 所指元素进行后插操作。操作过程如图 2-17 所示，整个操作过程可分为 5 个步骤。

① 从第一个结点开始,查找 p 所指结点的前一个结点,设为 q 指向该结点;

② 在堆中建立新结点:

Node <T> * s = new Node <T>;

③ 将 x 写入新结点的数据域:

s -> data = x;

④ 修改新结点的指针域:

s -> next = p;

⑤ 修改 q 结点的指针域,将新结点加入链表中:

q -> next = s;

上述前插操作的第一步为了寻找 p 所指结点的前一个结点,需要从第一个元素开始遍历,不难得出该操作的时间复杂度为 $O(n)$。实际上该算法可以进行改进,使整个操作的时间复杂度降为 $O(1)$,新的算法称为改进的前插操作。改进方法的思想是在 p 结点后插入新结点,让新结点的数据域存储原来 p 结点的数据域,而 p 结点的数据域存储新插入的值。整个过程如图 2-18 所示,操作步骤如下。

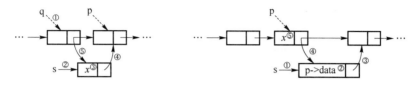

图 2-17　前插操作示意图　　　　图 2-18　改进的前插操作示意图

① 在堆中建立新结点:

Node < T > * s = new Node < T >;

② 将 p 结点的数据域写入新结点的数据域:

s - > data = p - > data;

③ 修改新结点的指针域:

s - > next = p - > next;

④ 修改 p 结点的指针域,将新结点加入链表中:

p - > next = s;

⑤ 将 x 写入 p 结点的数据域:

p - > data = x;

比较前插操作的两种算法不难发现,虽然实现了相同的功能,但效率却完全不同。这也启示我们,在进行算法设计时,要尽量寻找优化方法,降低时间复杂度。

5. 删除操作

删除操作是指删除线性表中的第 i 个元素,并将该元素的值返回。与插入操作类似,删除操作首先进行查找操作,找到第 $i-1$ 个元素,然后再将第 i 个元素删除。

操作过程如图 2-19 所示,整个操作过程可分为 5 个步骤。

① 从第一个结点开始,查找第 $i-1$ 个元素,设为 p 指向该结点;

② 设 q 指向第 i 个元素:

q = p - > next;

③ 摘链,即将 q 元素从链表中摘除:

p - > next = q - > next;

④ 保存 q 元素的数据:

x = q - > data;

⑤ 释放 q 元素:

delete q;

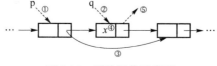

图 2-19　删除操作示意图

下面给出删除操作的 C++算法描述：

```
template < class T >
T LinkList < T >::Delete(int i)        //删除线性表第 i 个元素,并将该元素返回
{
    Node < T > * p = front;            //初始化工作指针
    if(i != 1)p = Get(i - 1);          //若不是在第一个位置插入,得到第 i - 1 个元素
                                         的地址

    Node < T > * q = p -> next;
    p -> next = q -> next;
    T x = q -> data;
    delete q;
    return x;
}
```

思考：

如果要删除单链表中 p 所指的某个结点,该如何设计时间复杂度为 $O(1)$ 的算法?

以上给出了单链表的一些基本操作,在应用过程中,读者可以根据需要对单链表类进行修改和扩充,以便在实际问题中使用。

2.3.3 单链表的应用——通信录

使用模板类 LinkList 和 SeqList 实现通信录的步骤和实现方式几乎完全一致,唯一的区别就是 LinkList 中的 pringlist()函数实现需要改写,实现步骤如下。

① 定义通信录的数据类型,同 2.2.3 节。

② 编写 LinkList 类中的 PrintList()显示函数：

```
template < class T >
void LinkList < T >::PrintList()        //按序号依次遍历顺序表中的各个数据元素
{
    Node < T > * p = front -> next;    //初始化工作指针
    while(p != NULL){
        p -> data.print();
        p = p -> next;
    }
    cout << endl;
}
```

③ 编写测试函数,假定将模板类 LinkList 的定义及成员函数的实现代码全部写到 LinkList. h 头文件中,且链表构造函数采用尾插法构造链表,则实现通信录操作同 2.2.3 节,除了需要引入#include "LinkList. h"外,唯一的代码的区别就是定义 LinkList 对象：

```
LinkList < PHONEBOOK > list(pbook,4);
```

其运行结果同 2.2.3 节完全一致。

2.4　循环链表的实现

循环链表就是将链表首尾相接的链表,在 2.1.3 节中介绍了两种相似的循环链表的结构,如图 2-20 所示。

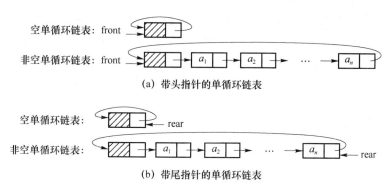

　　　　　　　　　　图 2-20　两种单循环链表的比较

用头指针 front 表示的单循环链表中,如果查找第一个元素,其地址为 front－>next,时间复杂度显然为 $O(1)$,但如果查找最后一个元素,则时间复杂度为 $O(n)$。但若是使用尾指针 rear 指向单循环链表的最后一个结点,如图 2-20(b)所示,这样,无论查找第一个元素(地址为 rear－>next－>next)还是最后一个元素(地址为 rear),时间复杂度都为 $O(1)$,从而简化操作。

带尾指针的单循环链表相对于单链表,存储结构并没有太多变化,只是改用指向终端结点的尾指针,并且尾结点的指针域指向头结点。其基本操作的实现与单链表类似,不同之处主要在于以下两点。

①　头指针的表示:单链表使用 front 标识头指针,单循环链表使用 rear－>next 标识头指针;

②　判断 p 指向的某结点是否为尾结点的方法:单链表中若 p－>next==NULL,则 p 指向尾结点,而单循环链表中的判别条件应为 p==rear。

下面仅给出单循环链表的 C++描述,其中各个运算的实现在此不再阐述。

```
template<class T>
class CLinkList
{
public:
    CLinkList(){rear = new Node<T>;rear－>next = rear;}      //无参构造函数
    CLinkList(T a[],int n);        //有参构造函数,使用含有n个元素的数组a初始化单链表
    ~CLinkList();              //析构函数
    int GetLength();           //获取线性表的长度
    T * Get(int i);            //获取线性表第 i 个位置上的元素
    int Locate(T x);           //查找线性表中值为 x 的元素,找到后返回其位置
    void Insert(int i,T x);    //在线性表的第 i 个位置上插入值为 x 的新元素
    T Delete(int i);           //删除线性表第 i 个元素,并将该元素返回
```

```
        void PrintList();            //按次序遍历线性表中的各个数据元素
    private:
        Node <T> * rear;            //尾指针
    };
```

例 2.1 设两个链表 $A=(a_1,a_2,\cdots,a_m)$ 和 $B=(b_1,b_2,\cdots,b_n)$，试实现将两个链表链接成一个链表 $C=(a_1,a_2,\cdots,a_m,b_1,b_2,\cdots,b_n)$ 的运算。

若采用单链表实现该运算，不难发现首先需要遍历链表 A，找到尾结点 a_m，然后再进行链接，时间复杂度为 $O(m)$。而采用带尾指针的单循环链表，则尾结点和头结点都可以方便地得到，因此链接算法的时间复杂度为 $O(1)$。两链表链接后，尾指针直接指向 B 链表的表尾结点，同时 B 链表的表头元素不再使用，直接释放即可。链接运算的过程如图 2-21 所示。

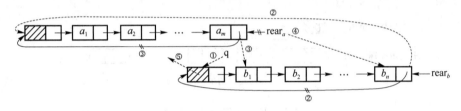

图 2-21 将两个链表链接为一个链表

在用 C++ 实现时，链接运算可认为是将一个链表链接到当前链表中，因此可在 CLinkList 类中添加成员函数 Connect 实现该算法，函数参数为要链接的单循环链表。算法描述如下：

```
template <class T>
void CLinkList <T>::Connect(CLinkList <T> & b)      //b 为要链接的单循环链表
{
    Node <T> * q = b.rear -> next;     //①保存 b 链表的表头地址
    b.rear -> next = rear -> next;     //②b 链表表尾元素的指针域指向当前链表的表头
    rear -> next = q -> next;          //③当前链表表尾元素的指针域指向 b 链表的起
                                       //  始元素
    rear = b.rear;                     //④链接完成，修改新链表的表尾指针
    delete q;                          //⑤释放原 b 链表的表头地址
}
```

2.5 双链表的实现

2.5.1 双链表的基本结构

对于单链表，由于前一个结点已经存储了直接后继结点的地址，因此可以直接得到直接后

继结点。而如果查找当前结点的直接前驱结点,则需要从第一个元素开始遍历,操作比较烦琐,时间复杂度为 $O(n)$。为此,可在每个结点中再加入一个指针域,用于存储前一个元素的地址,这样便可以方便地得到直接前驱元素。这种链表中有两条方向相反的链,因此称为双向链表(double linked list),简称双链表。

双向链表的结点示意图如图 2-22(a)所示,C++描述如下。有时结点中的两个指针域分别定义为 left 和 right。

```
template <class T>
struct Node
{
    T data;                      //数据域
    struct Node <T> * prior;    //指针域,指向前一个结点
    struct Node <T> * next;     //指针域,指向后一个结点
};
```

在实际应用中,为了便于直接访问到尾结点,多使用带头结点的双循环链表,其形式如图 2-22(b)所示。

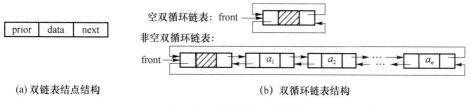

(a) 双链表结点结构　　　　　　　　　　　(b) 双循环链表结构

图 2-22　双循环链表示意图

2.5.2　双链表的基本运算

对于双链表结构,通过当前结点可以方便地查找直接前驱和直接后继。设 p 指向当前结点,则 p->prior 指向直接前驱,p->next 指向直接后继,而 p->prior->next＝p->next->prior＝p。下面仅讨论双向链表的插入和删除操作。

1. 插入操作

在 p 结点的后面插入一个新结点 s,操作过程如图 2-23 所示,共分为 4 个步骤。

① s 结点的 prior 域指向 p 结点:

s->prior = p;

② s 结点的 next 域指向 p 结点的直接后继:

s->next = p->next;

③ p 结点的直接后继的 prior 域指向 s 结点:

p->next->prior = s;

④ p 结点的 next 域指向 s 结点:

p -> next = s;

以上操作的先后次序不是绝对的,但步骤②和③一定要在步骤④的前面,例如,以下操作步骤也是正确的:

s -> next = p -> next;

p -> next = s;

s -> next -> prior = s;

s -> prior = p;

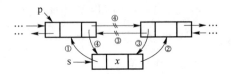

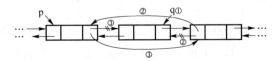

图 2-23　双链表的插入操作　　　　图 2-24　双链表的删除操作

2. 删除操作

将 p 结点的直接后继删除,操作过程如图 2-24 所示。需要注意的是,被删结点在摘链前必须要保存其地址,以备释放结点时使用。操作步骤如下。

① 保存被删结点的地址:

q = p -> next;

② 被删结点的直接后继的 prior 指向 p 结点:

p -> next -> next -> prior = p;

③ p 结点的 next 指向被删结点的直接后继:

p -> next = p -> next -> next;

显然步骤①一定要在步骤③的前面,步骤②和③的次序可以颠倒。

思考:

若将 p 指向的结点删除,该如何设计其操作步骤?

2.5.3　STL 中的双链表——list

列表(list)是 STL 中线性表的链式存储形式,STL 标准库中一般采用双向循环链表实现 list。因此 list 容器使用不连续的空间区域,允许向前和向后遍历元素,但不支持随机访问,查找某个元素时往往需要遍历相邻的若干元素。其优点在于在任何位置都可以高效地插入或删除元素,并且不需要移动其他元素。

在使用 list 之前,必须包含相应的头文件:

#include <list>

using std::list;

采用 list 容器的基本操作与 vector 容器类似,下面给出一个简单的通信录示例。

void main()

{

```
list < PHONEBOOK > plist;                    //定义列表对象 plist
PHONEBOOK pbook[2] = { { 20181208,"Mary","13011221827","classmates" },
                       { 20181127,"Tom","13934621123","family" }};
plist.push_back(pbook[0]);                   //plist 尾部添加元素
plist.insert(plist.begin(),pbook[1]);        //在 plist 头添加元素
for (list < PHONEBOOK >::iterator it = plist.begin();it != plist.end();it ++ )
    ( * it).print();                          //使用迭代器访问每个元素
cout << endl;
}
```

程序执行结果如下：

| 20181127 | Tom | 13934621123 | family |
| 20181208 | Mary | 13011221827 | classmates |

从该例中不难发现,list 容器与 vector 容器有很多相同的接口,如 push_back()、insert()、begin()、end()、erase()等。但 list 容器不支持随机访问,因此没有下标操作符。

若希望了解更多关于 STL 中的 vector 和 list 的相关知识,可以参阅本书配套的辅导教材。

2.6 顺序表与链表的比较

前面分别介绍了线性表的两类存储结构:顺序表和链表(单链表、循环链表和双链表)。两种结构具有各自的特点,在实际应用中,要根据具体问题的要求和特点来决定使用哪种结构,尤其要关注时间性能和空间性能。

2.6.1 时间性能比较

顺序表是由数组实现的,因此是一种随机存取结构,对表中任意结点进行存取操作的时间复杂度为 $O(1)$。而查找链表中的结点,需要从头指针起顺着链扫描,平均时间复杂度为 $O(n)$。因此,若线性表的主要操作是进行查找,而很少进行插入或删除操作,则采用顺序表比较合适。

对于链表,在某个位置上进行插入和删除操作,只需要修改指针即可,无须移动大量元素,操作的时间复杂度为 $O(1)$。而在顺序表中进行插入和删除操作,往往要移动大量元素,平均移动元素的数目为表长的一半,平均时间复杂度为 $O(n)$。因此,若对线性表进行频繁的插入和删除操作时,采用链表相对合适。若插入和删除主要发生在表头和表尾,则采用循环链表更为方便。

2.6.2 空间性能比较

顺序表的存储空间是静态分配的,因此必须提前确定其存储大小。若线性表的长度变化较大,则存储规模应按最大长度来确定,否则会出现溢出的情况。但如果大量空间只是偶尔才

会使用到,则势必会造成空间的浪费。因此顺序表常常用于存储规模比较容易确定的线性表。

动态链表的存储空间是动态分配的,因此只要内存空间还有空闲就不会出现溢出的情况。因此,对于长度变化较大或长度难以估计的线性表,应采用动态链表作为存储结构。

另外,顺序表在存储时,利用了数组元素之间的相对位置来表示结点间的逻辑次序,因此没有使用额外的存储空间。而对于链表,除了存储当前结点的数据外,还需要额外的存储空间保存下一个结点的位置,以维护结点间的逻辑关系。在这里给出存储密度的定义:

存储密度=(结点中数据域所占的空间)/(结点结构所占的存储空间)

一般来说,存储密度越大,存储空间利用率越高。显然,顺序表的存储密度为1,而链表的存储密度小于1。对于32位计算机环境,若单链表中的数据类型为int类型,则其存储密度为50%,而若为双链表,则存储密度降为33%。因此,在某些对存储空间有限制要求的应用中,需要权衡空间效率和时间效率,选择合适的存储结构。

2.7　工程实践和思考

问题1:不支持指针的高级语言,如何实现链表?

前面介绍的链表都是利用C++指针来存储结点的地址,结点空间的分配和收回都是由操作符 new 和 delete 动态执行的,因此称之为动态链表(dynamic linked list)。对于某些高级语言,如 BASIC、Java 等,没有提供"指针"数据类型,因此多采用数组来描述单链表,用数组元素的下标来模拟链表的指针,一般称之为"游标"。这种用数组存储的链表结构,称为静态链表(static linked list)。

静态链表的每个数组元素同样由两个域构成:data 域存储数据元素,next 域存储直接后继元素的下标。整个链表元素通过 next 域链接起来,定义起始下标为 front,指向起始结点。对于数组中未使用的元素,为了便于将来分配给链表使用,也使用 next 域链接起来,定义起始下标为 tail。因此,静态链表实际上有两个链表,一个用于存储链表的各个元素,另一个存储所有未分配的数组元素,在这里称之为空闲链表。两个链表的终点结点的 next 域都设为-1,表示链表结束。

图 2-25 给出静态链表的示意图,图中的链表共包含 3 个结点,两个链的表头指针 front 和 tail 的值分别为 0 和 4。下面给出静态链表的定义。

```
const int MAXSIZE = 100;
template < class T >
struct StaticNode                  //定义静态链表的结点
{
    T data;                        //数据域
    int next;                      //指针域
};
template < class T >
class StaticLinkList
```

```
{
public:
    StaticLinkList();
    StaticLinkList(T a[],int n);
    void Insert(int i,T a);          //插入操作,在位置 i 上插入 a
    T Delete(int i);                 //删除第 i 个元素,返回被删元素的值
    T Get(int i);                    //按位查找,返回元素
    int Locate(T x);                 //按值查找,返回元素在数组中的下标
    int NewNode();                   //申请结点空间
    void DeleteNode(int i);          //释放游标 i 指向的结点
private:
    int front;
    int tail;
    StaticNode <T> SArray[MAXSIZE];
};
```

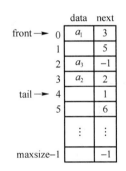

图 2-25　静态链表的示意图

1. 无参构造函数

无参构造函数用于建立空静态链表。空静态链表的所有数组元素都没有分配,令 tail 为 0,即存储第一个元素的下标,除最后一个数组元素外,空闲链中每个元素的 next 域存储下一个数值元素的下标,这样所有未分配空间就链接起来。同时令 front 等于 -1,表示为空静态链表。图 2-26(a)给出了建立空静态链表的示意图。下面给出 C++算法描述。

```
template <class T>
StaticLinkList <T>::StaticLinkList()
{
    for(int i = 0;i < MAXSIZE - 1;i ++ )
        SArray[i].next = i + 1;      //每个元素的 next 域指向下一个数组元素
    SArray[MAXSIZE - 1].next = - 1;  //最后一个元素的 next 域定义为 - 1
    front = - 1;                     //空链表的头指针定义为 - 1
    tail = 0;                        //未分配空间的第一个数组元素的下标
}
```

2. 有参构造函数

有参构造函数使用数组初始化静态链表。待所有数组元素添加到静态链表后,链表的最后一个元素的 next 域应设置为 -1,同时 front 指向第一个数组元素,tail 指向第一个未分配的数组元素,如图 2-26(b)所示。下面给出 C++算法描述。

```cpp
template < class T >
StaticLinkList < T >::StaticLinkList(T a[],int n)
{
    if(n > MAXSIZE)throw "溢出";
    for(int i = 0;i < MAXSIZE - 1;i ++ )
        SArray[i].next = i + 1;        //每个元素的 next 域指向下一个数组元素
    SArray[MAXSIZE - 1].next = - 1;    //最后一个元素的 next 域定义为 - 1
    for(int i = 0;i < n;i ++ )
        SArray[i].data = a[i];
    front = 0;                         //front 指向链表的起始元素
    tail = SArray[n - 1].next;         //tail 指向未分配空间的第一个数组元素
    SArray[n - 1].next = - 1;          //链表中最后一个元素的 next 域定义为 - 1
}
```

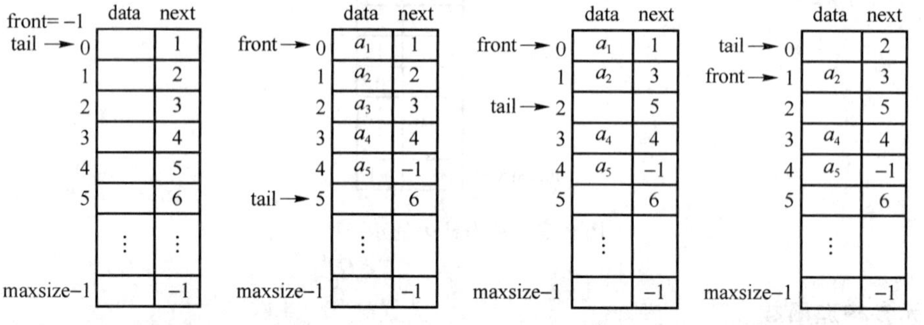

图 2-26　静态链表操作示意图

3. 申请结点空间

由于静态链表采用下标来模拟指针,因此空间的申请和释放不能再使用 new 或 delete 这样的操作符来实现,而是要由程序员自己编写函数实现。

申请结点空间时,若还有未分配的数组元素,则将未分配数组元素链表中的第一个结点分配,同时 tail 指向数组的下一个未分配元素。操作过程如下:

```cpp
template < class T >
int StaticLinkList < T >::NewNode()          //申请结点空间
{
    if( - 1 == tail)throw "空间不足";
    int pos = tail;                          //暂放要分配的元素的下标
```

```
tail = SArray[tail].next;                          //tail 指向下一个未分配的空间
return pos;
}
```

4. 释放结点

静态链表的结点若不再使用,则需要回收到未分配元素构成的空闲链表中。在具体实现时可直接将其作为表头插入空闲链表的起始位置。需要注意的是,如果要释放静态链表的第一个结点,则 front 需要重新指向下一个元素。算法描述如下:

```
template < class T >
void StaticLinkList < T >::DeleteNode(int i)//释放结点
{
    if(i < 0 || i > MAXSIZE - 1 || -1 == front)
        throw "释放空间错误";
    int p = SArray[i].next;//p 指向下一个结点,实际删除的结点为待删结点的下一个
    if(p! = -1)
        SArray[i] = SArray[p];    //下一个结点的内容复制到待删结点中
    else  {                       //删除的是最后一个结点,p 直接指向原待删结点
        p = i;
        int k = front;
        int prek = k;
        while(SArray[k].next! = -1)   //寻找最后一个结点的前一个结点的游标
            {prek = k;k = SArray[k].next;}
        SArray[prek].next = -1;       //前一个结点的指针域设为 -1
    }
    SArray[p].next = tail;        //要释放的结点插入未分配元素链表的第一个
    tail = p;                     //tail 指向新的第一个未分配元素
    if(front == i)front = SArray[i].next;
                                  //如果释放链表的第一个结点,front 要后移
}
```

静态链表的其他算法在这里不再阐述。图 2-26 给出了静态链表的操作示意。初始化时,链表为空,front = -1,tail 指向空闲链的第一个元素,如图 2-26(a)所示。插入 5 个元素后,front 指向链表表头,链表最后一个元素的指针域设置为 -1,tail 指向空闲链新的起始元素,如图 2-26(b)所示。图 2-26(c)为删除元素 a_3 的示意图,下标为 2 的数组元素被回收到空闲链中,成为空闲链表的第一个空闲元素,其指针域指向原来的空闲链表头,tail 指向新的空闲链表头。图 2-26(d)为删除静态链表表头元素 a_1 的示意图,被删元素被回收为空闲链的第一个元素,同时 front 需要修改为指向静态链表新的表头元素。

思考:

能否采用同一个存储空间存储多个静态链表?该如何实现?

问题 2：如何实现一元多项式的求和？

一般来说，一元多项式的形式如下：

$$A(x) = a_0 + a_1 x^1 + a_2 x^2 + \cdots + a_n x^n$$

一元多项式求和就是将两个一元多项式的同类项进行合并，得到一个新的多项式。设分别有 $A(x)$ 和 $B(x)$ 两个多项式，其中 $B(x) = b_0 + b_1 x^1 + b_2 x^2 + \cdots + b_n x^n$，则求和形式如下：

$$A(x) + B(x) = (a_0 + a_1 x^1 + a_2 x^2 + \cdots + a_n x^n) + (b_0 + b_1 x^1 + b_2 x^2 + \cdots + b_n x^n)$$
$$= (a_0 + b_0) + (a_1 + b_1) x^1 + (a_2 + b_2) x^2 + \cdots + (a_n + b_n) x^n$$

如果将多项式的每个项作为一个元素，则可用线性表表示多项式，表中每个元素仅含系数和指数两项。有些项的系数为 0，则这些项不需要存储，因此只需要存储多项式中的非零项。例如，多项式 $A(x) = 3 - 5.5 x + 100 x^{200}$，可以用线性表 $((3,0),(-5.5,1),(100,200))$ 表示。

下面考虑多项式的存储结构。一元多项式求和可采用两种方式，一种方式是将求和后的多项式用新的线性表存储，而不使用原来求和的两个线性表，则主要操作是遍历元素和在新表表尾添加元素，此时可以采用顺序表或链表；另一种方式的求和操作是在第一个线性表的基础上合并另一个线性表表示的多项式，求和后的多项式仍然存储在第一个线性表中，则求和时有可能会有结点的插入或删除操作，此时不宜选用顺序表作为存储结构，而应该选择链表结构。在本例的实现中，我们采用后一种方式进行求和，存储结构采用链表。

用链表存储多项式的每个非零项，只需存储该项的系数和指数，并且链表中的结点按指数递增有序排列。结点中存储的数据结构如图 2-27(a) 所示，而整个链表的结点存储结构如图 2-27(b) 所示，其中 coef 表示系数，为 double 类型；exp 表示指数，为 int 类型，其定义如下：

```
struct element
{
    double coef;    //系数
    int exp;        //指数
};
```

(a) 多项式结点结构   (b) 链表结点结构

图 2-27　结点存储结构

在这里假定使用带头结点的单链表存储每个一元多项式，下面分析求和操作的处理过程。设有两个一元多项式分别为 $1.1 + 5 x^2 + 3 x^4$ 和 $1.2 x - 5 x^2 + 3 x^4 + 5 x^{10} + 5 x^{12}$，采用两个链表 A 和 B 分别表示，两个工作指针 p 和 q 分别指向两个链表的开始结点。则求和操作的目的是将 B 合并到 A 链表中，即比较 p 指向的结点和 q 指向的结点，然后进行结点的调整或合并操作，由于有可能在 p 结点前进行插入操作，因此还需要设置 p 的前驱结点指针，设为 p_prior。两个多项式的链式存储结构如图 2-28 所示。

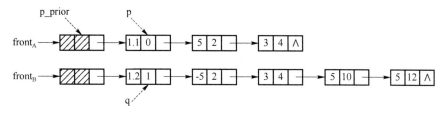

图 2-28　两个多项式链式存储示意图

具体的求和操作可分为 4 种情况。

（1）第一种情况：若 $p\to data.exp < q\to data.exp$，即 A 链表的当前结点 p 的指数小于 B 链表的当前结点 q 的指数，则 p 结点保留不变，然后 p 指向 A 链表下一个结点，继续进行比较，如图 2-29(a)所示。主要操作为：

① p_prior = p;

② p = p -> next;

（2）第二种情况：若 $p\to data.exp > q\to data.exp$，即 A 链表的当前结点 p 的指数大于 B 链表的当前结点 q 的指数，则应将 q 结点加入 A 链表 p 结点之前，然后 q 指向 B 链表下一个结点，继续进行比较，如图 2-29(b)所示。主要操作为：

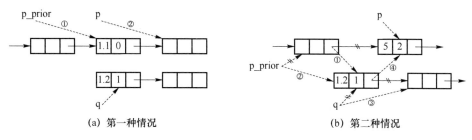

(a) 第一种情况　　　　　　　　　(b) 第二种情况

图 2-29　多项式合并操作示意图

① p_prior -> next = q;

② p_prior = q;

③ q = q -> next;

④ p_prior -> next = p;

（3）第三种情况：若 $p\to data.exp == q\to data.exp$，即 A 链表的当前结点 p 的指数等于 B 链表的当前结点 q 的指数，则两结点为同类项，应将两结点的系数求和，此时又分为两种情况：

（a）若合并的系数为 0，即两同类项抵消，则删除 p 结点。

（b）若合并的系数不为 0，将其重新赋予 p 结点。

两结点合并后可删除 q 结点，并且令 p 和 q 分别指向各自的下一个结点继续进行比较。如图 2-30 所示，两种操作的关键语句分别如下。

（a）若合并的系数为 0，主要分为 6 个步骤：

① p_prior -> next = p -> next;

② delete p;

③ p = p_prior -> next;

④ Node < element > * temp = q;

⑤ q = q -> next;

⑥ delete temp;

（b）若合并的系数不为 0，主要分为 5 个步骤：

① p_prior = p;

② p = p -> next;

③ Node < element > * temp = q;

④ q = q -> next;

⑤ delete temp;

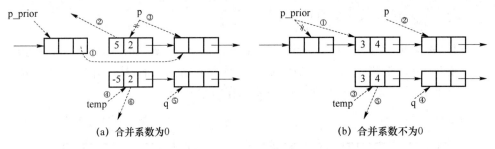

（a）合并系数为 0   （b）合并系数不为 0

图 2-30　多项式合并操作第三种情况示意图

（4）第四种情况：若 p 为空且 q 不为空，则应将 q 结点及其后续所有结点追加到 A 链表的最后，如图 2-31 所示，操作步骤主要是 p_prior -> next＝q。

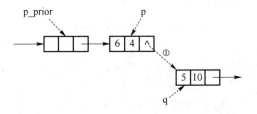

图 2-31　多项式合并操作第四种情况示意图

若 p 为不空且 q 为空，此时 B 链表已经处理完，则不再需要任何操作。

综上所述，算法的伪代码描述如下：

[1] 初始化工作指针 p 和 q，以及 p 结点的前驱结点指针 p_prior；

[2] 若 p 和 q 都不为空，则循环如下操作：

　　[2.1] 若 p -> data.exp < q -> data.exp，则 p_prior = p；p = p -> next；

　　[2.2] 否则，若 p -> data.exp > q -> data.exp，则：

　　　　[2.2.1] 将 q 结点加入 A 链表 p 结点之前；

　　　　[2.2.2] q 指向 B 链表下一个结点；

> 　[2.3] 否则: p -> data.coef = p -> data.coef + q -> data.coef;
>
> 　　　[2.3.1] 若 p -> data.coef 为 0,删除 p 结点;
>
> 　　　[2.3.2] p 指向下一个结点;
>
> 　　　[2.3.3] 删除 q 结点;
>
> 　　　[2.3.4] q 指向下一个结点;
>
> [3] 若 p 为空且 q 不为空,则将 q 结点及其后续所有结点追加到 A 链表的最后;
>
> [4] 将 B 链表置成空链表。

下面给出一元多项式合并的 C++描述。在这里定义一元多项式类 PolyList 为 Linklist < element >类的公有派生类。另外,由于 PolyList 类的成员函数可能需要访问基类的私有成员,因此需要将 PolyList 类设为基类的友元类,或者在基类中增加获取头结点地址的共有函数,如可增加以下函数:

```cpp
template < class T >
Node < T > * LinkList < T >:: GetFirst()
{ return front; }
```

这样,派生类可以方便地访问头结点,在以下程序设计中均按这种方式处理。

```cpp
//定义数据域结构
struct element
{
    double coef;      //系数
    int exp;          //指数
    element(double c = 0, int e = 0):coef(c),exp(e){}      //构造函数
};
//定义一元多项式类,该类为 LinkList 的派生类
class PolyList:public LinkList < element >
{
public:
    PolyList(element data[],int n):LinkList(data,n){}      //构造函数
    void Add(PolyList & B);                  //定义求和函数
    void PrintList()                         //按次序遍历各个数据元素
    {
        Node < element > * p = GetFirst() -> next; //获取第一个结点
        while(p){
            cout <<"("<< p -> data.coef <<","<< p -> data.exp <<")";
            p = p -> next;
        }
        cout << endl;
    }
};
```

```
//定义一元多项式类的求和函数
void PolyList::Add(PolyList & B)
{
    Node < element > * p_prior = GetFirst();        //获取头指针
    Node < element > * p = p_prior -> next;         //初始化工作指针
    Node < element > * q =  B.GetFirst() -> next;   //初始化 B 链表工作指针
    while(p && q)
    {
        if(p -> data.exp < q -> data.exp){          //第一种情况
            p_prior = p;
            p = p -> next;
        }
        else if(p -> data.exp > q -> data.exp){     //第二种情况
            p_prior -> next = q;
            p_prior = q;
            q = q -> next;
            p_prior -> next = p;
        }
        else {                                      //第三种情况
            p -> data.coef += q -> data.coef;
            if(fabs(p -> data.coef)< 1e - 7){       //合并系数为零的情况
                p_prior -> next = p -> next;
                delete p;
                p = p_prior -> next;
            }
            else{                                   //合并系数不为零的情况
                p_prior = p;
                p = p_prior -> next;
            }
            Node < element > * temp = q;
            q = q -> next;
            delete temp;
        }
    }
    if(q)p_prior -> next = q;                        //第四种情况
    B.GetFirst() -> next = NULL;                     //将 B 链表置为空链表
}
```

定义好一元多项式类后,就可以编写测试函数进行测试。例如:

```
element ea[] = {element(1,0),element(2.3,2),element(3,4)};
element eb[] = {element(1,1),element( - 2.3,2),element(3,4),element(5,10)};
PolyList a(ea,3),b(eb,4);//定义两个链表
```

```
a.Add(b);//将 b 链表追加到 a 链表中
a.PrintList();//打印求和结果
```

问题3：操作系统的内存如何管理？

动态内存管理是操作系统的基本功能之一，其作用是响应用户程序对内存的申请和释放请求。

大多数编程语言（如 C 或 C++等）中的数组，其各个元素在栈内存中占用连续的存储空间。所占据内存空间的位置是在程序开始执行时由系统分配的，其大小也是由程序员在编写程序时提前设置的，在程序运行期间都是不变的。但有些时候，所用的内存空间只能在程序执行过程中才能确定其大小，此时用户程序根据所需要的容量向系统申请内存空间。内存使用完后通知系统进行回收。如 C 语言使用 malloc 函数和 free 函数实现内存的申请和释放，C++语言使用 new 和 delete 操作符实现内存的申请和释放。

系统在运行之初，有一块很大的连续内存块供用户程序申请，通常称之为内存池或堆。一般将内存池中已经分配给用户程序的内存块称为占用块，将未分配的内存块称为空闲块。

当用户程序申请内存时，申请的内存大小往往是不定的，系统会根据某种策略从内存池中选择一块合适的连续内存供用户程序使用。当用户程序释放内存时，系统将其回收，供以后重新分配。在回收时，还要看释放的内存块的左右内存块是否为空闲块，如果是空闲块，需要将待释放的内存块与左右空闲块合并，变成更大的空闲块。图 2-32 给出了用户申请和释放内存操作时内存池状态变化。

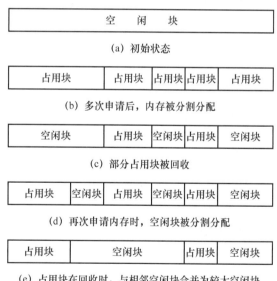

图 2-32   内存池的状态变化

通常，内存池中的空闲块通过双向链表链接，每个空闲块相当于一个结点。无论是空闲块还是占用块，通常在其两端设置块边界，表示该空闲块可分配的空间大小，图 2-33 给出了空闲块和占用块的结构示意图。为了区分是空闲块还是占用块，一般将占用块的块边界设置为负数，其绝对值表示已分配的空间大小。对于占用块还需注意，分配给用户的内存空间首地址并非占用块的首地址,这是因为已分配空间前后都有块边界,在图 2-33(b)中已经标出这两个地址。

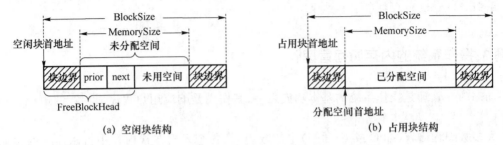

图 2-33　空闲内存块与占用内存块结构示意图

下面给出块边界结构的 C++结构类型描述。

struct BlockBorder

{

　　int BlockLength;

　　bool Free(){return BlockLength > 0? true:false;}

　　int MemorySize(){return BlockLength > 0? BlockLength: − BlockLength;}

　　int BlockSize(){return MemorySize() + 2 * sizeof(int);}

};

在该结构的成员中,Free 函数表示该块是否为空闲块,若是空闲块,则返回 true;MemorySize 函数返回该块可分配或已分配的内存空间大小;BlockSize 函数返回整个块的大小,在图 2-33 中也已经标出。

对于空闲块结构,块边界与指针域 prior 和 next 可以构成一个新的结构,将其定义为 FreeBlockHead,作为结构类型 BockBorder 的派生类。该结构中,除了继承基类的 BlockLength 成员,还有 prior 和 next 成员,分别指向内存池中前一个和后一个空闲块。

struct FreeBlockHead:public BlockBorder //空闲块头

{

　　FreeBlockHead * prior;//指向前一个空闲块

　　FreeBlockHead * next;//指向后一个空闲块

};

图 2-34 给出了内存池中空闲块链表的逻辑示意图。

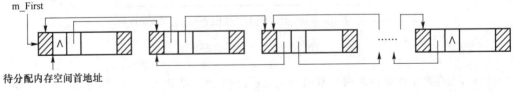

图 2-34　空闲块链表的逻辑示意图

了解了空闲块和占用块的存储结构,接下来就可以设计内存池类,实现用户动态内存分配。下面给出一个简单的内存池类。

```
class MemoryPool                          //内存池类
{
public:
    MemoryPool(unsigned int size);        //构造函数
    ~MemoryPool();                        //析构函数
    void * Allocate(int size);            //动态分配内存
    void Free(void * p);                  //释放被分配的内存
private:
    char * m_Base;                        //内存池的基址
    unsigned int m_PoolSize;              //内存池的空间大小
    FreeBlockHead * m_First;              //起始空闲块
private:                                  //以下函数需要被其他函数所调用
    void InsertFreeBlock(void * p,int size);//设置空闲块并插入空闲块链表中
    void SetUsedBorder(void * p,int size); //设置占用块
    void DeleteFreeBlock(FreeBlockHead * p);//将空闲块从空闲块链表中删除
    BlockBorder * GetPreBlock(void * p);  //得到已分配的内存地址 p 所在块的
                                          //  前一内存块地址
    BlockBorder * GetNextBlock(void * p); //得到已分配的内存地址 p 所在块的
                                          //  后一内存块地址
    BlockBorder * GetCurrentBlock(void * p); //得到已分配的内存地址 p 所在占
                                          //  用块的地址
};
```

该类主要提供 Allocate 和 Free 函数用于内存的动态分配和回收,其中,数据成员 m_Base 和 m_PoolSize 存储内存池的基址和空间大小,m_First 指向内存池的第一个起始空闲块。

构造函数完成内存池的建立,并构造空闲块链表。参数 size 表示内存池的大小。此时空闲块链表只有一个结点,m_First 存储其地址,且其 prior 和 next 域均为空,块边界的值为整个内存池的大小,即 size。

下面分析动态内存分配操作的实现。当用户调用 Allocate 函数申请内存空间时,内存池在分配空间时主要有以下几种策略。

① 最佳拟合策略:在所有空闲块中找出其大小最接近用户要求的块进行分割,然后分配。

② 最差拟合策略:在所有空闲块中找出最大的块进行分割,然后分配。

③ 最先拟合策略:一旦找到满足用户要求的块就进行分割,然后分配。

三种分配策略各有利弊,在本例中选择最先拟合策略进行内存分配。对空闲块进行分割和分配的示意图如图 2-35 所示。在分割时,可以将分配空间放在前面或后面,示意图中将其放在原空间的后半部分。

原空闲块：

图 2-35　空闲块分配示意图

若空闲块可分配空间的大小等于申请空间的大小，则不需要进行分割，而是直接将其完全分配。若其大小稍大于申请空间的大小，则也不需要进行分割。这是因为如果进行分割，剩余的块太小，不能构成一个空闲块结构。图 2-36 给出了示意，显然，当可分配空间小于等于申请空间的大小加最小空闲块大小（size of(FreeBlockHead)＋size of(BlockBorder)）时，可将空闲块完全分配。

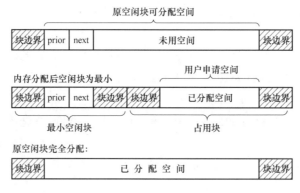

图 2-36　空闲块完全分配示意图

通过以上分析，下面给出动态内存分配操作的伪代码：

［1］如果没有空闲块，不能进行内存分配，返回空地址。

［2］采用最先拟合策略查找可用的空闲块。

［3］如果无可用空闲块，不能进行内存分配，返回空地址。

［4］若找到的空闲块等于或稍大于用户申请的空间大小，则将整个空闲块完全分配，具体分配操作为：

　　［4.1］将该空闲块从链表中删除；

　　［4.2］设置该块为占用块；

　　［4.3］返回该块中分配给用户的空间首地址。

［5］否则，将空闲块一分为二，前半段仍为空闲块，后半段设置为占用块。具体操作为：

　　［5.1］将原空闲块从链表中删除；

　　［5.2］将空间减小的新空闲块插入链表中；

　　［5.3］设置占用块；

　　［5.4］返回占用块中分配给用户的空间首地址。

当用户不再使用申请的内存时，需要调用 Free 函数将其释放，所在占用块由内存池进行回收。在回收时，若该块的后一个内存块为空闲块，则两空闲块进行合并；若该块的前一个内存块为空闲块，则两空闲块也进行合并；否则，将该块设置为空闲块，并添加到空闲块链表中。

Free 函数运行时需要得到当前待释放占用块的首地址、下一个内存块的首地址,以及前一个内存块的首地址。因此可以设计 GetCurrentBlock、GetNextBlock 和 GetPreBlock 3 个函数,其中,GetCurrentBlock 返回的是用户申请内存所在占用块的首地址,GetNextBlock 返回的下一个内存块的首地址,GetPreBlock 返回的前一个内存块的首地址。图 2-37 中分别给出了返回地址的示意图。

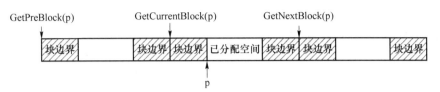

图 2-37　GetCurrentBlock、GetNextBlock 和 GetPreBlock 3 个函数的返回地址

以上分析了通过内存池进行动态内存分配和回收的简单操作。此外,在此基础上还可以设计更为复杂的操作。

思考:

在上述的内存池类可增加 ReAllocate 操作,当用户发现申请的内存空间不足时,该操作可以重新申请新的内存空间,原内存空间中的数据被复制到新的空间后,原内存空间释放?试分析该算法应如何设计?

问题 4:荷兰国旗问题

如图 2-38 所示,将乱序的红、白、蓝三色小球排列成有序的同颜色在一起的小球组(R 代表红色,W 代表白色,B 代表蓝色,这都是荷兰国旗的颜色),可以将红、白、蓝三色小球想象成条状物,有序排列后恰好组成荷兰国旗。

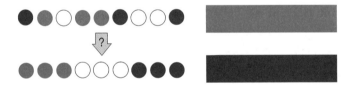

图 2-38　荷兰国旗问题

算法分析:

荷兰国旗问题如果不考虑时间复杂度的话,可以有很多种方法。本题的难点在于,如何仅扫描一遍数组,即在 $O(n)$ 的时间复杂度下,就能将三色小球归到各自的位置?

这个数组分为前部、中部和后部三个部分,每一个元素必属于其中之一。由于红 R、白 W、蓝 B 三色小球数量并不一定相同,所以这三个区域不一定是等分的,因此,基本思想就是:将前部和后部各排在数组的前部和后部,中部自然就排好了。具体步骤如下:

设置两个标志位 begin 和 end,分别指向这个数组的开始和末尾,然后用一个标志位 current 从头开始进行遍历:

① 若遍历到的位置为 R,则说明它一定属于前部,于是就和 begin 位置进行交换,然后 current 向前进,begin 也向前进(表示前边的已经排好)。

② 若遍历到的位置为 W,则说明它一定属于中部,根据总思路,中部的不予理会,然后 current 向前进。

③ 若遍历到的位置为 B,则说明它一定属于后部,于是就和 end 位置进行交换,由于交换完毕后 current 指向的可能是属于前部的,若此时 current 前进则会导致该位置不能被交换到前部,所以此时 current 不前进,而同①,end 向后退 1。

算法过程如图 2-39 所示。其中 R=0,W=1,B=2。

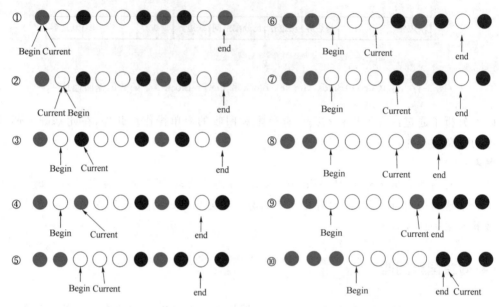

图 2-39 荷兰国旗排序算法示意图

参考代码如下:

```
void shuffle(int r[],int n)
{
    int current = 0;
    int end = n - 1;                    //数组末尾
    int begin = 0;                      //数组开始
    while(current < = end)
    {
        if(r[current] == 0){
            int t = r[current];r[current] = r[begin];r[begin] = t;//红白交换
            current ++ ;
            begin ++ ;
        }
        else if(r[current] == 1)     //白色不移动
            current ++ ;
        else {
            int t = r[current];r[current] = r[end];r[end] = t;//蓝白交换
```

```
            end - - ;
        }
    }
}
```

该算法由于仅扫描了一遍数组,因此时间复杂度为 $O(n)$。

习　题　2

1. 填空题

(1) 在一个单链表中,已知每个结点包含 data 和 next 两个域,q 所指结点是 p 所指结点的直接前驱,若在 q 和 p 之间插入 s 所指结点,则执行_____和_____操作。

(2) 表长为 n 的顺序表,当在任何位置上插入或删除一个元素的概率相等时,插入一个元素所需移动元素的平均个数为_____,删除一个元素需要移动元素的平均个数为_____。

(3) 表长为 0 的线性表称为_____。

(4) 动态内存管理是操作系统的基本功能之一,其作用是响应用户程序对内存的_____和_____请求。

(5) 顺序表多采用_____实现,是一种随机存取结构,对表中任意结点进行存取操作的时间复杂度为_____。而查找链表中的结节,需要从头指针起顺着链扫描才能得到,平均时间复杂度为_____。因此,若线性表的操作主要是进行查找,很少进行插入或删除操作时,采用_____表比较合适。

(6) 在链表某个位置上进行插入和删除操作,只需要修改_____即可,而无须移动大量元素,操作的时间复杂度为_____。而在顺序表中进行插入和删除操作,往往要移动大量元素,平均移动元素的数目为_____,平均时间复杂度为_____。因此,若对线性表进行频繁的插入和删除操作时,采用_____表相对合适。若插入和删除主要发生在表头和表尾,则采用_____表更为合适。

(7) 静态链表一般采用_____存储的链表结构。

(8) 对于 32 位计算机环境,若单链表中的数据类型为整型,则其存储密度为_____,而若为双链表,则存储密度为_____。若采用顺序表存储数据,则其存储密度为_____。

(9) 向量是最常用的容器,STL 中向量使用_____实现,因此向量具有_____表的所有特点,可以快速随机存取任意元素。

(10) 操作系统在运行之初,有一块很大的连续内存块供用户程序申请,通常称之为内存池或_____。

(11) 循环链表与单链表的区别仅仅在于其尾结点的链域值不是_____,而是一个指向_____的指针。

2. 选择题

(1) 线性表的顺序存储结构是一种(　　)的存储结构,线性表的链式存储结构是一种(　　)的存储结构。

A. 随机存取　　索引存取　　　　　　　　B. 顺序存取　　随机存取

C. 随机存取　顺序存取　　　　　　D. 索引存取　散列存取

（2）在双向链表 p 所指结点之前插入 s 所指结点的操作是（　　）。

A. p->left = s;　s->right = p;　p->left->right = s;　s->left = p->left;

B. p->right = s;　p->right->left = s;　s->left = p;　s->right = p->right;

C. s->right = p;　s->left = p->left;　p->left = s;　p->left->right = s;

D. s->right = p;　s->left = p->left;　p->left->right = s;　p->left = s;

（3）若链表是利用 C++ 指针来存储结点的地址，结点空间的分配和收回都是由操作符 new 和 delete 动态执行的，则称该链表为（　　）链表。

A. 单向　　　　　B. 双向　　　　　C. 静态　　　　　D. 动态

（4）将线性表存储到计算机中可以采用多种不同的方法，按顺序存储方法存储的线性表称为（　　），按链式存储方法存储的线性表称为（　　）。

A. 数组　单链表　　　　　　　　　　B. 顺序表　链表

C. 向量　静态链表　　　　　　　　　D. 静态链表　动态链表

（5）（　　）是 STL 中线性表的链式存储形式，STL 标准库中一般采用（　　）实现。

A. vector 数组　　　　　　　　　　B. list 单链表

C. list 双向循环链表　　　　　　　　D. vector 单链表

（6）顺序表的类型定义可经编译转换为机器级。假定每个结点变量占用 $k(k{\geqslant}1)$ 字节，b 是顺序表的第一个存储结点的第一个单元的内存地址，那么，第 i 个结点 a_i 的存储地址为（　　）。

A. $b+ki$　　　　　B. $b+k(i-1)$　　　C. $b+k(i+1)$　　　D. $b-1+ki$

（7）在循环链表中，若不使用头指针而改设为尾指针（rear），则头结点和尾结点的存储位置分别是（　　）。

A. real 和 rear->next->next　　　　B. rear->next 和 rear

C. rear->next->next 和 rear　　　　D. rear 和 rear->next

（8）有时为了叙述方便，可以对一些概念进行简称，以下说法错误的是（　　）。

A. 将"指针型变量"简称为"指针"

B. 将"头指针变量"简称为"头指针"

C. 将"修改某指针型变量的值"简称为"修改某指针"

D. 将"p 中指针所指结点"简称为"P 值"

（9）以下说法错误的是（　　）。

A. 对循环链表来说，从表中任一结点出发都能通过向前或向后操作而扫描整个循环链表

B. 对单链表来说，只有从头结点开始才能扫描表中全部结点

C. 双链表的特点是找结点的前驱和后继都很容易

D. 对双链表来说，结点 $*P$ 的存储位置既存放在其前驱结点的后继指针域中，也存放在它的后继结点的前驱指针域中

（10）以下说法正确的是（　　）。

A. 顺序存储方式的优点是存储密度大，且插入、删除运算效率高

B. 链表的每个结点中都恰好包含一个指针

C. 线性表的顺序存储结构优于链式存储结构

D. 顺序存储结构属于静态结构，链式结构属于动态结构

(11)单链表中,增加头结点的目的是(　　　)。

A. 使单链表至少有一个结点　　　　B. 标示表结点中首结点的位置

C. 方便运算的实现　　　　　　　　D. 说明单链表是线性表的链式存储实现

3. 程序选择题

(1)已知 L 指向带表头结点的非空单链表的头结点,且 P 结点既不是该链表的首结点,也不是该链表的尾结点,试从下列提供的答案中选择合适的语句序列:

　　a. 删除 P 结点的直接后继结点的语句序列是_____。

　　b. 删除 P 结点的直接前驱结点的语句序列是_____。

　　c. 删除 P 结点的语句序列是_____。

　　d. 删除首结点的语句序列是_____。

　　e. 删除尾结点的语句序列是_____。

(1) delete Q;	(8) P->next=P->next->next
(2) Q=P	(9) P=P->next
(3) L=L->next	(10) while(P->next !=Q)P=P->next;
(4) P=L	(11) while(P !=NULL)P=P->next;
(5) Q=P->next	(12) while(Q->next !=NULL)　{P=Q;Q=Q->next;}
(6) P->next=P	(13) while(P->next->next !=NULL)P=P->next;
(7) P=P->next->next	(14) while(P->next->next !=Q)P=P->next;

(2)已知 p 结点是某双向链表的中间结点,试从下面语句中选择合适的语句序列,完成 a～e 要求的操作。

　　a. 在 p 结点后插入 s 结点的语句序列是_____。

　　b. 在 p 结点前插入 s 结点的语句序列是_____。

　　c. 删除 p 结点的直接后继结点的语句序列是_____。

　　d. 删除 p 结点的直接前驱结点的语句序列是_____。

　　e. 删除 p 结点的语句序列是_____。

(1) p->next=p->next->next;	(10) p->prior->next=p;
(2) p->prior=p->prior->prior;	(11) p->next->prior=p;
(3) p->next=s;	(12) p->next->prior=s;
(4) p->prior=s;	(13) p->prior->next=s;
(5) s->next=p;	(14) p->next->prior=p->prior;
(6) s->prior=p;	(15) q=p->next;
(7) s->next=p->next;	(16) q=p->prior;
(8) s->prior=p->prior;	(17) delete p;
(9) p->prior->next=p->next;	(18) delete q;

4. 分析以下各程序段的执行结果。

(1) 程序段一：

```
vector < int > ivec(2,100);
ivec.push_back(3);
ivec.insert(ivec.begin(),10);
vector < int >::iterator it = ivec.begin();
ivec.erase(++ it);
ivec.pop_back();
ivec.insert(ivec.end(),20);
for(it = ivec.begin();it != ivec.end();it ++)cout << * it <<" ";
cout << endl;
```

(2) 程序段二：

```
int a[] = {1,2,3,4,5};
vector < int > ivec(a,a + 5);
cout << "1.size：" << ivec.size()<< endl;
ivec.resize(100);
cout << "2.size：" << ivec.size()<< endl;
for(int j = 0;j < 95;j ++)ivec.insert(ivec.end(),j);
cout << "3.size：" << ivec.size()<< endl;
ivec.resize(100);
ivec.reserve(20);
cout << "4.size：" << ivec.size()<< endl;
```

(3) 程序段三：

```
int a[] = {1,2,3,4,5};
list < int > ilist(3,2);
ilist.assign(a,a + 5);
ilist.pop_back();
ilist.insert(ilist.end(),7);
ilist.pop_front();
ilist.front() = 20;
ilist.sort();
for(list < int >::iterator it = ilist.begin();it != ilist.end();it ++)
    cout << * it <<" ";
cout << endl;
```

5. 算法设计

(1) 分别编程实现顺序表类和链表类，并设计完整的测试程序对每个接口进行测试。

(2) 设 $A=(a_1,a_2,a_3,\cdots,a_n)$ 和 $B=(b_1,b_2,\cdots,b_m)$ 是两个线性表(假定所含数据元素均为整数)。若 $n=m$ 且 $a_i=b_i(i=1,\cdots,n)$，则称 $A=B$；若 $a_i=b_i(i=1,\cdots,j)$ 且 $a_{j+1}<b_{j+1}(j<n\leqslant m)$，则称 $A<B$；在其他情况下均称 $A>B$。试编写一个比较 A 和 B 的算法，当 $A<B$、$A=B$、

$A > B$ 时分别输出 -1、0、1。

（3）假设有两个按数据元素值递增有序排列的线性表 A 和 B，均以单链表作为存储结构。编写算法将 A 表和 B 表归并成一个按元素值递减有序（即非递增有序，允许值相同）排列的线性表 C，并要求利用原表（A 表和 B 表）的结点空间存放表 C。

（4）试分别以顺序表和单链表作为存储结构，各写一个实现线性表的就地（即使用尽可能少的附加空间）逆置的算法，在原表的存储空间内将线性表 $(a_1, a_2, \cdots, a_{n-1}, a_n)$ 逆置为 $(a_n, a_{n-1}, \cdots, a_2, a_1)$。

（5）假设在长度大于 1 的循环链表中，既无头结点也无头指针。s 为指向链表中某个结点的指针，试编写算法删除结点 $*s$ 的直接前驱结点。

（6）已知一单链表中的数据元素含有 3 类字符（字母字符、数字字符和其他字符）。试编写算法，构造 3 个循环链表，使每个循环链表中只含同一类的字符，且利用原表中的结点空间作为这 3 个表的结点空间（头结点可另辟空间）。

（7）Josephus 环问题：任给正整数 n、k，按下述方法可得排列 $1, 2, \cdots, n$ 的一个置换：将数字 $1, 2, \cdots, n$ 环形排列（如图 2-40 所示），按顺时针方向从 1 开始计数，计满 k 时输出该位置上的数字（并从环中删去该数字），然后从下一个数字开始继续计数，直到环中所有数字均被输出为止。例如，$n = 10$，$k = 3$ 时，输出的置换是 $3, 6, 9, 2, 7, 1, 8, 5, 10, 4$。试编写一算法，对输入的任意正整数 n、k，输出相应的置换数字序列。

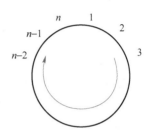

图 2-40　Josephus 环

第3章
线性表的扩展

第2章学习了基本的线性表结构,在本章将学习几种特殊类型的线性表——栈、队列、串以及多维数组。这几种结构也是重要的数据结构,应用非常广泛。其中,栈的插入和删除操作只能在表尾进行;队列的插入操作只能在表尾进行,删除操作只能在表头进行。因此,栈和队列被认为是操作受限的线性表。串是一种以字符作为数据元素的线性表,也称为字符串,是重要的非数值处理对象,在各种程序设计语言中,一般都有"串"的概念。数组是有限个类型相同的变量的集合,而多维数组则是数组的扩展,多维数组在不同的程序设计语言中的实现方式各有不同。

3.1 各种扩展线性表

3.1.1 栈

栈(stack)是限定仅在表尾进行插入和删除操作的线性表。栈中允许插入和删除的一端称为栈顶(top),另一端称为栈底(bottom)。不含任何数据元素的栈称为空栈。栈中元素的个数称为栈的高度或长度。

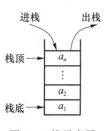

图 3-1 栈示意图

将元素插入栈中的操作称为入栈(或进栈)操作,元素入栈后就变成新的栈顶。将元素从栈中删除的操作称为出栈(或退栈)操作,出栈时被删除的总是原来的栈顶元素。因此,每次出栈的元素总是当前栈中"最新"的元素,即最后入栈的元素,而最先插入的元素被放到了栈底,待其他元素都已出栈,栈底元素才能被删除。如图3-1所示,$a_1, a_2, \cdots, a_n$ 顺序进栈,则依次出栈时的顺序为 $a_n, \cdots, a_2, a_1$,也就是说栈的操作是按后进先出(LIFO,Last In First Out)原则进行的。

栈结构常用来实现成对符号的匹配、高级编程语言的过程调用以及函数的递归调用。在实际生活中常用来解决各类调度问题。例如,火车站的列车调度,通常是慢车先进站等候,然后快车进站进行补给;然后快车先出站,慢车后出站。

思考:

日常生活中还有哪些栈的例子?

需要注意的是,栈的进出操作并没有限定操作的时间,也就是说出栈可随时进行。例如,若 a、b、c 三个元素依次进栈,则可能的出栈次序为 abc、acb、bac、bca、cba 这 5 种情况,而不可能出现 cab 这种出栈次序。

栈的基本运算主要有以下几种:

① 置空栈 SetNull(S),将栈 S 置成空栈;

② 入栈 Push(S,x),将元素 x 插入栈 S 的栈顶;

③ 出栈 Pop(S),删除栈 S 的栈顶元素;

④ 取栈顶元素 GetTop(S),返回栈 S 的栈顶元素,栈顶元素并不出栈;

⑤ 判栈空 Empty(S),判别栈 S 是否为空。

3.1.2 队列

队列(queue)也是一种操作受限的线性表。它只允许在线性表的一端进行插入操作,在另一端进行删除操作。允许插入的一端称为队尾(rear),允许删除的一端称为队头(front),在队尾进行插入操作称为入队,在队头进行删除操作称为出队。不含任何数据元素的队称为空队。

队列结构可以用来解决迷宫问题、部分遍历问题,也可以用来实现多任务系统下的消息机制及任务调度等功能。在日常生活中,队列随处可见。例如,排队购物时,新来的成员总是加入队尾,最先来的成员在队前,完成购物后,也是最先离开队列。因此队列是先进先出(FIFO,First In First Out)的线性表。无论入队操作或出队操作的先后时间如何,元素的入队序列和出队序列必然相同。图 3-2 给出了队列的示意图。在空队列中依次插入 $a_1,a_2,\cdots,a_n$ 后,队头元素为 a_1,队尾元素为 a_n。出队的次序依然是 $a_1,a_2,\cdots,a_n$。

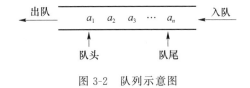

图 3-2 队列示意图

队列的常见基本运算主要有以下几种:

① 置空队 SetNull(Q),将队列 Q 置成空队列;

② 入队 EnQueue(Q,x),将元素 x 插入队列 Q 的队尾;

③ 出队 DeQueue(Q),删除队列 Q 的队头元素;

④ 取队头元素 GetFront(Q),返回队列 Q 的队头元素,队头元素并不出队;

⑤ 判队空 Empty(Q),判别队列 Q 是否为空。

3.1.3 串

串(string)也称为字符串,是零个或多个字符组成的有限序列,因此可看成结点元素仅由一个字符构成的特殊线性表。串一般记为 $S="s_1s_2\cdots s_n"$,其中 S 称为串名,双引号内的内容称为串值,双引号本身并不属于串。串中所包含的字符个数称为串的长度。

长度为零的串称为空串,不包含任何字符,记为 $S=""$。只包含空格的串称为空格串,如 $S="\varnothing"$,在这里空格使用符号 $\varnothing$ 表示,空格串不同于空串。

串中任意个连续字符构成的串称为子串。相对于子串,原串称为主串。通常,子串在主串中第一次出现时,将子串的第一个字符在主串中的序号定义为子串在主串中的序号或位置。特别地,空串是任意串的子串,任意串都是其自身的子串。

以下是几个串的例子:

$A="Hello\varnothing World!"$ 长度为 12 的串

$B="World"$ 长度为 5 的串

$C=""$ 长度为 0 的空串

$D="\varnothing"$ 长度为 1 的空格串

显然,串 B、C、D 都是串 A 的子串,其中,串 B 在主串 A 中的位置为 7,串 D 在主串 A 中的位置为 6。

串的基本运算主要有以下几种。

(1) 赋值(=)

赋值即将一个串的串值赋给一个串变量。例如:

$S_1="abc"$ 将串"abc"赋值给 S_1

$S_2=S_1$ 将 S_1 的串值赋值给 S_2

(2) 求串长度(GetLength)

GetLength(S)表示求串 S 的长度。例如,设 $S_1="abc"$,则 GetLength(S_1)=3。

(3) 串连接(Strcat)

Strcat(S_1,S_2)表示将串 S_2 的串值追加到串 S_1 的末尾,形成的新串依然存储在 S_1 中。例如,设 $S_1="abc"$,则执行 Strcat($S_1,"1234"$)后,S_1 的串值变为"abc1234"。

(4) 求子串(Substr)

Substr(S,i,j)返回从 S 的第 i 个字符开始连续 j 个字符构成的字符串。显然,i 应满足 $1 \leqslant i \leqslant$ GetLength(S)。一般地,如果自 S 的第 i 个字符开始一直到字符串末尾都取不到 j 个字符,则返回的子串就是第 i 个字符到字符串末尾构成的子串。例如,设 $S_1="abcdefg"$,则 Substr($S_1,3,3$)="cde",Substr($S_1,5,5$)="efg"。

(5) 比较串大小(Strcmp)

Strcmp(S_1,S_2)是比较串 S_1 和 S_2 大小的函数,若返回值为 0,表示 S_1 与 S_2 相等;若返回值小于 0,表示 $S_1 < S_2$;若返回值大于 0,表示 $S_1 > S_2$。对于两个串的大小定义如下:设 $S_1="a_1a_2 \cdots a_n"$,$S_2="b_1b_2 \cdots b_m"$。若有 $n=m$,并且 $a_1=b_1,a_2=b_2,\cdots,a_n=b_n$,则称 $S_1=S_2$;若当以下两个条件任意一个成立时,则称 $S_1 > S_2$:

① $n>m$,并且 $a_1=b_1,a_2=b_2,\cdots,a_m=b_m$;

② 存在某个整数 k 且 $1 \leqslant k \leqslant \min(m,n)$,使得 $a_1=b_1,a_2=b_2,\cdots,a_{k-1}=b_{k-1},a_k>b_k$。

串中的各个字符在比较时,一般比较的是字符的相应编码。对于英文字符和其他常用符号,一般采用 ASCII 码作为字符编码。

串大小的比较举例如下:

"abcd"="abcd","abcd">"ABCD","abcd"<"abcd1234","abcd">"aba"。

（6）插入（Insert）

Insert(S_1,i,S_2)表示将串S_2插入串S_1的第i个位置。显然i应满足$1 \leqslant i \leqslant$ GetLength()$+1$。例如，设$S_1 =$"abcdefg"，则执行 Insert(S_1,3,"1234")后，$S_1 =$"ab1234cdefg"。

（7）删除（Delete）

Delete(S,i,j)表示将串S中从第i个字符开始连续j个字符构成的子串删除。显然，i应满足$1 \leqslant i \leqslant$ GetLength(S)。类似于求子串函数，如果从串S的第i个字符开始一直到字符串末尾都取不到j个字符，则删除从第i个字符开始一直到字符串末尾构成的子串。例如，设$S =$"abcdefg"，若执行 Delete(S,3,2)，则$S =$"abefg"；若执行 Delete(S,3,12)，则$S =$"ab"。

（8）替换（Replace）

Replace(S,T,R)表示用串R替换串S中所有的子串T。例如，设$S =$"abcdabg"，则执行 Replace(S,"ab","123")后，S变为"123cd123g"。

（9）定位（Index）

Index(S_1,S_2)函数完成在串S_1中查找串S_2的功能，若找到，则返回S_2在S_1中首次出现的位置；否则返回零。例如：

Index("abcdefgcdef","cde") = 3

Index("abcdefgcdef","cdf") = 0

大多数编程语言都可以对字符串进行操作，由于 C++语言兼容 C 语言的特性，因此有很多关于字符串操作的库函数供程序调用，如 strcpy 函数、strncpy 函数、strlen 函数、strcmp 函数、strcat 函数等。

3.1.4 多维数组

数组是一种由有限个类型相同的变量构成的集合。一维数组是有序的元素序列，一般记为$A =[a_1,a_2,\cdots,a_n]$，其中A称为数组名，中括号中的元素称为数组元素，中括号本身不属于数组。数组中所包含的元素个数称为数组的长度。通常来说，数组元素的变量类型没有限制，可以是数字类型、字符类型、布尔类型等，也可以是数据结构类型。二维数组也可以理解为数组元素是一维数组的数组，类推可得，n维数组是一个每个元素均为$n-1$维数组的一维数组。图 3-3 是一个m行n列的二维数组示意图。

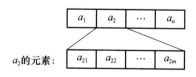

图 3-3 二维数组示意图

多维数组通常用来存储结构比较复杂的相关联数据。例如，二维数组可以用来存储连续的坐标。多维数组也常用来表示矩阵，在高性能运算中有着重要的作用。不同的程序设计语言中实现多维数组的方法存在差异，通常可分为大小固定的数组和可扩展的数组。

数组常见的基本运算主要有以下几种：

① 返回指定值 Get(A,i)，将位于数组A第i个位置的元素返回；

② 设置指定值 $\text{Set}(A,i,x)$,将位于数组 A 第 i 个位置的元素的值设为 x。

对于可扩展数组,还有以下运算:

① 加入元素 $\text{Append}(A,x)$,将元素 x 加入数组 A 末端;

② 移出元素 $\text{Remove}(A,i)$,移出数组 A 中位于第 i 个位置的元素。

3.2 栈的实现

3.2.1 顺序栈

栈的顺序存储结构简称为顺序栈。类似于顺序表,顺序栈也可以用数组来实现。由于栈底位置固定不变,因此可将栈底设置在数组两端的任意一端,通常把数组下标为 0 的一端作为栈底。同时设置栈顶指针 top 表示栈顶位置,当进行入栈操作时,top 加 1,当进行出栈操作时,top 减 1,栈的高度为 top+1。当栈为空时,top$=-1$。设数组的大小为 StackSize,则当栈满时,top$=$StackSize-1。图 3-4 说明了在顺序栈中进行入栈和出栈时,栈中元素和栈顶指针的变化。

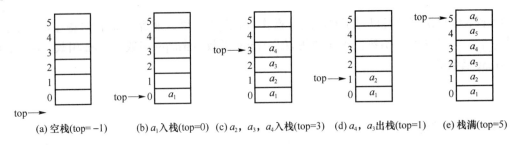

(a) 空栈(top=-1)　　(b) a_1入栈(top=0)　(c) a_2,a_3,a_4入栈(top=3)　(d) a_4,a_3出栈(top=1)　(e) 栈满(top=5)

图 3-4　栈的操作示意图

下面给出顺序栈的 C++ 类实现。

```cpp
const int StackSize = 1024;        //定义栈的最大高度
template < class T >
class SeqStack                     //定义顺序栈模板类
{
public:
    SeqStack(){top = -1;}          //构造函数,初始化空栈
    void Push(T x);                //入栈操作
    T Pop();                       //出栈操作
    T GetTop();                    //查找栈顶元素
    bool Empty();                  //判别栈是否为空
private:
    T data[StackSize];             //定义数组
    int top;                       //栈顶指针
};
```

顺序栈的基本操作相对简单,下面直接给出具体的 C++实现,这些算法的时间复杂度均为 $O(1)$。

```
template < class T >
void SeqStack < T > ::Push(T x)          //入栈操作
{
    if(top > = StackSize - 1)throw"上溢";
    top ++ ;                              //栈顶指针上移
    data[top] = x;
}
template < class T >
T SeqStack < T > ::Pop()                 //出栈操作
{
    if(Empty())throw"下溢";
    top -- ;                              //栈顶指针下移
    return data[top + 1];
}
template < class T >
T SeqStack < T > ::GetTop()              //查找栈顶元素
{
    if(Empty())throw"下溢";
    return data[top];
}
```

若程序中需要使用两个栈,则可能会出现一个栈已满,而另一个栈有很多未用空间的情况。如果将这两个栈存储在同一个空间里,则可以相互调节余缺,节省存储空间,同时减少发生上溢的概率。设栈 1 和栈 2 共享同一数组,两栈的栈顶分别为 top1 和 top2,可令第一个栈的栈底为数组的始端,第二个栈的栈底为数组的末端,两个栈的栈顶都向中间延伸,如图 3-5 所示。

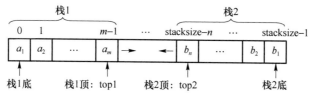

图 3-5 两栈共享同一存储空间

显然,两栈共享同一存储空间后,若栈 1 不满,则栈 2 必然不满;若栈 1 满,则栈 2 也满,此时有 top1+1=top2。而栈 1 为空的条件为 top1=-1,栈 2 为空的条件为 top2=stacksize。当栈 1 进行入栈操作时,top1 加 1,而栈 2 进行入栈操作时,top2 减 1。

思考:

如何设计两栈共享空间的 C++类?

3.2.2 链式栈

栈的链式存储结构称为链栈,其实现原理类似于单链表,结点结构与单链表相同。由于插入和删除操作都在表头进行,因此链栈在实现时直接将栈顶指针指向栈顶元素,无须像单链表一样增加表头结点。图 3-6 给出了链栈的示意图。

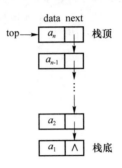

图 3-6　链栈示意图

下面给出链栈的 C++模板类实现。

```
template < class T >
struct Node
{
    T data;
    struct Node < T > * next;
};
template < class T >
class LinkStack                  //定义链栈模板类
{
public:
    LinkStack(){top = NULL;}     //构造函数,初始化空栈
    ~LinkStack();                //析构函数
    void Push(T x);              //入栈操作
    T Pop();                     //出栈操作
    T GetTop();                  //查找栈顶元素
    bool Empty(){return(NULL == top)? true:false;}    //判别栈是否为空
private:
    struct Node < T > * top;     //栈顶指针
};
```

由于栈是操作受限的线性表,因此链栈的基本操作可以看成是单链表操作的简化。链栈的入栈和出栈操作如图 3-7 所示。

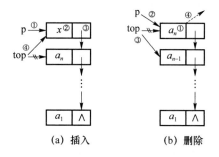

(a)　插入　　　　　　(b)　删除

图 3-7　链栈入栈和出栈操作示意图

下面给出链栈入栈和出栈算法的 C++实现。

```
template < class T >
void LinkStack < T >::Push(T x)              //入栈操作
{
    struct Node < T > *  p = new Node < T >;  //步骤①
    p － > data = x;                          //步骤②
    p － > next = top;                        //步骤③
    top = p;                                 //步骤④
}
template < class T >
T LinkStack < T >::Pop()                     //出栈操作
{
    if(Empty())throw ″下溢″;
    T x = top － > data;                       //步骤①
    struct Node < T > *  p = top;             //步骤②
    top = top － > next;                       //步骤③
    delete p;                                //步骤④,释放原栈顶结点
    return x;
}
```

链栈类的实例在生命期结束时,需要利用析构函数将所有链表中的结点释放。下面给出
析构函数的 C++实现。

```
template < class T >
LinkStack < T >::～LinkStack()                //析构函数
{
    while(top){
        struct Node < T > *  p = top;
        top = top － > next;
        delete p;
    }
}
```

不难发现,链栈的入栈和出栈操作时间复杂度均为 $O(1)$,析构函数的时间复杂度为 $O(n)$。

3.2.3 STL 中的栈——stack

为方便开发高性能的应用,STL 中也提供了标准的栈适配器(stack),stack 内部采用顺序容器实现,所以称为栈适配器,而不是容器。所谓容器适配器,就是使一种已存在的容器类型,在实现时采用另一种抽象类型的工作方式。因此,stack 可使任何一种顺序容器以栈的 LIFO 方式工作,stack 的底层容器默认是 deque(参见 3.3.3 节),也可以改为 list 或 vector。

stack 在使用时,必须包含头文件:

```
# include < stack >
usingstd::stack;
```

栈适配器提供的接口非常简单,在标准库中各主要接口的说明如表 3-1 所示。

表 3-1　定义在 stack 类中的方法

方法名	方法描述	方法名	方法描述
stack()	构造函数	empty()	若栈空,返回 true,否则返回 false
push(const Type& _Val)	入栈	size()	返回栈的高度
pop()	出栈	top()	返回栈顶元素的引用

一般的适配器都有两个构造函数,默认构造函数用于创建空对象,带参构造函数用于利用参数容器的副本对对象进行初始化。栈适配器亦如此,例如:

```
stack < int > s1;        //定义空栈 s1
s1.push(100);            //将 100 压入空栈 s1 中
stack < int > s2(s1);    //定义栈对象 s2,并用 s1 进行初始化,初始化后 s2 包含 1 个元
                         //素 100
```

下面给出一段使用栈对象进行操作的示例:

```
stack < int > is;                                    //定义栈对象
for(int i = 0;i < 100;i + + ) is.push(i + 100);      //将 100～199 依次顺序入栈
cout << "top element:" << is.top()<< endl;           //查看栈顶元素
is.pop();                                            //出队操作
cout << "new top element:" << is.top()<< endl;       //查看栈顶元素
cout << "size:" << is.size()<< endl;                 //查看栈的高度
```

程序执行结果如下:

```
top element:199
new top element:198
size:99
```

3.3　队列的实现

3.3.1　循环队列

　　类似于顺序表,队列也可以采用顺序存储结构进行存储,即使用数组存储队列元素。由于队列的操作是在队列两端进行的,因此一般需要设置队头和队尾两个指针。对于空队列,队头和队尾均为 -1,随着元素的入队,队尾不断后移。假定队头位置固定,不难发现当队头元素出队时,队列中的其他每个元素都需要向前移动一个单元,因此出队操作的时间复杂度为 $O(n)$,图 3-8 给出了长度 QueueSize 为 6 的数组存储的队列进行出队操作的示意图。

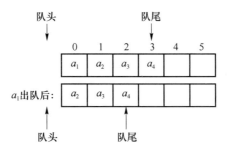

图 3-8　队头固定的队列的出队操作

　　为了简化出队操作,可以允许队头指针改变,当队头元素出队时,其他元素不需要移动,而只需要将队头指针后移,如图 3-9(a)所示。但这也带来一个问题,由于元素出队时队头指针后移,出队元素所占用的空间就不能再使用了,这势必会导致存储队列的空间越来越小,直到无法使用,如图 3-9(b)所示。为了解决这个问题,通常采用循环队列实现顺序存储结构。

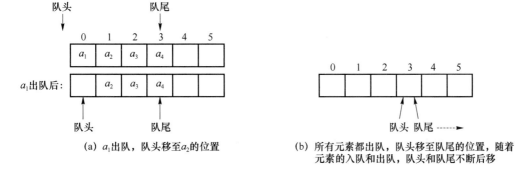

(a) a_1 出队,队头移至 a_2 的位置　　　　(b) 所有元素都出队,队头移至队尾的位置,随着元素的入队和出队,队头和队尾不断后移

图 3-9　队头可移动的队列的出队操作

　　若将存储队列的数组看成是头尾相接的循环结构,则称之为循环队列。当队尾指针移动到数组最后时,数组前端的空间可能已经空闲。因此,如果再有元素进行入队操作,队尾指针可移动到数组最前面。操作如图 3-10 所示,图 3-10(a)是 a_5、a_6 入队后的状态,此时队尾已经是数组的最后一个元素。当再有元素 a_7 入队时,该元素要存储到数组中下标为 0 的位置,队尾指针改为 0,即该指针在加 1 操作的基础上对数组长度求模的值,队列状态如图 3-10(b)所

示。当 a_8 入队，a_5、a_6、a_7 出队时，队头也移至数组前端，其值也改为在其加 1 操作的基础上对数组长度求模的结果，如图 3-10(c)所示。

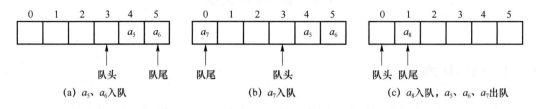

(a) a_5、a_6 入队   (b) a_7 入队   (c) a_8 入队，a_5、a_6、a_7 出队

图 3-10　循环队列操作示意图

不难发现，上述循环队列中的队头指针位置的下一个元素才是真正的队头元素，队头指针指向的数组元素并非队列中的元素，因此没有意义。在此规定队头指针所指位置永不存储队列元素。当队列满时，其长度实际为数组长度减 1。图 3-11 给出了队列满时的几种情况。当队头和队尾指针指向同一位置时，队列为空队列。

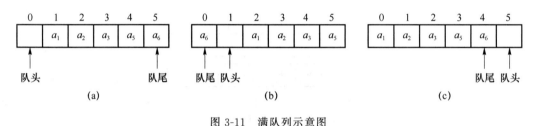

(a)   (b)   (c)

图 3-11　满队列示意图

下面给出循环队列的 C++模板类定义。

```
const int QueueSize = 1000;
template <class T>
class CircleQueue                                    //循环队列模板类
{
public:
    CircleQueue(){front = rear = 0;}                 //构造函数
    void EnQueue(T x);                               //入队
    T DeQueue();                                     //出队
    T GetFront();                                    //查找队头元素
    int GetLength();                                 //求队列长度
    bool Empty(){return front == rear? true:false;}  //判队空
private:
    T data[QueueSize];
    int front;                                       //队头指针
    int rear;                                        //队尾指针
};
```

在循环队列的模板类中，定义 data 数组作为存储空间，定义 front 和 rear 分别代表队列的队头指针和队尾指针。队列的头元素在队头指针的"下"一个位置，即(front+1)％QueueSize。

队尾指针指向的就是队列的队尾元素。队列在初始化时为空队列,只要 front 和 rear 指向数组中任意的同一位置即可,在类的构造函数中可将其设置为 0。以下是循环队列几个基本操作的实现。

① 入队操作

根据前面的分析,若队列不满,当有元素入队后,队尾指针移向"下"一个位置,即 rear = (rear + 1) % QueueSize。具体实现如下:

```
template < class T >
void CircleQueue < T >::EnQueue(T x)                 //入队
{
    if((rear + 1) % QueueSize == front)throw ˝overflow˝;
    rear = (rear + 1) % QueueSize;                   //队尾指针移向"下"一个位置
    data[rear] = x;
}
```

② 出队操作

若队列为非空队列,则队头元素出队时,队头指针也要移向"下"一个位置,即 front = (front + 1) % Queuesize。具体实现如下:

```
template < class T >
T CircleQueue < T >::DeQueue()                 //出队
{
    if(rear == front)throw ˝underflow˝;
    front = (front + 1) % QueueSize;            //队头指针移向"下"一个位置
    return data[front];
}
```

③ 查找队头元素

查找队头元素的操作仅返回队头元素的值,不需要队头元素出队,因此队头指针保持不变,而队头元素的位置是队头指针的"下"一个位置,即 (front + 1) % Queuesize。具体实现如下:

```
template < class T >
T CircleQueue < T >::GetFront()                 //查找队头元素
{
    if(rear == front)throw ˝underflow˝;
    return data[(front + 1) % QueueSize];
}
```

④ 求队列长度

当队头指针小于等于队尾指针时,可得队列长度为队尾指针减去队头指针,即 rear−front。当队头指针大于队尾指针时,队列占据了数组的首尾两端,此时空闲区的长度为 front−rear,因此队列长度为 rear−front+QueueSize,如图 3-12 所示。

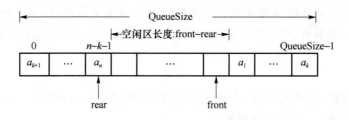

图 3-12　循环队列长度计算

将以上两种情况统一，则队列长度可表示为（rear－front＋QueueSize）％QueueSize。具体实现如下：

```
template <class T>
int CircleQueue<T>::GetLength()//求队列长度
{
    return(rear－front＋QueueSize)％QueueSize;
}
```

3.3.2　链队列

队列的链式存储结构称为链队列，因此链队列可看成仅在表头删除和表尾插入的单链表。如果仅有单链表的头指针，不便于在表尾进行插入操作，因此通常会在表尾增加一个尾指针，指向最后一个结点。为了使空队列和非空队列的操作一致，多采用带有头结点的链队列。图 3-13 给出了链队列的示意图。

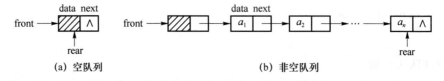

图 3-13　链队列示意图

下面给出链队列的 C++模板类定义。

```
template <class T>
class LinkQueue                              //链队列模板类
{
public:
    LinkQueue()                              //构造函数
    {
        front = rear = new Node <T>;
        front -> next = NULL;
    }
    ~LinkQueue();                            //析构函数
    void EnQueue(T x);                       //入队
```

```
    T DeQueue();                                     //出队
    T GetFront();                                    //查找队头元素
    bool Empty(){return front == rear? true:false;}  //判队空
private:
    Node<T> * front;                                 //队头指针
    Node<T> * rear;                                  //队尾指针
};
```

链队列类的构造函数将队列初始化为空队列,front 和 rear 都指向头结点。反之,当 front
和 rear 都指向同一结点时,队列为空队列。以下是链队列几个基本操作的实现。

① 入队操作

链队列的入队操作比较简单,在队尾元素后插入新结点并移动队尾指针,如图 3-14
所示。

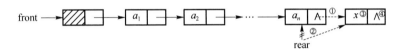

图 3-14 入队操作

具体实现如下:

```
template<class T>
void LinkQueue<T>::EnQueue(T x)          //入队
{
    rear -> next = new Node<T>;          //建立新结点
    rear = rear -> next;                 //移动队尾指针
    rear -> data = x;
    rear -> next = NULL;
}
```

② 出队操作

链队列的出队操作需要注意,当队列只有一个元素时,出队后 rear 指向的结点被释放,因
此需要修改 rear 队尾指针,如图 3-15 所示。

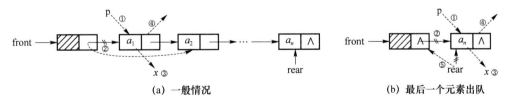

(a) 一般情况　　　　　　　　　　　　　　(b) 最后一个元素出队

图 3-15 出队操作

出队操作的算法伪代码描述如下:

[1] 保存队头元素指针,即图中操作①;

[2] 如果为空队,抛出异常;

[3] 将原队头元素出链,即操作②;

[4] 保存队头数据,即操作③;

[5] 释放原队头元素,即操作④;

[6] 若队列变为空队列,修改队尾指针,即操作⑤;

[7] 返回出队数据。

出队操作的具体实现如下:

```
template < class T >
T LinkQueue < T > : : DeQueue()                    //出队
{
    new Node < T > * p = front -> next;            //保存队头元素指针
    if(! p)throw "Underflow";
    front -> next = p -> next;                     //原队头元素出链
    T x = p -> data;                               //保存队头数据
    delete p;                                       //释放原队头元素
    if(! (front -> next))rear = front;             //若队列变为空队,修改队尾指针
    return x;
}
```

③ 查找队头元素

查找队头元素操作的具体实现如下:

```
template < class T >
T LinkQueue < T > : : GetFront()                    //查找队头元素
{
    if(! (front -> next))throw "Overflow";
    return front -> next -> data;
}
```

④ 析构函数

析构函数完成链队列中所有结点的释放,具体实现如下:

```
template < class T >
LinkQueue < T > : : ~LinkQueue()                    //析构函数
{
    while(front)
    {
        rear = front -> next;
        delete front;
        front = rear;
```

```
        }
    }
```

3.3.3　STL 中的队列

STL 中包含和队列相关的类,分别是顺序容器——双端队列(double-ended queue,简称 deque),队列适配器(queue)和优先级队列适配器(priority_queue)。

1. 双端队列

双端队列(deque)为顺序容器,支持在队列的头部和尾部进行添加和删除操作,这些操作的时间复杂度均为 $O(1)$。双端队列常采用循环队列实现,但在现在版本的 STL 中,往往采用更为复杂的方式来实现。

双端队列在使用时,必须首先包含头文件:

♯ include < deque >

usingstd::deque;

deque 的定义、常用接口及使用方法与 vector 或 list 基本相同,可参见第 2 章内容,在此不再阐述。由于 deque 在队列的头部和尾部都可以进行添加和删除操作,因此它不是标准的队列。实际上 deque 并不常用,通常只是作为 tsack 和 queue 的底层容器。

2. 队列适配器

队列适配器(queue)是 STL 中标准的队列结构,使用时需要包含头文件:

♯ include < queue >

标准的队列结构在 STL 中是采用顺序容器适配器 queue 实现的。类似于 stack,queue 也可以使任何一种顺序容器以队列的 FIFO 方式工作,其底层容器默认是 deque,可修改为 list,但不能是 vector,这是因为 vector 类不提供 push_front 运算。

queue 在 STL 标准接口中的常用方法如表 3-2 所示。

表 3-2　定义在 queue 类中的方法

方法名	方法描述	方法名	方法描述
queue()	构造函数	empty()	若队空,返回 true,否则返回 false
push(const Type& _Val)	入队	front()	返回队头元素的引用
pop()	出队	back()	返回队尾元素的引用
size()	返回队列的长度		

queue 比较简单,但不支持迭代器操作。下面给出一段程序示例。

```
queue < int > ique;                                //定义队列对象
for(int i = 0;i < 100;i ++ )ique.push(i + 100);    //将 100~199 依次顺序入队
cout << "front element:" << ique.front()<< endl;   //查看队头元素
cout << "rear element:" << ique.back()<< endl;     //查看队尾元素
ique.pop();                                        //出队操作
```

```
    ique.push(200);                                    //入队操作
    cout << "new front element:" << ique.front()<< endl;    //查看队头元素
    cout << "new rear element:" << ique.back()<< endl;      //查看队尾元素
    cout << "size:" << ique.size()<< endl;              //查看队列长度
```

程序的执行结果如下：

front element: 100

rear element: 199

new front element: 101

new rear element: 200

size: 100

3. 优先级队列适配器

优先级队列适配器(priority_queue)允许用户为队列中的元素设置优先级。这种队列不是直接将新元素放置到队列尾部，而是将其放在比它优先级低的元素前面。这种队列结构在3.7节将详细介绍，在 STL 中也有该类型。标准库默认使用元素类型的"<"操作符来确定它们之间的优先级关系。

priority_queue 的底层容器默认用 vector 实现，也可以用 deque 实现，其中的元素要求能够比较大小。下面给出一个使用 priority_queue 的完整的 C++程序示例，在该例中对运算符"<"进行了重载，以确定 Element 类型数据的优先级关系。

```
# include < queue >
template < class T >
class Element                                    //定义队列中存放的数据类型
{
public:
    Element(int p,int a){ priority = p;data = a;}    //定义构造函数
    inline friend bool operator <(const Element < T > & a,const Element < T > & b)
                                                 //定义关系运算符<
    { return a.priority< b.priority ? true:false;}
    //定义打印数据函数
    void PrintData(){ cout << data << "(pri:" << priority << ")   ";}
private:
    int priority;                                //元素的优先级
    T data;                                      //元素的实际数据
};
void main()
{
    priority_queue< Element < int >> pque;//优先级队列适配器对象
    pque.push(Element < int >(1,20));        //优先级为 1 的元素入队,队列元素为 20
    pque.push(Element < int >(3,30));        //优先级为 3 的元素入队,队列元素为 30,20
```

```
    pque.push(Element < int >(2,40));    //优先级为 2 的元素入队,队列元素为 30,40,20
    pque.push(Element < int >(3,50));    //优先级为 3 的元素入队,队列元素为 30,50,40,20
    int size = (int)pque.size();         //得到队列长度
    cout << "size:" << size << endl;     //显示队列长度
    for(int i = 0;i < size;i ++ )
    {    pque.top().PrintData();          //打印队列头元素
         pque.pop();//出队
    }
};
```

程序的执行结果如下:

size:5
30(pri:3)　　50(pri:3)　　40(pri:2)　　20(pri:1)

通过上例可以看到,优先级高的数据元素总是位于比它优先级低的元素前面,同一优先级的元素在优先级队列中的顺序按入队的先后次序排列。

优先级队列在实际生活中也很常见。例如,机场行李检查队列中,对于 30 分钟后即将离港的航班,其乘客的行李通常会被移到队列前面,以便在飞机起飞前检查完行李。再如操作系统中的进程调度表,它决定在大量等待的进程中如何选择下一个要执行的进程。

3.4　串的实现

3.4.1　串的存储结构

串是一种结点元素仅由一个字符构成的线性表,存储时既可以采用顺序存储结构,也可以采用链式存储结构。需要注意的是,串的操作往往将串作为一个整体来考虑,因此串在存储时还要考虑一些特殊技巧。

1. 顺序存储结构

串的顺序存储结构称为顺序串,可采用数组存储串中的字符序列。一般来说,串的顺序存储方式有多种,在此介绍两种最常用的方法。

图 3-16 给出了串"ABCDEFG"的顺序存储示意图,data 数组存储字符序列,length 表示串的长度,可以使用第 2 章介绍的 C++的模板类 SqlList < char >来实现。

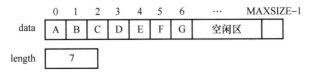

图 3-16　串的顺序存储示意图

串的另一种存储方式是采用特殊字符作为串的结束标记,从而不需要额外的空间存储串的长度。如 C 和 C++语言,采用 ASCII 码值为 0 的特殊字符"\0"作为串的结束标记,图 3-17 给出了串"ABCDEFG"基于这种存储方式的示意图。

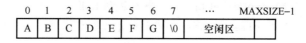

图 3-17 C 和 C++语言存储字符串的示意图

2. 链式存储结构

串的链式存储结构称为链串。链串具有同链表相同的结点结构,只是链串结点中的数据类型是字符类型。因此可直接使用链表的 C++模板类 LinkList＜char＞来实现链串。

图 3-18(a)给出了最简单的链串"ABCDEFG"的存储示意图。链串中结点的数据类型为字符类型,如 char 类型,只占 1 字节,而指针域通常占 4 字节,因此链串的存储密度为 20%,空间利用率非常低。为了提高空间利用率,也可以对链串进行压缩存储,令每个结点存储多个字符,如每个结点存储 4 个字符,则存储密度为 50%,如图 3-18(b)所示。

在实际应用中,为了提高读写效率,每个结点不一定将存储空间全部填满,例如,对于图 3-18(b)表示的串,在其第 4 个位置上插入串"123",使原串变为"ABC123DEFG",其存储结构可如图 3-18(c)所示。这个操作只是在链的中间增加了新的结点,并没有修改后续结点的内容,从而提高了操作的效率,相应的空间利用率略有降低。字符"\0"在这里只是结点中子串的结束标志,整个串的结束是以结点的指针域为空来表示的。通过以上分析不难发现,采用这种方法,即使存储同一个串,其存储结构也是不唯一的,图 3-18(d)表示了串"ABC123DEFG"的另一种存储方法。

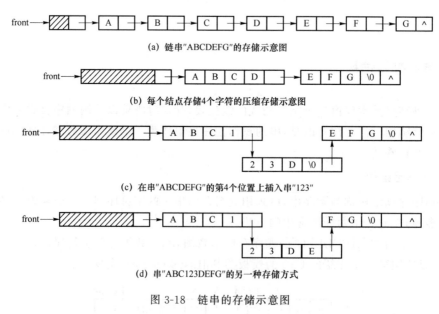

(a) 链串"ABCDEFG"的存储示意图

(b) 每个结点存储4个字符的压缩存储示意图

(c) 在串"ABCDEFG"的第4个位置上插入串"123"

(d) 串"ABC123DEFG"的另一种存储方式

图 3-18 链串的存储示意图

3.4.2 串的模式匹配

BF(Brute Force)算法又称朴素模式匹配算法,其基本思想是将模式串 T 中的各个字符依

次与目标串 S 进行比较,如果 T 的全部字符比较完成后都与 S 的对应字符相同,则说明在目标串 S 中已经找到模式串 T。如果比较到某个字符不同后,则将模式串 T 与目标串 S 的下一个字符重新进行比较。不妨设串 S 和串 T 比较的字符下标分别为 i 和 j,图 3-19 给出了 BF 算法的示意图。

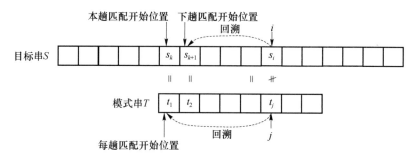

图 3-19 BF 算法示意图

下面给出 BF 算法的伪代码。

[1] 初始化串 S 和串 T 的字符下标 i 和 j。

[2] 若 S 和 T 都没有比较完,则循环以下步骤:

   [2.1] 如果 $S_i = T_j$,则下标 i 和 j 后移;

   [2.2] 否则,i 回溯到本次起始位置的下一个位置,j 回溯到开始位置。

[3] 若 T 中所有字符都已经比较完,则返回 T 在 S 中的位置。否则,查找失败。

在 BF 算法中,当一次比较不成功,i 需要回溯到本次起始位置的下一个位置。假定本次起始位置为 k,则有如下等式:

$$i-k=j-1$$

由此,$k=i+1-j$,因此 i 应回溯到 $i+2-j$。图 3-20 给出了在串"aacaaba"中匹配模式串"aab"的过程。

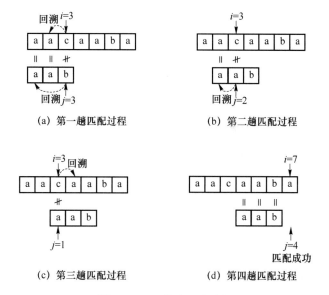

图 3-20 BF 算法匹配过程

下面给出 C++算法描述。

```
int SeqString::Index(SeqString & t)                //返回模式串 t 在本串中的位置
{
    int i = 1,j = 1;//初始化主串和模式串 t 的字符下标 i 和 j;
    while(i <= GetLength()&& j <= t.GetLength())    //若主串和模式串都没有比较
                                                    完,则循环
    {
        //如果主串第 i 个字符等于模式串第 j 个字符,则下标 i 和 j 后移
        if(Get(i) == t.Get(j)){i ++ ;j ++ ;}        //Get 函数是从基类继承来的
        else {i += 2 - j;j = 1;}                     //i 回溯到本次起始位置的下一
                                                    个位置,j 回溯到开始位置
    }
    //若模式串中所有字符都已比较完,则返回其在主串的位置
    if(j > t.GetLength())return i + 1 - j;
    else return - 1;                                //否则,查找失败,返回 -1
}
```

思考:

如果 BF 算法的参数直接使用 C 或 C++中的字符数组,相应的 BF 算法该如何实现?

设主串长度为 n,模式串长度为 m,下面通过字符的比较次数来分析算法的时间复杂度。

如果进行多趟匹配后匹配成功,则最好的情况是每一趟匹配时比较的第一个字符不同,直到匹配成功,如在串"aaaaaaabc"中匹配模式"bc"。设从主串的第 i 个位置开始匹配,即第 i 趟匹配时,成功的概率为 p_i,则 i 应满足 $1 \leqslant i \leqslant n-m+1$,在前 $i-1$ 趟共有 $i-1$ 次字符比较。第 i 趟匹配成功,共比较了 m 个字符,总的字符比较次数为 $m+i-1$。假定从第 1 趟到第 $n-m+1$ 趟,匹配成功是等概率的,即 $p_i = 1/(n-m+1)$,则最好情况下匹配成功的平均比较次数为

$$\sum_{i=1}^{n-m+1} p_i(m+i-1) = \frac{1}{n-m+1} \sum_{i=1}^{n-m+1} (m+i-1) = \frac{n+m}{2}$$

一般来说,$n \gg m$,因此在最好情况下,BF 算法匹配成功的平均时间复杂度为 $O(n)$。

最坏的情况是每一趟匹配比较到最后一个字符时两字符不同,如在串"aaaaaaab"中匹配模式"aab"。设从主串的第 i 个位置开始匹配,即第 i 趟匹配时,成功的概率为 p_i,此时 i 应满足 $1 \leqslant i \leqslant n-m+1$,在前 $i-1$ 趟匹配时,每趟都是 m 次字符比较,只是比较最后一个字符时不同。第 i 趟匹配成功,也比较了 m 个字符。所以总的字符比较次数为 $m \times i$。假定从第 1 趟到第 $n-m+1$ 趟,匹配成功是等概率的,即 $p_i = 1/(n-m+1)$,则最坏情况下匹配成功的平均比较次数为

$$\sum_{i=1}^{n-m+1} p_i(m \times i) = \frac{1}{n-m+1} \sum_{i=1}^{n-m+1} (m \times i) = m \times \left(\frac{n-m+2}{2} \right)$$

因此在最坏情况下,BF 算法匹配成功的平均时间复杂度为 $O(nm)$。

BF 算法的特点是匹配过程简单,易于理解,但是算法效率不高,其原因是每次匹配不成功,只能回溯到上次起始位置的下一个位置。实际上,很多回溯是不必要的,由此人们提出了很多改进算法,如 KMP(Knuth-Morris-Pratt)算法、BM(Boyer-Moore)算法等。

3.4.3 KMP 算法

在论述 KMP 算法前,首先给出前缀子串和后缀子串的概念。一个串的前缀子串,是指该串从第一个字符到某个位置的字符构成的子串。例如,"aacaaba"的前缀子串有"a""aa""aac""aaca"等。一个串的后缀子串,是指该串从某个位置的字符到最后一个字符构成的子串。例如,"aacaaba"的后缀子串有"a""ba""aba""aaba"等。

对于 BF 算法,每次匹配不成功时,模式串需要回溯到开头,主串需要回溯到上次起始位置的下一个位置。而如果事先对模式串进行分析,则不需要回溯主串,因为主串从上次起始位置到匹配不成功的前一个位置构成的子串一定是模式串的前缀子串,其信息通过之前对模式串的分析已经得到。

例如,设主串为"aacaaba",模式串为"aab",当第一次匹配不成功,即主串第三个字符"c"不等于模式串第三个字符"b"时,主串前 2 个字符构成的子串"aa"显然是模式串的前缀子串,如图 3-21(a)所示。若采用 BF 算法,需要从主串第二个字符重新开始匹配。而实际上,通过分析模式串可知,由于模式串的前两个字符相同,主串第二个字符"a"一定与模式串第一个字符"a"相同,因此不需要匹配这两个字符,只需要从主串第三个字符"c"与模式串的第二个字符"a"重新开始匹配即可,如图 3-21(b)所示。

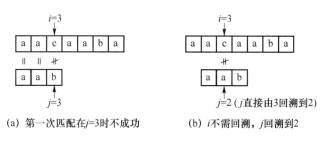

(a) 第一次匹配在$j=3$时不成功   (b) i不需回溯,j回溯到2

图 3-21   回溯方式的改进

上述匹配过程显然加快了匹配速度,这就是 KMP 算法的思想。KMP 算法是由 D. E. Knuth、V. R. Pratt 和 J. H. Morris 同时发现,因此人们称它为克努特-莫里斯-普拉特操作(简称 KMP 算法)。该算法中,主串不进行回溯,模式串回溯的位置由该串内容及出现不匹配的位置决定。通常为模式串构造 next 数组存储回溯位置,数组长度为模式串的长度,当模式串的第 j 个字符与主串不匹配时,将 j 回溯到 next[j]位置。特别地,令 next[1]=0,即模式串的第一个字符($j=1$)匹配不成功时,j 回溯值为 0,这表示要将主串下标 i 和子串下标 j 都移向下一个位置,两下标都分别指向下一个位置后,重新开始匹配。

通过以上分析可知,next 数组的构造仅与模式串有关,且是 KMP 算法的关键步骤。前面已经讨论了 $j=1$ 时 next[j]的取值,而当 j 指向其他字符出现匹配失败时,next[j]的取值该如何计算呢?

当 $j=2$ 时,模式串的第二个字符匹配不成功,若模式串第一个字符与第二个字符不同,j 应回溯到 1,即 next[2]=1,重新开始匹配,如图 3-22(a)所示;若模式串第一个字符与第二个字符相同,显然主串 i 对应字符不可能与模式串第一个字符相同,因此 j 可回溯到 0,即

next[2]=0,然后将主串下标 i 和子串下标 j 都移向下一个位置,重新开始匹配,如图 3-22(b)所示。需要指出的是,第二种情况也可以采用第一种方式处理,两种情况的操作本质上是等价的,因为若按第一种处理方式,让 j 回溯到 1,显然匹配不成功,j 继续回溯为 next[1],即 $j=0$,将主串下标 i 和子串下标 j 都移向下一个位置,重新开始匹配,与第二种方式本质上完全相同,只是第一种方式中模式串第一个字符与主串的字符进行比较,第二种方式中模式串第一个字符与不匹配字符进行比较,如图 3-22(c)所示。综上所述,只需要设置 next[2]=1。

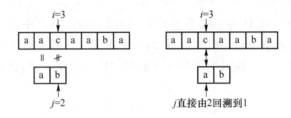

(a) 模式串第一个字符与第二个字符不同时的回溯

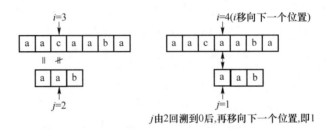

(b) 模式串第一个字符与第二个字符相同时的回溯

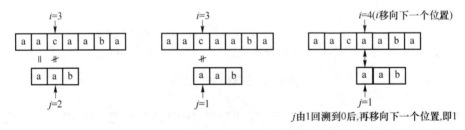

(c) 模式串第一个字符与第二个字符相同时的回溯

图 3-22 $j=2$ 匹配不成功时的回溯

下面讨论一般情况。通过分析 $j=2$ 时不难发现,当匹配不成功时,模式串的回溯位置实际上由一个因素决定,即模式串已匹配成功子串是否存在后缀子串与前缀子串相同,若存在,回溯位置为前缀子串下一个字符的位置;若不存在,则直接回溯到模式串的第一个字符位置。例如,设定模式串为"ababc",当下标 $j=5$ 时匹配不成功,则主串的内容必为"…ababx…",x 表示主串匹配不成功的字符,即下标 i 对应的字符。由于模式串的后缀子串"ab"也是前缀子串,因此 j 应回溯到 3,即模式串中前缀子串"ab"的下一个字符的位置,如图 3-23(a)所示。若后缀子串都不是前缀子串,则 j 可回溯到 1,如图 3-23(b)所示。

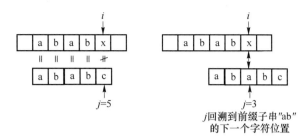

(a) 模式串的后缀子串也是前缀子串时 j 的回溯

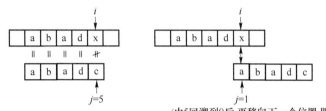

(b) 模式串的后缀子串不是前缀子串时 j 的回溯

图 3-23 一般情况下匹配不成功时的回溯

通过以上分析,可以总结出 next 数组的取值如下:

$$
\text{next}[j] = \begin{cases} 0 & j=1 \\ 1 & j=2 \text{ 或 } j>2 \text{ 且不存在满足条件的前缀子串} \\ k+1 & j>2 \text{ 且 } k \text{ 为满足条件的最长前缀子串长度} \end{cases}
$$

如何寻找满足条件的最长前缀子串呢?设模式串为 $T={''}t_1t_2\cdots t_m{''}$,$j$ 所指位置匹配不成功,则需要在子串 $M={''}t_1t_2\cdots t_{j-1}{''}$ 中寻找最长子串,该子串既是 M 的前缀子串,又是 M 的后缀子串。设 $p=\text{next}[j-1]$,下面分几种情况考虑。

若 $p=1$,说明 $j-1$ 位置匹配不成功时直接回溯到 1,当 j 所指位置匹配不成功,则需要比较字符 t_1 与 t_{j-1} 是否相同。

① 若 t_1 与 t_{j-1} 相同,j 回溯到 2。例如,设模式串为"abax",则 $\text{next}[4]=2$。

② 若 t_1 与 t_{j-1} 不同,j 回溯到 1。例如,设模式串为"abx",则 $\text{next}[3]=1$。

若 $p>1$,则说明串"$t_1t_2\cdots t_{p-1}$"与串"$t_{j-p}\cdots t_{j-2}$"相同,只需比较字符 t_p 与 t_{j-1} 是否相同。

① 若 t_p 与 t_{j-1} 相同,说明串"$t_1t_2\cdots t_p$"是满足条件的最长前缀子串,则 j 应回溯到 $p+1$。例如,设模式串为"ababx",$\text{next}[4]=2$,$\text{next}[5]=3$。

② 若 t_p 与 t_{j-1} 不相同,则满足条件的最长前缀子串只可能存在于串"$t_{j-p}\cdots t_{j-2}t_{j-1}$"中,接下来在该串中继续搜索,不难发现最长前缀子串实际上就是"$t_1\cdots t_{\text{next}[p]-1}$"。例如,模式串为"ababcababax",显然 $\text{next}[5]=3$,$\text{next}[10]=5$,x 字符匹配不成功时,需要在"ababa"中寻找满足条件的最长前缀子串,显然"aba"是满足条件的子串,因此 $\text{next}[11]=\text{next}[5]+1=4$。

下面给出 next 数组的构造函数。

```
void SeqString::GetNextArray(SeqString & t,int * & next)
                                        //构造模式串 t 的 next 数组
{
```

```
    int * next = new int [t.GetLength() + 1];    //next[0]不使用
    next[1] = 0;
    next[2] = 1;
    int j,p = 1;                                   //p存储next[j-1],初始值为next[2]
    for(j = 3;j <= t.GetLength(); ++j)
    {
        while(p > 1 && t.Get(p)!= t.Get(j - 1))
            p = next[p];
        if(t.Get(p) == t.Get(j - 1))
            ++ p;
        next[j] = p;
    }
}
```

下面给出 KMP 的 C++算法描述。

```
int SeqString::KMP(SeqString & t)               //返回模式串 t 在本串中的位置
{
    int * next;
    GetNextArray(t,next);
    int i = 1, j = 1;                           //初始化主串和模式串 t 的字符下标 i
                                                //  和 j;
    while(i < = GetLength()&& j < = t.GetLength())
                                                //若主串和模式串都没有比较完,则循环
    {
        //如果主串第 i 个字符等于模式串第 j 个字符,则下标 i 和 j 后移
        if(Get(i) == t.Get(j)){i ++ ;j ++ ;}//Get 函数是从基类继承来的
        else if(! next[j]){i ++ ;j = 1;}     //next[j]为 0 时,i 后移一个位置,j 回
                                                //  溯到开始位置
        else { j = next[j];}                    //j 回溯到合适的位置
    }
    delete [] next;
    //若模式串中所有字符都已比较完,则返回其在主串的位置
    if(j > t.GetLength())return i + 1 - j;
    else return - 1;                            //否则,查找失败,返回 - 1
}
```

KMP 算法不需要对主串进行回溯,相对于 BF 算法做了很大的改进,算法的时间复杂度为 $O(m+n)$。

思考:

如果 KMP 算法的参数直接使用 C 或 C++的字符数组,相应的 KMP 算法和 next 数组该如何实现?

3.4.4 STL 中的串——string

STL 标准模板库中提供了处理字符串的 string 类型,可满足对字符串的一般应用。string 类型支持可变长度的字符串,C++标准库负责管理和存储相关内存,并提供各种接口。string 类型支持大多数顺序容器的操作,因此也可看作字符容器,但它不支持以栈的方式操作容器,因此在 string 中不能使用 front、back 和 pop_back 操作。

与其他标准库类型一样,用户程序要使用 string 类型,必须包含相关头文件:

＃include <string>

usingstd::string;

表 3-3 列出了常用的 string 基本操作。每个接口可能有多种参数形式,具体可参考 string 类型的定义。

表 3-3　定义在 string 类中的方法

方法名	方法描述	方法名	方法描述
string()	构造函数	empty()	若串空,返回 true,否则返回 false
insert()	在串中指定位置插入字符	substr()	获取子串
append()	追加操作	size()	返回串的长度
find()	查找操作	关系操作符	==,!=,<,<=,>,>=,
replace()	替换操作	操作符	=,+,+=

如 string 类型的初始化:由于 string 标准库支持多个构造函数,因此初始化 string 对象的方式有多种:

```
string s1;                   //定义串 s1,s1 为空串
string s2(s1);               //用 s1 初始化 s2
string s3("abcdefg");        //用字符串"abcdefg"初始化 s3
cin >> s1;                   //键盘输入字符串赋值给 s1
cout << s2 << endl;          //输出 s2
```

string 类的每个接口可能有多种参数形式,下面给出部分示例来进一步说明这些接口的使用:

```
string s1("abc");
string s2("1234");
s1 += s2 + "xyj";            //s1 = "abc1234xyj"
bool tag = s1 > s2 ? true:false;  //tag = 1
int pos = 2;
s1.insert(pos,s2);          //s1 = "ab1234c1234xyj"
string s3 = s1.substr(pos,6);  //s3 = "1234c1"
s3.append(s2);              //s3 = "1234c11234"
s1.replace(pos,4,"k");      //s1 = "abkc1234xyj"
int p = s1.find(s2,pos);    //p = 4
```

3.5 多维数组

3.5.1 多维数组的存储

数组(array)是由类型相同的数据元素构成的有序集合。对于 k 维数组，每个元素都要受 k 个线性关系的约束，如 m 行 n 列的二维数组：

$$A_{mn} = \begin{bmatrix} a_{11} & a_{12} & \cdots & a_{1n} \\ a_{21} & a_{21} & \cdots & a_{2n} \\ \cdots & \cdots & \cdots & \cdots \\ a_{m1} & a_{m1} & \cdots & a_{mn} \end{bmatrix}$$

其中，每个元素 a_{ij} 均被两个线性关系约束：在第 j 列上，除第一个结点外，a_{ij} 的直接前驱为 $a_{i-1,j}$，除最后一个结点外，a_{ij} 的直接后继为 $a_{i+1,j}$；在第 i 行上，除第一个结点外，a_{ij} 的直接前驱为 $a_{i,j-1}$，除最后一个结点外，a_{ij} 的直接后继为 $a_{i,j+1}$。

由于计算机的内存结构都是一维的，因此在存储多维数组时，需要将数组中的所有元素按某种次序排成一个线性序列，然后将其按顺序存储到内存中。一般来说，数组不执行删除和插入操作，所以通常采用顺序存储方法来存储数组。多维数组通常有两种存储方式：行优先存储和列优先存储。

① 行优先存储——基本思想是按行存储，即存储完第 i 行再接着存储第 $i+1$ 行。如存储二维数组 A_{mn}，按行优先顺序存储的线性序列为

$$a_{11}, a_{12}, \cdots, a_{1n}, a_{21}, a_{22}, \cdots, a_{2n}, \cdots, a_{m1}, a_{m2}, \cdots, a_{mn}$$

对于二维数组中任意一个元素 a_{ij}，其前面共有 $(i-1) \times n + j - 1$ 个元素，如图 3-24 所示。设 a_{11} 在内存中的地址为 $Loc(a_{11})$，每个元素占 c 个存储单元，则 a_{ij} 的地址为 $Loc(a_{ij}) = Loc(a_{11}) + ((i-1) \times n + j - 1) \times c$。

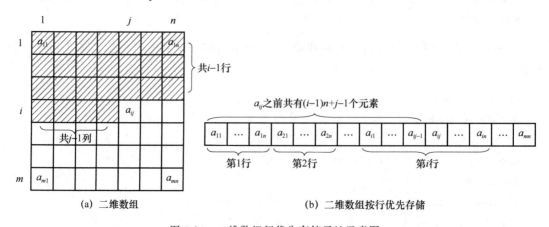

(a) 二维数组   (b) 二维数组按行优先存储

图 3-24 二维数组行优先存储寻址示意图

在 C++、PASCAL 等语言中，数组都是按行优先存储的。

② 列优先存储——基本思想是按列存储，即存储完第 j 列再接着存储第 $j+1$ 列。如存

储二维数组 A_{mn},按列优先顺序存储的线性序列为

$$a_{11}, a_{21}, \cdots, a_{m1}, a_{12}, a_{22}, \cdots, a_{m2}, \cdots, a_{1n}, a_{2n}, \cdots, a_{mn}$$

对于二维数组中任意一个元素 a_{ij},其前面共有 $i-1+m \times (j-1)$ 个元素,如图 3-25 所示。设 a_{11} 在内存中的地址为 $\mathrm{Loc}(a_{11})$,每个元素占 c 个存储单元,则 a_{ij} 的地址为 $\mathrm{Loc}(a_{ij}) = \mathrm{Loc}(a_{11}) + (i-1+m \times (j-1)) \times c$。

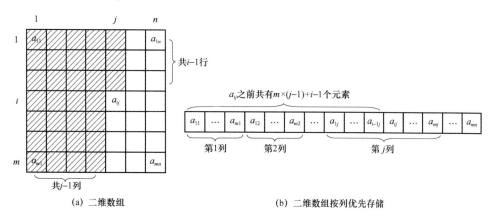

(a) 二维数组　　　　　　　　　(b) 二维数组按列优先存储

图 3-25　二维数组按列优先存储寻址示意图

在 FORTRAN 语言中,数组是按列优先存储的。

多维数组的存储方法与二维数组类似。例如,C++中设三维数组 A_{mnp},第一个元素为 a_{000},若按行优先存储,则 a_{ijk} 前面共有 $i \times n \times p + j \times p + k$ 个元素;若按列优先存储,则 a_{ijk} 前面共有 $i + m \times j + m \times n \times k$ 个元素,相应的寻址很容易得出。

思考:

试分析四维数组或更高维数组的行优先存储和列优先存储。

以下讨论数组的存储结构时,均以 C++语言的规范表示数组,数组中第一个元素各维的下标均为 0。

3.5.2　稀疏矩阵

当矩阵 $\boldsymbol{A}_{mn}$ 中的非零元素个数 s 远远小于矩阵元素的总数 $m \times n$,则称矩阵 $\boldsymbol{A}_{mn}$ 为稀疏矩阵。非零元素个数小于矩阵元素总数的程度目前还没有统一的定论,有人认为当 $s \leqslant \sqrt{mn} \log \sqrt{mn}$ 时,矩阵就算是稀疏的。在存储稀疏矩阵时,只需要存储非零元素即可。下面将介绍常见的稀疏矩阵压缩方法:三元组表和十字链表。

1. 三元组表

将稀疏矩阵中每个非零元素的行号、列号及值构成一个三元组(3-tuples),将所有的三元组组成一个线性表进行顺序存储,就构成了三元组表。下面给出三元组及三元组表存储结构的 C++描述。

```
#define MAX_ELEMENT_NUMBER 1000
template <class T>
struct MatrixNode                    //定义三元组结构
```

```
{
    int row;                                    //非零元素的行号
    int col;                                    //非零元素的列号
    T value;                                    //非零元素的值
};
template < class T >
struct SpareMatrix                              //定义三元组表结构
{
    int m;                                      //稀疏矩阵的行数
    int n;                                      //稀疏矩阵的列数
    int t;                                      //稀疏矩阵非零元素的个数
    MatrixNode < T > data[MAX_ELEMENT_NUMBER];  //存储非零元素对应的三元组
};
```

图 3-26 给出了使用三元组表存储稀疏矩阵的示意图。在存储时，一般按行优先顺序遍历稀疏矩阵的每个非零元素，然后追加到三元组表中，所有三元组表的元素按行号有序，行号相同的元素按列号有序，这种特性称为三元组表的有序性。

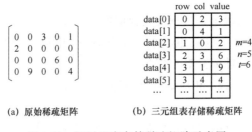

(a) 原始稀疏矩阵   (b) 三元组表存储稀疏矩阵

图 3-26　三元组表存储稀疏矩阵示意图

下面以矩阵的转置操作为例，说明采用三元组表存储结构如何实现矩阵的操作以及操作中可采用的一些技巧。

对于 m 行 n 列的稀疏矩阵，转置后变为 n 行 m 列的稀疏矩阵，但转置前后三元组表的结构并没有改变，而只是表中的各个三元组的行号和列号互换，并且次序发生了变化，以保证新表的有序性。一种简单的转置方法是遍历 n 趟三元组表，第一趟遍历找出列号为 0 的三元组，并将其行号和列号对调，添加到转置矩阵对应的三元组表中。第二趟遍历找出列号为 1 的三元组并进行相同的操作，依次类推，最后一趟遍历找出列号为 $n-1$ 的三元组。由于每趟遍历都需要比较所有的 t 个三元组的列号，因此算法的时间复杂度为 $O(nt)$。图 3-27 给出了将图 3-26 所示的矩阵进行转置的结果。

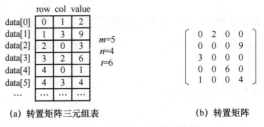

(a) 转置矩阵三元组表   (b) 转置矩阵

图 3-27　稀疏矩阵转置结果

下面给出稀疏矩阵简单转置算法的实现代码：

```
//将稀疏矩阵 OrigMat 转置为 TransMat
template < class T>
void TransMat(SpareMatrix < T> * OrigMat,SpareMatrix < T> * TransMat)
{
    TransMat -> m = OrigMat -> n;                    //设置转置矩阵的行数
    TransMat -> n = OrigMat -> m;                    //设置转置矩阵的列数
    TransMat -> t = 0;//初始时转置矩阵的非零元素个数为零
    for(int col = 0;col < OrigMat -> n;col ++ )
        for(int j = 0;j < OrigMat -> t;j ++ )
            if(OrigMat -> data[j].col == col)        //找出列号为 col 的三元组
            {
                TransMat -> data[TransMat -> t].col = OrigMat -> data[j].row;
                TransMat -> data[TransMat -> t].row = OrigMat -> data[j].col;
                TransMat -> data[TransMat -> t].value = OrigMat -> data[j].value;
                TransMat -> t ++ ;                   //非零元素个数增加
            }
}
```

上述稀疏矩阵的简单转置算法并不是最优的，下面给出一种快速的稀疏矩阵转置算法，其时间复杂度为 $O(n+t)$。

稀疏矩阵快速转置算法的基本思想是在原始三元组表（设为 **A**）中依次取每个三元组，交换其行号和列号后，直接存放到转置矩阵的三元组表（设为 **B**）中的适当位置。其中关键的问题是如何确定三元组在 **B** 中的位置。不难发现，**A** 中第 0 列的第一个非零元素一定存储在 **B** 中下标为 0 的位置上，该列中其他非零元素应存放在 **B**[0] 后面连续的位置上，那么第 1 列的第一个非零元素在 **B** 中的位置便等于第 0 列的第一个非零元素在 **B** 中的位置加上第 0 列的非零元素的个数，依次类推。

为此，引入两个数组作为辅助数据结构。

① number[n]：存储矩阵 **A** 中每列非零元素的个数；

② position[n]：初始值表示矩阵 **A** 中每列的第一个非零元素在 **B** 中的位置。

显然，number 数组可以通过遍历一次三元组表 **A** 得到。position 数组可以通过 number 数组计算得到，计算公式如下：

$$position[i] = \begin{cases} 0 & (i = 0) \\ position[i-1] + number[i-1] & (0 < i < n) \end{cases}$$

position[0]=0 表示 **A** 中第 0 列的第一个非零元素一定存储在 **B** 中下标为 0 的位置上。position[i]=position[$i-1$]+number[$i-1$] 表示第 i 列的第一个非零元素在 **B** 中的位置等于第 $i-1$ 列的第一个非零元素在 **B** 中的位置加上第 $i-1$ 列的非零元素的个数。图 3-28 给出了相应示例。

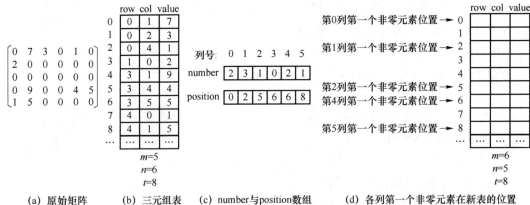

图 3-28 辅助数据结构 number 与 position 数组示例

辅助数据结构 number 与 position 数组确定后,接下来进行转置就非常简单了。顺序读取每一个三元组,得到列号 col,则 position[col]就是该元素在新三元组表中的位置,将行号和列号交换后写入新表,并将 position[col]进行增 1 操作,这样同列的下一个元素依然可以根据 position[col]确定其在新三元组表中的位置。

下面给出算法的伪代码。

[1] 设置转置矩阵 **B** 的行数、列数和非零元素的个数。
[2] 计算 **A** 中每一列的非零元素个数,存储到 number 数组。
[3] 计算 **A** 中每一列的第一个非零元素在 **B** 中的下标,存储到 position 数组。
[4] 依次取 **A** 中的每一个非零元素对应的三元组:
    [4.1] 确定该元素在 **B** 中的下标 pb;
    [4.2] 将该元素的行号列号交换后存入 **B** 中 pb 的位置;
    [4.3] 预置该元素所在列的下一个元素的存放位置。

稀疏矩阵快速转置算法的实现如下:

```
//稀疏矩阵快速转置算法
template<class T>
void QuickTransMat(SpareMatrix<T> * OrigMat,SpareMatrix<T> * TransMat)
{
    int i;
    TransMat->m = OrigMat->n;//设置转置矩阵的行数
    TransMat->n = OrigMat->m;//设置转置矩阵的列数
    TransMat->t = OrigMat->t;//设置转置矩阵的非零元素个数
    if(OrigMat->t){//计算 A 中每一列的非零元素个数,存储到 number 数组
        int * number = new int [OrigMat->n];
        memset(number,0,OrigMat->n * sizeof(int));
        for(i = 0;i<OrigMat->t;i++)number[OrigMat->data[i].col]++;
        //计算 A 中每一列的第一个非零元素在 B 中的下标,存储到 position 数组
```

```
int * position = new int [OrigMat->n];
position[0] = 0;
for(i = 1;i < OrigMat->n;i++)position[i] = position[i-1] + number[i-1];
//依次取每一个非零元素对应的三元组,写入新表中
for(i = 0;i < OrigMat->t;i++){
    int pos = position[OrigMat->data[i].col]++;//得到三元组在新表中
                                                     的位置
    TransMat->data[pos].col = OrigMat->data[i].row;
    TransMat->data[pos].row = OrigMat->data[i].col;
    TransMat->data[pos].value = OrigMat->data[i].value;
}
delete [] number;
delete [] position;
}
}
```

稀疏矩阵快速转置算法中有 3 个循环操作,前两个操作各循环 n 次,第三个操作循环 t 次,因此算法的时间复杂度为 $O(n+t)$,相对于时间复杂度为 $O(nt)$ 的简单转置算法,这种算法效率更高。

2. 十字链表

由于三元组表是一种顺序存储方式,对于经常进行插入或删除结点操作的稀疏矩阵,三元组表并不适合,此时采用链式存储结构存储这种矩阵更为恰当。链式存储结构存储稀疏矩阵的方法也有多种,在这里仅介绍一种十字链表存储方法。

采用十字链表存储稀疏矩阵时,同三元组表一样,也是仅存储所有非零元素。同一行的非零元素构成一个带头结点的循环链表,同一列的非零元素也构成一个带头结点的循环链表。对于每个非零元素,采用一个五元组结点表示,五元组分别为非零元素的行号(row)、列号(col)、值(val)、同一行下一个非零元素的地址(rnext)、同一列下一个非零元素的地址(cnext),图 3-29 给出了结点示意图。

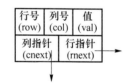

图 3-29　十字链表结点结构

十字链表非零元素结点结构的实现如下:

```
template < class T >
struct snode                          //十字链表五元组结点
{
    int row,col;                      //行号与列号
    T val;                            //值
    struct snode < T > * cnext,rnext; //列指针与行指针
};
```

每行和每列构成的循环链表的头结点,可采用与非零元素结点相同的结构。每行头结点的 row 域表示本行的行号,而 col 域表示本行非零元素的个数。每列头结点的 col 域表示本列

的列号,而 row 域表示本列非零元素的个数,val 域不使用。所有行的头结点又可以构成一个带头结点的循环链表,同理,所有列的头结点也可以构成一个带头结点的循环链表,两个链表可采用同一个头结点存储,该结点的 row 域和 col 域可用于表示矩阵的行数和列数。图 3-30 给出了采用十字链表存储稀疏矩阵的示意图。

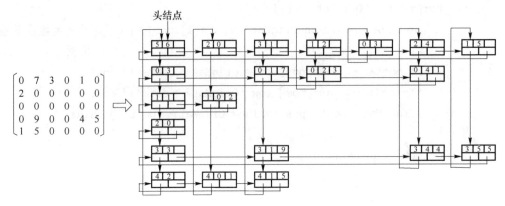

图 3-30　十字链表存储稀疏矩阵的示意图

3.6　基于栈的经典算法

3.6.1　递归——斐波那契数列

函数递归是指一个函数直接或间接地调用自身,由于函数调用离不开栈的应用,因此,一般认为递归算法是栈结构的经典应用。图 3-31 给出了两种函数递归的形式。

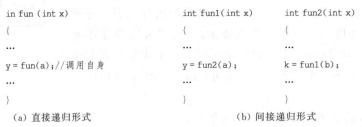

图 3-31　函数递归形式

函数递归调用是一个比较典型的问题,可以方便地实现数学中的递归算法。经典的递归调用问题有很多,下面以斐波那契(Fibonacci)数列问题为例讲解递归算法。斐波那契数列在实际生活中有着非常广泛而有趣的应用,如动物的繁衍、植物的生长等,就连黄金分割比都可以用 $F(n)/F(n+1)(n \to \infty)$ 来表示。

斐波那契数列的定义如下:
$$F(n) = F(n-1) + F(n-2), F(1) = 1, F(2) = 1, n \geqslant 3$$

该表达式定义的函数可以计算每个数 k 对应的函数值 $F(k)$。如计算 $F(10)$,则需要先计算 $F(9)$ 和 $F(8)$;要计算 $F(9)$,则需要先计算 $F(8)$ 和 $F(7)$,依次类推,在计算 $F(3)$ 时,可以直

接利用已知的 $F(2)$ 和 $F(1)$。

斐波那契数列的递归实现非常简单：

```
int fibonacci(int n)
{
    if(1 == n || 2 == n)
        return 1;
    else
        return fibonacci(n - 1) + fibonacci(n - 2);
}
```

上述 fibonacci() 函数的实现并不是唯一解法，斐波那契数列也可以用非递归形式的函数实现。非递归算法的思路与递归算法是一致的，实现也非常简单：

```
int fibonacci(int n)
{
    int f1 = 1;                  //斐波那契数列第 1 项
    int f2 = 1;                  //斐波那契数列第 2 项
    for(int i = 3;i <= n;i++)
    {
        int f3 = f1 + f2;        //已知前 2 项和前 1 项,计算当前项 f3
        f1 = f2;                 //迭代,f1 和 f2 分别后移一个位置
        f2 = f3;
    }
    return f2;
}
```

通过比较上述两种不同的斐波那契数列实现，可以发现递归实现的代码更加简洁，可读性更好。但是在算法运行时，递归函数每调用一次自身，就需要把一个递归函数压入系统的栈空间。当递归深度很大时，递归算法需要消耗极大的内存空间甚至可能引起内存溢出，函数反复地入栈和出栈也有极大的时间上的额外开销。相比之下，非递归算法通常需要在一开始定义一个辅助空间，但除此之外没有其他的内存开销，仅就最外层循环来说时间复杂度为 $O(n)$，在空间和时间上的开销均小于递归算法。

对于大部分的递归问题，都可以使用栈或其他数据结构模拟系统的栈空间，通过只保存需要递归调用的参数来将递归算法转变为非递归算法，如上述问题中使用"迭代"方法保存斐波那契数列第 $n-2$ 个值和第 $n-1$ 值来计算第 n 个值。需要注意的是，虽然从理论角度来说所有的递归函数都可以转化为非递归实现，但从算法结构的角度来说，这一转化并不总是可行的。

3.6.2　分治法——汉诺塔游戏

分治法的思想是，将原问题分解为几个规模较小但类似于原问题的子问题，递归地求解这些子问题，然后再合并这些子问题的解来建立原问题的解。

在每层递归上应用如下 3 个步骤。

① 分解:将原问题分解为若干个规模较小、相互独立、与原问题形式相同的子问题。

② 解决:递归地求解出子问题。如果子问题的规模足够小,则停止递归,直接求解。

③ 合并:将各个子问题的解组合成原问题的解。

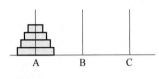

图 3-32 汉诺塔问题示意图

汉诺塔问题是最著名的经典数学问题之一,它完全遵循分治模式。传说远东地区有一座庙,僧人要把 64 个大小不同的盘子从第一个柱子(A)移到第三个柱子(C),这 64 个盘子从上至下逐渐增大,如图 3-32 所示。僧人移动盘子的规则是:

① 每次只能移动一个盘子;

② 柱子上任何时候都要保持大盘在下,小盘在上的放置方式;

③ 移动过程中,可以借助于第二个柱子(B),暂时放置盘子。

据传说,僧人们完成这个任务时,世界的末日就来临了。19 世纪法国数学家鲁卡斯指出,完成这个任务,僧人们移动盘子的总次数为 $2^{64}-1$。假设一秒钟移动一个,每天 24 小时不停地移动,大约需要 5 800 亿年。

汉诺塔问题非常适合用递归方法解决,递归函数为 hanoi()。设 A 柱上需要移动的盘子的个数为 n,移动 n 个盘子可以利用递归降解为移动 $n-1$ 个盘子来实现,伪代码如下:

[1] 如果 $n=1$,则盘子直接从 A 柱到 C 柱:A- ->C,执行步骤 3;否则执行步骤 2。

[2] 如果 $n>1$,则将盘子分成最大的 1 个和其他 $n-1$ 个,先把 $n-1$ 个盘子移到 B 柱上,再把最大的盘直接移到 C 柱上,然后把 B 柱上的 $n-1$ 个盘移到 C 柱上。即

[2.1] 将 A 柱上 $n-1$ 个盘子:借助 C 柱,由 A 柱移到 B 柱:hanoi($n-1$,A,C,B);

[2.2] 将最大的一个盘子由 A 柱移到 C 柱:move(A,C);

[2.3] 再将 B 柱上 $n-1$ 个盘子借助 A 柱移到 C 柱上:hanoi($n-1$,B,A,C)。

[3] 结束。

其中,函数 move() 为直接移动盘子的函数。

汉诺塔问题的算法如下:

```
//例:汉诺塔问题程序
#include"iostream"
using namespace std;
void move(char x,char z);
void hanoi(int n,char x,char y,char z);
void main()
{   int num;
    cout<<"请输入盘子数:";
    cin>>num;
    cout<<"按\"汉诺塔\"的规则,把"<<num
        <<"个盘子从A柱搬到C柱的步骤是:"<<endl;
    (1)hanoi(num,´A´,´B´,´C´);
```

```
(2)return;
}

void move(char x,char z)
{   static int i;                        //i用于记录移动盘子的次数
    i++;
    cout << i <<"：" << x <<" → "<< z << endl;
}
void hanoi(int n,char x,chary,char z)   //将x上的n个盘子借助于y移动到z上
{
    if(1==n)
(3)     move(x,z);
(4)else {
(5)     hanoi(n-1,x,z,y);
(6)     move(x,z);
(7)     hanoi(n-1,y,x,z);
(8)   }
(9)}
```

以上程序中,递归函数 hanoi 实现了不断降低盘子数目的递推过程,直到达到递归终止条件,即只需移动一个盘子的情况。图 3-33 给出了当盘子数为 2 时递归调用 hanio( )函数时栈的变化情况,保存在活动记录中的返回地址在这里只是形式化地表示为函数返回时要执行的语句编号,活动记录中也保存了形参(n、x、y、z)的值。

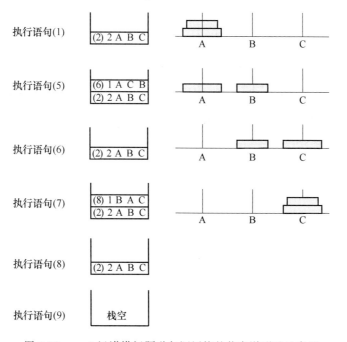

图 3-33　$n=2$ 汉诺塔问题递归调用栈的状态说明及示意图

3.6.3 回溯法——迷宫问题

回溯法是一种选优搜索法,也被称为试探法,它按选优条件向前搜索,以达到目标,但当探索到某一步,发现原来的选择并不优或达不到目标时,就退回一步重新选择。这种走不通就退回再走的方法称为回溯法,而满足回溯条件的某个状态的点称为"回溯点"。

在回溯法中,每次扩大当前部分解时,都面临一个可选的状态集合,新的部分解由在该集合中的选择构造而成。这样的状态集合称为状态空间树,其结构是一棵多叉树,每个树结点代表一个可能的部分解,它的儿子是在它的基础上生成的其他部分解,树根为初始状态。

回溯法对任一解的生成,一般都采用逐步扩大解的方式,即每前进一步,都试图在当前部分解的基础上扩大该部分解。这种方法在问题的状态空间树中,从开始结点(根结点)出发,以深度优先搜索整个状态空间,这个开始结点成为活结点,同时也成为当前的扩展结点。在当前扩展结点处,搜索向纵深方向移至一个新结点,这个新结点成为新的活结点,并成为当前扩展结点。如果在当前扩展结点处不能再向纵深方向移动,则当前扩展结点就成为死结点。此时,应往回移动(回溯)至最近的活结点处,并使这个活结点成为当前扩展结点。回溯法以这种工作方式递归地在状态空间中搜索,直到找到所要求的解或解空间中已无活结点为止。

迷宫问题是一个非常经典的回溯问题,它给定一个迷宫表和迷宫的入口位置,要求找出从入口到出口的路径。我们可以通过回溯法和栈这种数据结构来解决这个问题,即从入口出发,沿着某一方向移动,若能走通,则继续往前走,否则原路返回,换另一个方向继续前进,直至走出迷宫为止。例如,图 3-34(a)所示的迷宫可以用图 3-34(b)所示的二维数组表示,其中 -1 表示墙壁,0 表示通路。

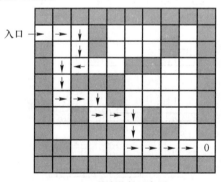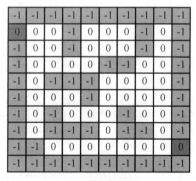

(a) 迷宫路径示意图　　　　　　　(b) 迷宫后台数据

图 3-34　迷宫问题示例

使用回溯法解决迷宫问题,首先要确定搜索路径,如图 3-35 所示,若当前位置为 (x,y),则不妨按照东 $(x,y+1)$、南 $(x+1,y)$、西 $(x,y-1)$、北 $(x-1,y)$ 的顺序进行路径搜索。

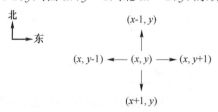

图 3-35　路径搜索示意图

　　首先使用递归的方式来实现回溯法求解迷宫。每一次递归按照"东、南、西、北"搜索顺序搜索,若走得通就向前走一步;若走不通就回溯。按照这个基本思想,得到该递归函数的详细步骤如下。

假设每走一步,需要判断:

[1] 如果当前位置＝出口,结束。

[2] 否则:

　　[2.1] 假设当前位置为路径;

　　[2.2] 向东搜索,若东面未走过:向东走一步;

　　[2.3] 向南搜索,若南面未走过:向南走一步;

　　[2.4] 向西搜索,若西面未走过:向西走一步;

　　[2.5] 向北搜索,若北面未走过:向北走一步;

　　[2.6] 四个方向都不通,设置当前位置走不通,回溯。

　　强调一下,迷宫递归求解中,递归一次就意味着前进了一步;递归返回就意味着回溯,即回到上一步。因此,按照上面的步骤,迷宫问题的递归函数实现代码如下:

```
struct Point                          //定义表示迷宫位置的结构体类型
{    int X,Y;
};
//arr[][]为迷宫二维数组,cur为当前位置,初始化为入口,end为出口位置
int next(int arr[][10],Point cur,Point end) //迷宫求解算法
{
    if(cur.X == end.X   && cur.Y == end.Y)    //若当前是出口,则结束搜索
        return true;
    else{
        arr[cur.X][cur.Y] = 2;                //假设设置位置为路径;不妨设值为2
        if(arr[cur.X][cur.Y + 1] == 0){       //向东搜索
            Point t = cur;
            t.Y ++ ;
            if(next(arr,t,end))return true;
        }
        if(arr[cur.X + 1][cur.Y] == 0){       //向南搜索
            Point t = cur;
            t.X ++ ;
            if(next(arr,t,end))return true;
        }
        if(arr[cur.X][cur.Y - 1] == 0){       //向西搜索
            Point t = cur;
            t.Y -- ;
            if(next(arr,t,end))return true;
        }
        if(arr[cur.X - 1][cur.Y] == 0){       //向北搜索
```

```
            Point t = cur;
            t.X--;
            if(next(arr,t,end))return true;
        }
        arr[cur.X][cur.Y] = 1;              //设置当前位置走不通,不妨设标记为1
        return false;                       //递归函数返回,即回溯
    }
}
```

注意:该递归函数找到一条从入口到出口的路径后就停止搜索。递归函数停止搜索的关键是 next() 函数的返回值,若返回值为 true,由于该值是由出口得到,则通过函数返回层层回溯到入口停止递归。

此外,回溯法也可以使用非递归来实现,即使用栈来模拟搜索过程,从而实现利用回溯法求解最终路径。此时,将每次搜索的路径从入口位置开始进行压栈,若该位置走不通,则退栈,退栈即为回溯。具体操作步骤如下。

① 假设当前位置有效,并入栈。

② 按照"东、南、西、北"的顺序依次判断是否有通路,若找到通路,则更新下一步的位置,否则,退栈。

③ 反复执行步骤①和②,直到栈空或找到出口位置。

下面给出具体的 C++实现的非递归迷宫求解算法:

```cpp
//arr[][]为迷宫二维数组,cur 为当前位置,初始化为入口,end 为出口位置
void Maze(int arr[][10],Point cur,Point end)
{
    Point Stack[1024];                      //设置栈结构,不妨设栈的容量为1024
    int top = -1;
    do
    {
        arr[cur.x][cur.y] = 2;              //设置当前为有效,不妨设标记为2
        Stack[++top].x = cur.x;             //入栈
        Stack[top].y = cur.y;
        if(arr[cur.x][cur.y + 1] == 0)      //向东搜索
            cur.y++;
        else if(arr[cur.x + 1][cur.y] == 0) //向南搜索
            cur.x++;
        else if(arr[cur.x][cur.y - 1] == 0) //向西搜索
            cur.y--;
        else if(arr[cur.x - 1][cur.y] == 0) //向北搜索
            cur.x--;
        else
```

```
    {   arr[Stack[top].x][Stack[top].y] = 1;        //设置当前位置走不通
        top－－;                                      //当前位置出栈
        cur.x = Stack[top].x;
        cur.y = Stack[top].y;
        top－－;                                      //前一位置作为当前位置重新搜索
    }
}while((top!=－1)&&((cur.x !=end.x)||(cur.y!=end.y)));
}
```

上述算法执行完毕后,只要打印出存储迷宫的二维数组 arr[][]中值为 2 的位置,即可得到从入口到出口的路径。

思考:

如果希望找到迷宫从入口到出口的所有路径,应如何实现该算法?

3.6.4 动态规划——背包问题

动态规划与分治方法相似,都是通过组合子问题的解来求解原问题。如 3.6.2 节所述,分治方法将问题划分为互不相交的子问题,递归地求解子问题后,再将它们的解组合起来,求出原问题的解。与之不同的是,动态规划应用于子问题重叠的情况,即不同的子问题具有公共的子子问题。在这种情况下,分治算法会做许多不必要的工作,它会反复地求解那些公共子子问题。而动态规划算法对每个子子问题只求解一次,避免了不必要的计算工作。

动态规划方法通常用来求解最优化问题。这类问题可以有很多可行解,每个解都有一个值,人们希望寻找具有最优值(最大或最小)的解,我们称这样的解为问题的一个最优解,而不是最优解,因为可能有多个解能达到最优值。

通常按照如下 4 个步骤来设计一个动态规划算法:

① 刻画一个最优解的结构特征;

② 递归地定义最优解的值;

③ 计算最优解的值,通常采用自底向上的方法;

④ 利用计算出的信息构造一个最优解。

下面将介绍如何利用动态规划来求解背包问题。假设一位探险者背着一个承重为 10 的背包来到一个山洞,山洞里共有 a、b、c、d、e 这 5 件宝物(不是 5 种宝物),它们的重量分别是 2、2、6、5、4,价值分别是 6、3、5、4、6,求解使用这个背包最多能带走多少财富。

背包问题是一个经典的最优化问题,即原问题的最优解一定包含子问题的最优解,下面可以递归地定义最优解的值。对于每个物品,可以有两个选择,放入或者不放入背包,有 n 个物品,故而需要做出 n 个选择。设 $f[i][j]$ 表示做出第 i 次选择后,所选物品放入一个容量为 j 的背包获得的最大价值,其中 weight$[i]$ 表示第 i 件物品的重量,value$[i]$ 表示第 i 件物品的价值。对于第 i 件物品,有两种选择,放或者不放,下面来找出递推公式。

① 如果放入第 i 件物品,则 $f[i][j]=f[i-1][j-\text{weight}[i]]+\text{value}[i]$。这表示,前 $i-1$ 次选择后,所选物品放入容量为 $j-\text{weight}[i]$ 的背包所获得的最大价值为 $f[i-1][j-\text{weight}[i]]$,加上当前所选的第 i 个物品的价值 value$[i]$ 即为 $f[i][j]$。

② 如果不放入第 i 件物品,则有 $f[i][j]=f[i-1][j]$,这表示当不选第 i 件物品时,$f[i][j]$

就转化为前 $i-1$ 次选择后所选物品占容量为 j 时的最大价值 $f[i-1][j]$。

综上所述，$f[i][j]=\max\{f[i-1][j],f[i-1][j-\text{weight}[i]]+\text{value}[i]\}$。

根据上述分析，使用 C++ 实现的背包问题的程序如下：

```cpp
#include<iostream>
using namespace std;
#define N 5                              //N是可选的物品数量
#define V 10                             //C是背包的总容量
int main()
{
    int value[N + 1]  = {0,6,3,5,4,6};   //5个物品的价值
    int weight[N + 1] = {0,2,2,6,5,4};   //5个物品的重量
    int f[N + 1][V + 1] = {0};
    int i = 1,j = 1;
    for(i = 1;i <= N;i++)
    {   for(j = 1;j <= V;j++)            //递推关系式
        {   if(j < weight[i])
            {   f[i][j] = f[i - 1][j];
            }
            else
            {   int x = f[i - 1][j];
                int y = f[i - 1][j - weight[i]] + value[i];
                f[i][j] = x < y ? y : x;
            }
        }
    }
    for(i = N;i >= 1;i--)
    {   for(j = 1;j <= V;j++)
        {   printf("%4d",f[i][j]);       //格式化输出
        }
        cout << endl;
    }
    return 0;
}
```

以上程序的输出结果如下：

```
0   6   6   9   9   12  12  15  15  15
0   6   6   9   9   9   10  11  13  14
0   6   6   9   9   9   9   11  11  14
0   6   6   9   9   9   9   9   9   9
0   6   6   6   6   6   6   6   6   6
```

可见，所求问题的最优解为 15。

3.7　工程实践和思考

问题 1：优先级队列的调度

我们知道在计算机网络中,路由器的作用主要是完成数据包的路由。接收端口收到数据包后,由于处理速度达不到实时的水平,因此需要缓存到等待队列中,在出队时根据路由算法选择合适的发送端口将数据包发送出去,这样数据在传送过程中就产生了延时。对于有些业务,如 VoIP 业务,我们希望这种延时越小越好。不同业务对网络的要求不同,我们采用服务质量(QoS)来评价网络的延时。延时越小,得到的服务质量越高。

标准的队列中,插入、删除操作严格按照 FIFO 原则进行,新元素必须放置到队列尾部。这样无论什么业务的数据包到来后,等待的时间是相同的。对于那些对延时有要求的业务,其服务质量有可能得不到保障。为了解决这个问题,一般要在每个数据包中设置一个优先级字段,来代表该数据包对应业务的服务质量等级。我们希望高优先级的数据包提前被处理分发,以减少延时,提高服务质量。

能够实现这个功能的方案有很多种,例如,为不同的优先级设置不同的队列,元素到达时根据其优先级进入相应的队列,出队时优先级最高的队列优先出队,该队列为空时优先级高的队列出队,依次类推。

如果只使用一个队列,当高优先级的数据包到来后,将其直接插入队列中低优先级的数据包前面,也可以解决这个问题。这种队列称为优先级队列(priority queue)。每个进入优先级队列中的元素都有一个优先级,每来一个元素,不是直接将其放到队尾,而是将其放在优先级低的元素前面。

优先级队列在实现时有两个关键问题:

① 如何根据元素的优先级快速找到新元素需要插入的位置;

② 如何将新元素快速插入队列中。

显然,如果找到了可插入的位置,第二个问题的解决方法就是采用链式存储结构,进行简单的插入操作即可,这样可避免顺序存储结构在插入时需要大量移动后续元素的情况。而对于第一个问题,如果每来一个元素,都要从头遍历查找插入位置,其时间复杂度为 $O(n)$,因此这种方法效率较低,需要采用一些快速实现方法,例如,可采用后续章节将要介绍的二叉树或大小根堆等结构。在这里我们介绍一种简单的算法,该算法适用于优先级别较少或队列较长的情况。

考虑到优先级队列中,同优先级的元素总是相邻的,为了快速得到新元素的插入位置,可以提前保存每个优先级最后一个元素的地址。当某优先级的新元素到来时,可以直接插入该优先级最后一个元素的后面,显然该操作的时间复杂度为 $O(1)$。将所有优先级最后一个元素的地址保存到一个指针数组中,称其为最后结点指针数组,每一个新元素到来时,都需要调整数组元素。图 3-36 给出了优先级级别为 4 的优先级队列示意图,该队列采用带头结点的单链表实现,其中,lastNodeArray 为最后结点指针数组。

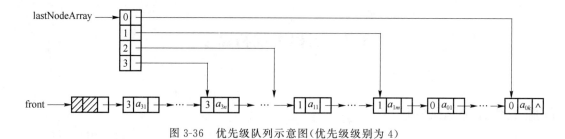

图 3-36 优先级队列示意图(优先级级别为 4)

优先级队列结点可包含 3 个域:优先级域、数据域和指针域。下面给出结点定义:

```
template <class T>
struct PriorityNode                  //定义结点结构
{
    short priority;                  //优先级
    T data;                          //数据域
    struct PriorityNode <T> * next;  //指针域
};
```

定义优先级队列类时,不但要存储队列头结点地址,还需要存储最后结点指针数组。其定义如下:

```
//定义优先级别数目
#define PRIORITY_NUMBER 10
template <class T> class PriorityQueue            //定义优先级队列类
{
public:
    PriorityQueue();                             //构造函数
    ~PriorityQueue();                            //析构函数
    void Push(T x,short pri);                    //入队
    T Pop();                                     //出队
private:
    PriorityNode <T> * front;//头结点
    PriorityNode <T> *lastNodeArray[PRIORITY_NUMBER];  //最后结点指针数组
private: //以下函数需要被其他函数调用
    void PushAdjustLastNodeArray(short pri,PriorityNode <T> * p);
                                                 //入队时调整数组
    void PopAdjustLastNodeArray(PriorityNode <T> * p);  //出队时调整数组
};
```

在使用最后结点指针数组时需要注意,当某优先级元素在队列中不存在时,数组相应元素存储的地址实际上为较高优先级最后一个元素在队列中的位置,若更高优先级元素在队列中都不存在,则数组元素应指向头结点。因此构造函数在实现时需要将最后结点指针数组各元素的值设置为 front 的值。

元素入队时,通过最后结点指针数组可以直接找到插入位置。因此入队和出队时,除了调整最后结点指针数组外,其他操作都比较简单。

下面讨论入队时最后结点指针数组的调整。当新元素入队时,该元素要插入队列中相同优先级元素的后面。因此,相应的最后结点指针数组元素要指向新加入的结点。若插入时较低优先级的元素不存在,则它们对应的最后结点指针应与新元素对应的最后结点指针保持一致,因此应一并调整。如图 3-37 所示,当优先级为 2 的元素 x 入队后,优先级为 1 和 2 的最后结点指针一并进行调整,都指向了新加结点。

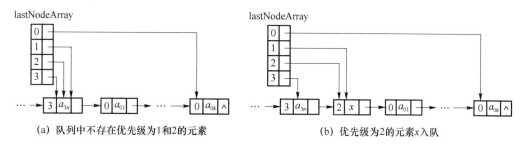

(a) 队列中不存在优先级为1和2的元素   (b) 优先级为2的元素 x 入队

图 3-37 新优先级元素入队示意图

下面讨论出队时最后结点指针数组的调整。当队头元素不是同优先级的最后一个元素,即该优先级的最后结点指针不是队头元素时,该元素出队时不需要对最后结点指针数组进行调整。如果队头元素是所属优先级的唯一一个元素,即数组中该优先级的最后结点指针指向队头元素,则该元素出队时需要调整该指针,使其指向队列头结点。当数组中比该元素优先级低的最后结点指针也指向队头元素时,这些指针需要一并修改,使它们指向队列的头结点。如图 3-38 所示,在优先级为 3 的元素出队后,优先级为 1、2、3 的最后结点指针均指向了队列头结点。

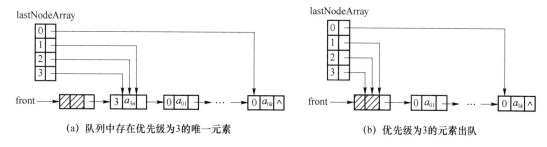

(a) 队列中存在优先级为3的唯一元素   (b) 优先级为3的元素出队

图 3-38 唯一优先级元素出队示意图

至此,一个简单的优先级队列类的设计完成。不难发现,在入队和出队时,可能的耗时主要体现在最后结点指针数组的调整上。因此,当优先级别较少或队列较长时,这种算法的效率较高。

思考:

试用 C++ 实现该优先级队列类,并编写测试程序进行测试。

问题 2:图像识别领域的基本问题——手写数字识别

图像识别是计算机视觉中的一个经典领域,而手写数字识别则是图像识别中相对简单的一个问题。手写数字识别,即给定一张手写数字的图片,算法需要识别该图片代表的是哪一个数字。一个简单的手写数字识别程序可以通过 OpenCV 封装函数包来实现。首先将手写数字的数据分成两部分,一部分作为训练数据集,另一部分作为测试数据集,每一个样本都包括图片和对应的标签(用来标示图片所代表的数字)两个部分。然后使用 OpenCV 读取训练数据集中的图像,训练一个支持向量机(SVM,Support Vector Machine)。之后,测试数据集中的每一张图片都可以用训练好的支持向量机进行分类,判断该图片代表哪一个数字,并可以与对应的标签进行比较来验证识别的结果是否正确。

下面简单介绍一下支持向量机(SVM)的原理。支持向量机是从线性可分情况下的最优分类线中提出的算法。所谓最优分类,就是要求分类线不但能够将两类无错误地分开,而且要使两类之间的分类间隔最大,前者是保证经验风险最小,而后者则是使模型泛化后的置信范围最小。该类线性分类器也被称为最大间隔分类器。线性分类函数为

$$f(x) = w^T x + b$$

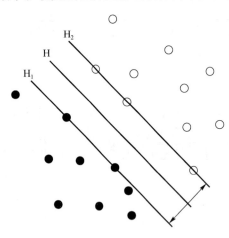

图 3-39 支持向量机

其中 w 和 b 为需要训练的参数。从低维情况推广到高维情况时,分类线就成为分类超平面(hyperplane)。

支持向量机利用分类间隔的思想进行训练,使得分别属于两类的原始数据能够被一个超平面分隔,如图 3-39 所示。其中,空心点和实心点分别代表两个不同的类,H 为将两类没有错误地区分开的分类面,同时,它也是一个最优的分类面,即当以 H 作为分类面时,分类间隔最大,误差最小。而 H_1 和 H_2 之间的距离就是两个类别的分类间隔。过 H_1 和 H_2 平面的训练样本实际决定了最优分类超平面的位置,这些样本被称为支持向量。支持向量机算法的详细推导过程和训练方法不是本例的介绍重点,感兴趣的读者可以参考李航老师的《统计学习方法》。

OpenCV 是一个基于 BSD 许可发行的跨平台计算机视觉库,它的特点是轻量级而且高效,由一系列 C 函数和少量 C++ 类构成,同时提供了 Python、Ruby、MATLAB 等语言的接口,实现了图像处理和计算机视觉方面的很多通用算法。本例将使用 OpenCV 实现手写数字图片的读写。要使用 OpenCV 封装函数包,首先要引入 OpenCV 的头文件并使用它的命名空间。如下所示:

```
#include <iostream>
#include <sstream>              //格式化 string 类型
#include "opencv2/opencv.hpp"
using namespace std;
using namespace cv;
```

假定训练数据集共有 M 张手写数字图片,它们按顺序存储在/TRAIN_DATA/路径下,名称依次为 0.jpg 到 M.jpg。我们需要将图片和对应的标签读取成 OpenCV 中的 Mat 类型。Mat 类是类似于二维数组的矩阵数据,实际上由两部分数据构成,第一部分是包含矩阵大小、存储方式和存储地址等信息的矩阵头和一个指向包含图片像素矩阵的指针,第二部分则是存

储图片像素值的矩阵。假设每一张手写数字的图片大小都为 $w \times h$，训练数据集的标签已经被存储在一个长为 M 的一维数组 array_labels 中，则准备训练数据的代码如下：

```
Mat data = Mat::zeros(M,w * h,CV_32FC1);        //存放所有训练数据的图片
Mat labels = Mat::zeros(M,1,CV_32FC1);          //存放所有训练数据的标签
for(int m = 0;m < M;m ++ )
{
    labels.at < double >(m,1) = array_labels[m];
    ostringstream buf;
    buf <<"/TRAIN_DATA/"<< m <<".jpg";
    string imgPath = buf.str();
    Mat img = imread(imgPath,IMREAD_GRAYSCALE);
    for( int i = 0;i < h;i ++ ){
        for(int j = 0;j < w;j ++ ){
            data.at < double >(m,i * w + j) = img.at < double >(i,j);
        }
    }
}
```

上述代码首先定义了一个大小为 M 乘以 $(w * h)$ 的二维矩阵 data，用来存放所有的训练图片，然后用一个 M 次的 for 循环，每次读取一张图片 img，然后将 img 从 $w \times h$ 的二维矩阵转换为长度为 $w * h$ 的一维向量并存入 data 中。之后用准备好的图片数据和标签训练一个支持向量机，并保存模型：

```
CvSVM svm = CvSVM();
CvSVMParams param;
CvTermCriteria criteria;

criteria = cvTermCriteria(CV_TERMCRIT_EPS,1000,FLT_EPSILON);
param = CvSVMParams(CvSVM::C_SVC,CvSVM::RBF,
                    10.0,8.0,1.0,10.0,0.5,0.1,NULL,criteria);

svm.train(data,labels,Mat(),Mat(),param);
svm.save("SVM_DATA.xml");
```

支持向量机训练好了以后，就可以对测试数据集中的图片进行识别。由于在训练时使用的数据是二维的图片矩阵转换成的一维的向量，所以在测试时也要进行同样的处理。训练好的支持向量机的使用十分简单，读取之前存储的模型后就可以直接对测试样本进行识别。假定测试样本 test 已经被处理为 1 乘以 $(w * h)$ 的 Mat 类数据。

```
CvSVM svm = CvSVM();
Svm.load("SVM_DATA.xml");
int result = (int)svm.predict(test);
```

比较 result 和 test 图片对应的标签，就可以知道支持向量机的识别是否正确了。

图像分类与识别通常以图像中的特征作为分类依据,本例仅以手写数字图片的像素值分布作为分类的特征来训练支持向量机,这是一种非常简单的特征。此外,使用更加精细和复杂的特征能够有效地提高手写数字识别的准确率,如使用方向梯度直方图(Histogram of Oriented Gradient,HOG)特征作为支持向量机的分类特征。

问题3:贪心算法和动态规划的区别

贪心算法和动态规划都是用来解决问题的策略与方法,其解决问题的基础均是将待求解的问题分解成若干个子问题,再按不同的处理策略对子问题进行优化。贪心算法和动态规划有许多相似的地方,但在具体的行为上不相同,有时容易混淆。

1. 贪心算法

贪心算法是一种改进的分级处理方法。其特点是一步一步地进行,根据某个优化测度,每一步都要保证能获得局部最优解。每步只考虑一个数据,它的选取应满足局部优化条件。若下一个数据与部分最优解连在一起不再是可行解时,则不把该数据添加到部分解中,直到把所有数据枚举完,或不能再添加为止。这种能够得到某种度量意义下的最优解的分级处理方法称为贪心算法。选择能产生问题最优解的最优度量标准是贪心算法使用时的核心问题。

贪心算法通过一系列的选择得到问题的解。它所做出的每一个选择都是当前状态下局部最好选择,即贪心选择。可以用贪心算法求解的问题一般具有两个重要性质。

① 贪心选择性质。所谓贪心选择性质是指所求问题的整体最优解能通过一系列局部最优的选择(即贪心选择)来实现。

② 最优子结构性质。当问题的最优解包含了其子问题的最优解时,称该问题具有最优子结构性质。最优子结构性质是一个问题可用贪心算法求解的关键特征。

2. 动态规划

动态规划算法的基本思想是将待求解问题分解成若干个子问题,先求解子问题,然后通过这些子问题的解得到原问题的解。值得注意的是,用动态规划法求解的问题,经分解后得到的子问题往往不是相互独立的。

可以用动态规划算法求解的问题一般具有两个重要性质。

① 最优子结构性质。与贪心算法相同,问题的最优子结构性质是该问题可用动态规划算法求解的重要特征。动态规划算法利用问题的最优子结构性质,以自底向上的方式递归地从子问题的最优解逐步构造出整个问题的最优解。

② 重叠子问题性质。在用递归方法自顶向下求解问题时,每次产生的子问题并不总是新问题,有些子问题会被反复计算多次。动态规划算法正是利用了这种子问题的重叠性质,对每个子问题只解一次,而后将解保存在一个表格中,当再次需要解此子问题时,只需简单地用常数时间查看一下结果即可。

3. 贪心算法与动态规划的异同

(1) 相同点

贪心算法和动态规划都属于递推算法,都要求问题具有最优子结构性质,都利用局部最优解来推导全局最优解。

(2) 不同点

① 使用条件

动态规划的使用条件是优化原则,多步判断。贪心算法除了具备动态规划的使用条件外,还要具有贪心选择,即每次总是选择当前认为最好的那个。

② 解

动态规划是先求出每一阶段子问题的解,再从这些解中选择最优,各个阶段之间有明确的优先关系,不能跨越某个阶段,因而总能得到一个最优解。贪心算法则是在每一个阶段只考虑局部最优,是当前状态到下一个状态或者当前状态到目标状态这两个状态之间的优化,不一定能找到最佳值,所以,只能得到一个最优解,或者是近似解。

③ 计算过程

动态规划是在每个阶段先进行计算,然后根据计算出来的结果选择其中最优的。贪心算法则是先在当前状态中选择认为最好的,然后根据选择结果进行计算。

④ 处理策略

动态规划发现分解出来的子问题有重叠时,使用表格记录前面的计算结果,当需要再次求解此子问题时,只需简单地通过查表获得该子问题的解,从而避免了大量的重复计算,提高了计算速度。贪心算法不是搜遍所有的解空间,而是每一步只在局部范围内选择看上去最好的那个,因而有着惊人的效率。

问题 4:穷举法和动态规划的区别

穷举法又称列举法、枚举法,是蛮力策略的具体体现,是一种简单而直接地解决问题的方法。其基本思想是逐一列举问题涉及的所有情形,并根据问题提出的条件检验哪些是问题的解,哪些应予以排除。在有有限解的情况下,都可以使用穷举法。但是随着解的增多,计算量增大,穷举法的时间复杂度会不断增加。

而动态规划可以很好地避免冗余,降低时间复杂度。动态规划将问题实例分解为更小的、相似的子问题,并存储子问题的解以应对重复的子问题。所以相较穷举法,动态规划的计算量小,时间复杂度低。但是动态规划只适用于最优化问题,问题必须具有最优子结构。

下面以 0/1 背包问题为例分析穷举法和动态规划的区别。

0/1 背包问题是给定 n 个重量为 $\{w_1,w_2,\cdots,w_n\}$、价值为 $\{v_1,v_2,\cdots,v_n\}$ 的物品和一个容量为 C 的背包,求这些物品中的一个最有价值的子集,并且要求能够装到背包中。

在 0/1 背包问题中,物品 i 或者被装入背包,或者不被装入背包,设 x_i 表示物品 i 装入背包的情况,$x_i=0$ 时,表示物品 i 没有被装入背包,$x_i=1$ 时,表示物品 i 被装入背包。

用穷举法解决 0/1 背包问题,需要考虑给定 n 个物品集合的所有子集,找出所有可能的子集(总重量不超过背包容量的子集),计算每个子集的总价值,然后在所有子集中找到价值最大的子集。n 个物品的子集有 2^n 个,所以穷举法的时间复杂度是 $O(2^n)$。

利用动态规划算法处理背包问题在之前讲过,可以得到其时间复杂度是 $O(n)$。

当 n 取值比较大时,穷举法的时间复杂度明显高于动态规划算法的时间复杂度。

习　题　3

1. 填空题

(1) 栈的进出原则是_____,队列的进出原则是_____。

（2）设 32 位计算机系统中,空栈 S 存储 int 型数据,栈顶指针为 1024H。经过操作序列 push(1),push(2),pop,push(5),push(7),pop,push(6)之后,栈顶元素为_____,栈底元素为_____,栈的高度为_____,输出序列是_____,栈顶指针为_____H。

（3）设两栈共享存储空间,其数组大小为 100,数组下标从 0 开始。top1 和 top2 分别为栈 1 和栈 2 的栈顶元素下标,则栈 1 为空的条件为_____,栈 2 为空的条件为_____,栈 1 或栈 2 满的条件为_____。

（4）一个队列的入队顺序是 1234,则队列的输出顺序是_____。

（5）设循环队列的数组大小为 100,队头指针为 front,队尾指针为 rear;约定 front 指向队头元素的前一个位置,该位置永远不存放数据。则入队操作时,修改 rear＝_____,出队操作修改 front＝_____,队空的判别条件为_____,队满的判别条件为_____。若 front＝20,rear＝60,则队列长度为_____,若 front＝60,rear＝20,则队列长度为_____。

（6）朴素模式匹配算法中,每个串的起始下标均为 1,变量 $i=100$,$j=10$,分别表示主串和模式串当前比较的字符元素下标,若本次比较两字符不同,则 i 回溯为_____,j 回溯为_____。

（7）用循环链表表示的队列长度为 n,若只设头指针,则出队和入队的时间复杂度分别为_____和_____。

（8）一般来说,数组不执行_____和_____操作,所以通常采用_____方法来存储数组。通常有两种存储方式:_____和_____。

（9）设 8 行 8 列的二维数组起始元素为 $A[0][0]$,按行优先存储到起始元素下标为 0 的一维数组 B 中,则元素 $B[23]$ 在原二维数组中为_____。

（10）设二维数组 A 为 6 行 8 列,按行优先存储,每个元素占 6 字节,存储器按字节编址。已知 A 的起始存储地址为 1000H,数组 A 占用的存储空间大小为_____字节,数组 A 的最后一个元素的下标为_____,该元素的第一个字节的地址为_____H,元素 $A[1][4]$ 的第一个字节的地址为_____H(提示:下标从 0 开始计)。

（11）10 行 100 列的二维数组 A 按行优先存储,其元素分别为 $A[1][1]\sim A[10][100]$,每个元素占 4 字节,已知 $Loc(A[6][7])=10000H$,则 $Loc(A[4][19])=$_____。

（12）设 C++中存储三维数组 A_{mnp},第一个元素为 a_{000},若按行优先存储,则 a_{ijk} 前面共有_____个元素;若按列优先存储,则 a_{ijk} 前面共有_____个元素。

（13）常见的稀疏矩阵压缩方法有:_____和_____。

2. 选择题

(1) 将一个递归算法改为对应的非递归算法时,通常需要使用（　　）。

A. 数组　　　　　　B. 栈　　　　　　C. 队列　　　　　　D. 二叉树

(2) 4 个元素 1、2、3、4 依次进栈,出栈次序不可能出现（　　）情况。

A. 1 2 3 4　　　B. 4 1 3 2　　　C. 1 4 3 2　　　D. 4 3 2 1

(3) 设循环队列中数组的下标范围是 $1\sim n$,其头尾指针分别为 f 和 r,则其元素个数为（　　）。

A. $r-f$

B. $r-f+1$

C. $(r-f)\bmod n+1$

D. $(r-f+n)\bmod n$

(4) 设有两个串 S_1 和 S_2,求 S_2 在 S_1 中首次出现的位置的运算称为（　　）。

A. 连接　　　B. 模式匹配　　　C. 求子串　　　D. 求串长

(5) 为了解决计算机主机和键盘输入之间速度不匹配的问题,通常设置一个键盘缓冲区,该缓冲区应该是一个(　　)结构。

A. 栈　　　　　　　B. 队列　　　　　C. 数组　　　　　　D. 线性表

(6) STL 中的双端队列为(　　)。

A. 顺序容器　　　　　　　　　　B. 容器适配器

C. 迭代器适配器　　　　　　　　D. 泛函适配器

(7) STL 中的(　　)允许用户为队列中的元素设置优先级。

A. 队列适配器　　　　　　　　　B. 双端队列

C. 优先级队列适配器　　　　　　D. 栈适配器

(8) string 类型不支持以(　　)的方式操作容器,因此不能使用 front、back 和 pop_back 操作。

A. 线性表　　　　B. 队列　　　　　C. 栈　　　　　　D. 串

3. 问答题

(1) 根据下面的矩阵,写出矩阵转置后的三元组表,起始行列值为1。

$$\begin{pmatrix} 0 & 12 & 9 & 0 & 0 & 0 & 0 \\ 0 & 0 & 0 & 0 & 5 & 0 & 0 \\ -3 & 0 & 0 & 0 & 0 & 14 & 0 \\ 0 & 0 & 13 & 0 & 0 & 0 & 0 \\ 0 & 18 & 0 & 0 & 0 & 0 & 0 \\ 15 & 0 & 0 & 0 & 0 & 0 & 0 \end{pmatrix}$$

row	col	item

矩阵行数:
矩阵列数:
非零元素个数:

(2) 对于如下稀疏矩阵,请写出对应的三元组顺序表。若采用顺序取、直接存的算法进行转置运算,引入辅助数组 number[] 和 position[],二者分别表示矩阵各列的非零元素个数和矩阵中各列第一个非零元素在转置矩阵中的位置,请写出数组中的各元素值(所有数组起始元素下标为0)。

原矩阵:

$$\begin{pmatrix} 0 & 0 & 2 & 0 \\ 3 & 0 & 0 & 0 \\ 0 & 0 & -1 & 5 \\ 0 & 0 & 0 & 0 \end{pmatrix}$$

row	col	item

矩阵行数:
矩阵列数:
非零元素个数:

col	0	1	2	3
number[col]				
position[col]				

(3) 对于上题中的稀疏矩阵,写出对应的三元组表和十字链表。

4. 算法设计

(1) 设计一个算法判断算数表达式的圆括号是否正确配对。

(2) 假定用带头结点的循环链表表示队列,并且只设置一个指针指向队尾元素,试设计该队列类,完成相应的入队、出队、置空队、求队长等操作接口。

(3) 设计算法把一个十进制数转换为任意指定进制数。

（4）设有一个背包可以放入的物品重量为 S，现有 n 件物品，重量分别为 $w_1,w_2,\cdots,w_n$。问能否从这 n 件物品中选择若干件放入此背包，使得放入的重量之和正好为 S。如果存在一种符合上述要求的选择，则称此背包问题有解，否则称此问题无解，试用递归和非递归两种方法设计解决此背包问题的算法。

第4章
树

树型结构是一类重要的非线性结构,其特点是结点之间有分支,并具有层次关系。树在计算机领域中有着广泛的应用,在源程序的编译中,用树来表示源程序的语法结构;在数据库系统中,可以用树来组织信息;在计算机信息存储或传输方式中,XML、DOM 树、JSON 数据、磁盘路径结构等也都是用树来组织信息的。

本章重点讨论二叉树的存储结构以及各种运算,同时研究树和森林与二叉树之间的转换关系,并在最后介绍二叉树的一个应用——哈夫曼编码,以及两个实际的案例。

4.1 基本概念

4.1.1 树

树是一种复杂的数据结构,它是由 $n(n \geqslant 1)$ 个有限结点组成的一个具有层次关系的集合,把它叫作"树"是因为它看起来像一棵倒挂的树,也就是说树是根朝上,而叶朝下的,如图 4-1 所示。它具有以下的特点:

① 每个结点有零个或多个子结点;

② 每个子结点只有一个父结点;

③ 没有前驱的结点为根结点;

④ 除了根结点外,每个子结点可以分为 m 个不相交的子树 $T_1 \cdots T_m$。

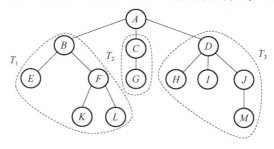

图 4-1 树的示例

为了方便描述树的特点,本章所涉及的基本概念如下。

① 结点的度:一个结点含有的子树的个数称为该结点的度。

② 树的度:一棵树中,最大的结点的度称为树的度。

③ 叶结点:度为零的结点称为叶结点或终端结点。

④ 分支结点:度不为零的结点称为分支结点或非终端结点。

⑤ 孩子结点:一个结点子树的根结点称为孩子结点。

⑥ 双亲结点:在含有孩子的结点中,这个结点称为孩子结点的双亲结点或父结点。

⑦ 兄弟结点:具有相同双亲结点的结点互称为兄弟结点。

⑧ 祖先结点:从根到该结点所经分支上的所有结点。

⑨ 子孙结点:以某结点为根的子树中任一结点都称为该结点的子孙结点。

⑩ 结点的层次:从根开始定义,根为第一层,根的孩子为第二层,如图 4-2 所示。

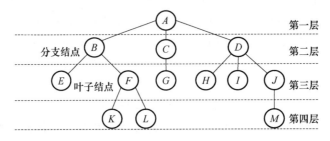

图 4-2　树的层次

⑪ 树的高度或深度:树中结点的最大层次。

⑫ 路径:从根结点到某一结点的一条通道。

⑬ 路径长度:路径经过的边的个数,如图 4-3 所示。

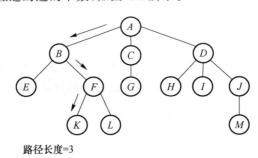

路径长度=3

图 4-3　结点的路径

按照树中任意结点的子结点之间是否有顺序关系,可以把树分成无序树和有序树。有序树的任意结点的子结点相互交换顺序之后构成不同的树;反之,则是无序树。本章讨论的都是有序树。

4.1.2　二叉树

二叉树是每个结点最多有两个子树的有序树,通常子树的根被称为"左子树"和"右子树",如图 4-4 所示。因此,二叉树是一种最简单的树结构,特别适合计算机处理,而且任何树都可以简单地转化为二叉树,所以这也是本章的重点。

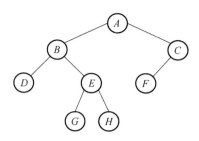

图 4-4　二叉树示例

那么,树和二叉树有什么区别呢?

① 树的结点个数至少为 1,而二叉树的结点个数可以为 0;

② 树中结点的最大度数没有限制,而二叉树结点的最大度数为 2。

二叉树具有 5 种基本形态,如图 4-5 所示。

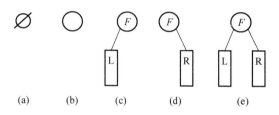

图 4-5　二叉树的 5 种形态

在关于二叉树的许多实际应用中,经常用到两种特殊的二叉树:满二叉树和完全二叉树。

(1) 满二叉树

如果一棵二叉树中所有的叶结点均位于最后一层,而其他分支结点的度数均为 2,则称此二叉树为满二叉树,如图 4-6 所示。

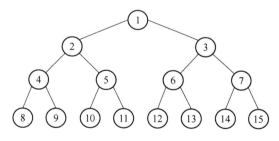

图 4-6　满二叉树示例

(2) 完全二叉树

如果一棵二叉树扣除其最大层次那层后即成为一棵满二叉树,且最后一层的所有结点均向左靠齐,则称该二叉树为完全二叉树,如图 4-7 所示。若对深度相同的满二叉树和完全二叉树中的所有结点按自上而下、同一层次按自左向右的顺序依次编号,则两者对应位置上的结点编号应该相同。

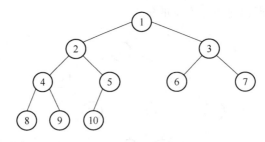

图 4-7 完全二叉树示例

满二叉树一定为完全二叉树,但完全二叉树不一定为满二叉树。

在利用二叉树解决相关问题时,往往可以根据二叉树的性质设计出非常简单明了的存储结构和算法。下面是二叉树一些常见的性质。

性质 1 一棵非空二叉树的第 i 层上至多有 2^{i-1} 个结点($i \geqslant 1$)。

证明 数学归纳法。

当 $i=1$ 时,只有根结点,此时 $2^{1-1}=2^0=1$,显然上述性质成立。

假设当 $i=k$ 时,该结论成立,即第 k 层上最多有 $n=2^{k-1}$ 个结点,则由于树中的每个结点最多只能具有两个孩子结点,因而第 $k+1$ 层上结点的最大个数是 $2n$ 个,即第 $k+1$ 层上最多有 $2 \times 2^{k-1}=2^{(k+1)-1}$ 个结点,故结论成立。

性质 2 深度为 h 的二叉树至多有 2^h-1 个结点(其中 $h>1$)。

证明 根据性质 1,二叉树上每一层(不妨设为第 i 层)最多有 2^{i-1} 个结点,则利用等比数列的前 k 项和公式,深度为 h 的二叉树最多具有的结点的个数为

$$N = 2^0 + 2^1 + \cdots + 2^{h-1} = 2^h - 1$$

性质 3 对于任何一棵二叉树 T,如果其终端结点数为 n_0,度为 2 的结点数为 n_2,则 $n_0 = n_2 + 1$。

证明

① 考虑二叉树的结点:二叉树只有三类结点,度为 0、1、2 的结点,所以树总的结点数为

$$n = n_0 + n_1 + n_2$$

② 考虑二叉树的分支:二叉树度为 0 的结点 n_0 没有分支,度为 1 的结点 n_1 有 1 个分支,度为 2 的结点 n_2 有 2 个分支,如图 4-8 所示。所以一棵树的总分支为

$$2n_2 + n_1$$

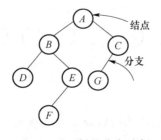

图 4-8 二叉树的分支示意

由于在二叉树中除根结点外,其他结点均只有一条分支指向结点本身,即除根结点外,其他结点与树中的分支个数一一对应,因而二叉树总的结点个数 $n = n_1 + 2n_2 + 1$,故

$$n = n_0 + n_1 + n_2 = 2n_2 + n_1 + 1$$

显然 $n_0 = n_2 + 1$ 成立。

例 4.1　已知正则二叉树(只有度为 0 和 2 的结点的二叉树)中有 n 个叶子结点,则这个二叉树的结点总数是多少?

解:根据性质 3,正则二叉树中度为 2 的结点个数为 $n_2 = n - 1$。因此正则二叉树的结点总数为 $n + n_2 = 2n - 1$。

性质 4　具有 n 个结点的完全二叉树的深度为 $\log_2 n$。

证明　根据性质 2,设完全二叉树的深度为 k,则其结点数 n 的范围为

① 第 k 层为满二叉树时,n 取最大值,此时总结点数为 2^{k-1},显然 $n < 2^k$;

② 前 $k-1$ 层为满二叉数,最后一层只有 1 个结点时,n 取最小值,此时总结点数为 2^{k-1},显然 $n \geqslant 2^{k-1}$。

综上,$2^{k-1} \leqslant n < 2^k$,两边取对数:$k - 1 \leqslant \log_2 n < k$,推出 $\log_2 n < k \leqslant \log_2 n + 1$,由于 k 是整数,所以 $k = \lfloor \log_2 n \rfloor + 1$。

性质 5　对于具有 n 个结点的完全二叉树,如果按照从上到下、同一层次上的结点按从左到右的顺序对二叉树中的所有结点从 1 开始顺序编号,则对于序号为 i 的结点,有

① 如果 $i > 1$,则序号为 i 的结点其双亲结点的序号为 $\lfloor i/2 \rfloor$($\lfloor i/2 \rfloor$ 表示对 $i/2$ 的值取整);如果 $i = 1$,则结点 i 为根结点,没有双亲。

② 如果 $2i > n$,则结点 i 无左孩子(此时结点 i 为终端结点);否则其左孩子为结点 $2i$。

③ 如果 $2i + 1 > n$,则结点 i 无右孩子;否则其右孩子为结点 $2i + 1$。

证明　采用归纳法证明其中的②和③。

当 $i = 1$ 时,由完全二叉树的定义知,如果 $2i = 2 \leqslant n$,说明二叉树中存在两个或两个以上的结点,所以其左孩子存在且序号为 2;如果 $2 > n$,说明二叉树中不存在序号为 2 的结点,其左孩子不存在。同理,如果 $2i + 1 = 3 \leqslant n$,说明其右孩子存在且序号为 3;如果 $3 > n$,则二叉树中不存在序号为 3 的结点,其右孩子不存在。

假设对于序号为 $j = i$ 的结点,当 $2j \leqslant n$ 时,其左孩子存在且序号为 $2j$,当 $2j > n$ 时,其左孩子不存在;当 $2j + 1 \leqslant n$ 时,其右孩子存在且序号为 $2j + 1$,当 $2j + 1 > n$ 时,其右孩子不存在。

当 $j = i + 1$ 时,根据完全二叉树的定义,若其左孩子存在,则其左孩子结点的序号一定等于序号为 i 的结点的右孩子的序号加 1,即为 $(2i + 1) + 1 = 2(i + 1) = 2j$,且有 $2j \leqslant n$;如果 $2j > n$,则左孩子不存在。若其右孩子存在,则其右孩子结点的序号应等于其左孩子结点的序号加 1,即为 $2j + 1$,且有 $2j + 1 \leqslant n$;如果 $2j + 1 > n$,则右孩子不存在。

故②和③得证。

由②和③我们可以很容易证明①。

当 $i = 1$ 时,显然该结点为根结点,无双亲结点。当 $i > 1$ 时,设序号为 i 的结点的双亲结点的序号为 m,如果序号为 i 的结点是其双亲结点的左孩子,根据②有 $i = 2m$,即 $m = i/2$;如果序号为 i 的结点是其双亲结点的右孩子,根据③有 $i = 2m + 1$,即 $m = (i - 1)/2 = i/2 - 1/2$,综合这两种情况,可以得到,当 $i > 1$ 时,其双亲结点的序号等于 $\lfloor i/2 \rfloor$。证毕。

4.1.3　森林

由 $m(m \geqslant 0)$ 棵互不相交的树构成的集合称为森林,如图 4-9 所示,该森林由 3 棵树构成。

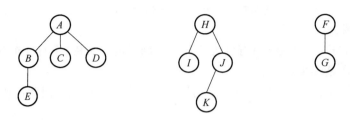

图 4-9　由 3 棵树构成的森林

4.2　基本操作

4.2.1　树的遍历

　　树的应用广泛,在不同的应用中,树的基本操作不尽相同,但其中最重要的基本操作就是树的遍历。树的遍历的定义如下:按照某种次序访问树中的所有结点,使得每个结点被访问且仅被访问一次。其中,"访问"的含义很广泛,可定义为读取结点的数据、打印结点的信息等。

　　根据树的定义可知,一棵树由根结点和 m 棵子树构成,因此只要遍历根结点和 m 棵子树就可以遍历整棵树。通常树的遍历方法有 3 种:前序遍历、后序遍历和层序遍历。

　　(1) 前序遍历

　　① 访问根结点;

　　② 按照从左到右的顺序前序遍历根结点的每一棵子树。

　　(2) 后序遍历

　　① 按照从左到右的顺序后序遍历根结点的每一棵子树;

　　② 访问根结点。

　　(3) 层序遍历

　　树的层序遍历也称树的广度遍历,其操作定义为从树的第一层(即根结点)开始自上而下逐层遍历,每一层按照从左到右的顺序逐个访问结点。

　　图 4-10 示意了一棵树按照这 3 种遍历方式,对应的遍历结果。

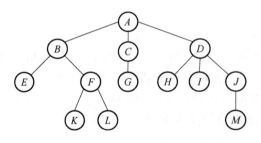

前序遍历: ABEFKLCGDHIJM

后序遍历: EKLFBGCHIMJDA

层序遍历: ABCDEFGHIJKLM

图 4-10　树的遍历示例

4.2.2 二叉树的遍历

二叉树最主要的算法就是二叉树的遍历。所谓二叉树的遍历,是指按一定的顺序对二叉树中的每个结点均访问且仅访问一次。

按照根结点访问位置的不同,不妨约定 D 表示根结点,L 表示左子树,R 表示右子树。通常把二叉树的遍历分为 3 种:前序遍历、中序遍历和后序遍历。

(1) 前序遍历

① 访问根结点;

② 前序遍历访问根结点的左子树;

③ 前序遍历访问根结点的右子树。

(2) 中序遍历

① 中序遍历访问根结点的左子树;

② 访问根结点;

③ 中序遍历访问根结点的右子树。

(3) 后序遍历

① 后序遍历访问根结点的左子树;

② 后序遍历访问根结点的右子树;

③ 访问根结点。

此外,按照从上到下、同一层次从左到右的顺序访问二叉树,也是一种遍历方式,称为层序遍历。因此,根据以上二叉树遍历的定义,可得图 4-11 所示二叉树的前序、中序、后序和层序遍历的结果。

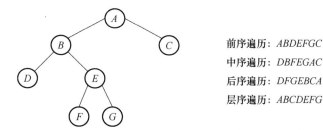

图 4-11　二叉树的遍历示例

从前面的讨论可知,给出任意一棵二叉树,它的遍历序列都是唯一的。反过来,若已知一棵二叉树的前序遍历序列和中序遍历序列,能否唯一地确定这棵二叉树呢?

例如,已知二叉树的前序序列 $\{ABCDEFGH\}$ 和中序序列 $\{CDBAFEHG\}$,能否唯一确定一棵二叉树?

如图 4-12(a)所示,根据前序遍历序列可知 A 是根结点,根据中序遍历序列可知 A 左边的结点全部为左子树,A 右边的结点全部为右子树,因此得到二叉树的状态如图 4-12(b)所示。

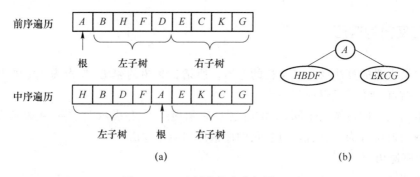

图 4-12　二叉树的构造分解图(一)

对于左子树,根据左子树的前序序列可知 B 为左子树的根,根据左子树的中序序列得到 B 的左右子树的状态如图 4-13(a)所示。以此类推,可以得到整棵二叉树的结构,如图 4-13(c)所示。

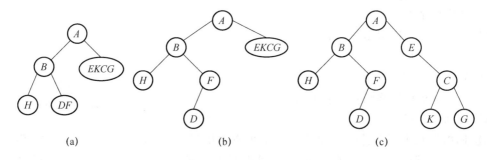

图 4-13　二叉树的构造分解图(二)

同理,由二叉树的后序序列和中序序列也可以唯一确定一棵二叉树,请读者自己思考。

思考:

如果只知道二叉树前序序列和后序序列,能否唯一确定一棵二叉树? 请说明原因。

4.2.3　森林的遍历

森林的遍历方式有两种:前序遍历森林和后序遍历森林。

(1) 前序遍历森林

若森林非空,则:

① 访问森林中的第一棵树的根结点;

② 前序遍历第一棵树中根结点的每一棵子树;

③ 前序遍历除第一棵树以外的其他树。

(2) 后序遍历森林

若森林非空,则:

① 后序遍历第一棵树的根结点的各个子树;

② 访问第一棵树的根结点;

③ 后序遍历除第一棵树以外的其他树。

图 4-14 给出了包含 3 棵树的森林的前序遍历结果和后序遍历结果。

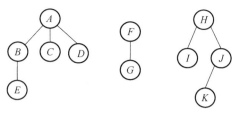

前序遍历: ABECD FG HIJK

后序遍历: EBCDA GF IKJH

图 4-14　森林的遍历示例

简言之,前序遍历森林就是从左到右前序遍历森林中的每一棵树;后序遍历森林就是从左到右后序遍历森林中的每一棵树。根据森林、树和二叉树之间的关系,可以看出:

① 前序遍历森林≡前序遍历该森林对应的二叉树;

② 后序遍历森林≡中序遍历该森林对应的二叉树;

③ 前序遍历树≡前序遍历该树对应的二叉树;

④ 后序遍历树≡中序遍历该树对应的二叉树。

因此,由上述讨论可知,当用二叉链表作为存储结构时,树和森林的前序遍历、后序遍历可以用二叉树的前序遍历和中序遍历实现。

4.2.4　树、森林与二叉树的转换

在树、森林和二叉树之间有一个一一对应关系,任何一个森林或一棵树可唯一地对应一棵二叉树;反之,任何一棵二叉树也能唯一地对应一个森林或一棵树。

1. 树、森林转换成二叉树

树中的每个结点可能有多个孩子,但二叉树中每个结点最多只能有两个孩子。要把树转换为二叉树,就必须要找到一种结点和结点之间至多有两个变量就能说明的关系。后面我们将提到树的一种存储结构:孩子兄弟表示法,即树中每个结点最多只有一个最左边的孩子(长子)和一个右邻的兄弟,这就是我们要找的关系。利用这种关系,我们很自然地就能将树转换成二叉树。具体方法如下。

① 在所有兄弟之间加一连线。

② 对每个结点,除保留与其长子的连线外,去掉该结点与其他孩子的连线。

图 4-15 所示就是按照上述方法进行的转换步骤,首先按照步骤①和②修改树中结点之间的连线,它就已经是一棵二叉树了,再旋转 45°,就更加清楚了。

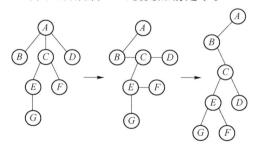

图 4-15　树转换成二叉树

将森林转换成二叉树的方法与树类似,首先将森林中的每一棵树转换成二叉树,然后将每棵二叉树的根结点视为兄弟连在一起,如图 4-16 所示。

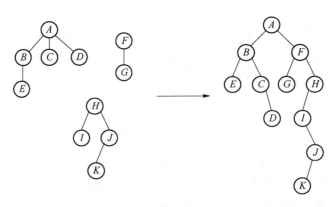

图 4-16　森林转换成二叉树

可以给上述转换方法做如下形式的定义。

设 $F=\{T_1,T_2,\cdots,T_n\}$ 表示由树 $T_1,T_2,\cdots,T_n$ 组成的森林,则森林 F 对应的二叉树 $B(T_1,T_2,\cdots,T_n)$(也记作 $B(F)$)有:

① 若 F 为空($n=0$),则 $B(F)$ 为空二叉树;

② 若 F 为非空($n>0$),则 $B(F)$ 的根就是 T_1 的根 $\mathrm{root}(T_1)$,$B(F)$ 的左子树为 $B(T_{11},T_{12},\cdots,T_{1m})$,其中$(T_{11},T_{12},\cdots,T_{1m})$是 T_1 的左子树,$B(F)$ 的右子树为 $B(T_2,T_3,\cdots,T_n)$。

2. 二叉树转换成树、森林

同样地,也存在一种自然的方式把二叉树转换成树或森林。若结点 x 是其双亲 y 的左孩子,则把 x 的右孩子、右孩子的右孩子都与 y 连起来,最后去掉所有双亲到右孩子的连线,如图 4-17 所示。

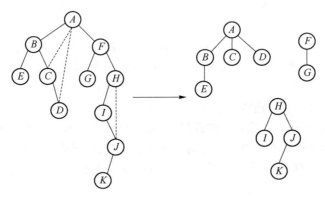

图 4-17　二叉树转换成森林

4.3　存储结构

4.3.1　树的存储结构

在大量的实际应用中,人们曾使用多种形式的存储结构来表示树,但无论采用什么存储结

构,都要求其具备两个特性:

① 能够存储各结点的信息;

② 能够唯一地表示树中各结点之间的逻辑关系——父子关系。

一般来说,无论多么复杂的逻辑结构,其存储结构一般为顺序结构、链式结构或二者的组合结构这 3 种,下面就介绍几种树的基本存储结构。

1. 双亲表示法

根据树的定义可知,每一个结点都有唯一的父结点(根结点除外),根据这一特性,我们可以利用一维数组来表示树,一维数组的每个元素表示树的结点,其中包括结点的数据和该结点的双亲在数组中的下标。这种表示方法称为双亲表示法,如图 4-18 所示。数组中的第一个元素表示根结点,该结点无双亲,因此 parent 域用-1 表示,其他结点按照层序存储。如结点 B、C、D 的双亲结点是下标为 0 的根结点,其 parent 域用 0 表示。

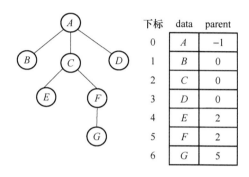

图 4-18 双亲表示法示例

双亲表示法的存储结构实质上是一个静态链表,每个数组元素的结点结构如图 4-19 所示,其中 data 表示数据域,parent 是指针域,存储该结点的双亲在数组中的下标。整棵树的 C++ 描述如下。

```
template < class T > struct pNode      //结点的 C++ 描述
{
    T data;
    int parent;};
#define MAXSIZE 1000
pNode < T >  Tree[MAXSIZE];            //树的 C++ 描述
int size;                              //树的总结点数
```

data	parent

图 4-19 结点结构

双亲表示法存储树的结构的优点在于结构简单,查找结点的双亲或者祖先非常方便。

2. 孩子表示法

如果应用时需要查找当前结点的孩子,双亲表示法就会比较复杂,此时可以设计其他的存储结构来适应查找孩子结点的需求,即孩子表示法,如图 4-20 所示。

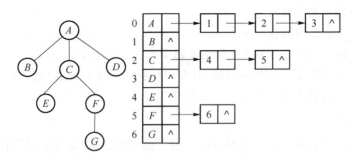

图 4-20　孩子表示法示例

孩子表示法采用一维数组和多个单链表结合的方法。其中,一维数组的每个元素包含一个结点和一个指针,该指针指向一个链表,这个链表即该结点的所有孩子结点的集合,结点的结构如图 4-20 所示。用 C++描述上述结构,代码如下:

```cpp
struct CNode                    //孩子链表结点结构
{
    int child;                  //孩子结点在表头数组中的下标
    CNode * next;               //指向下一个孩子结点
};
template < class T > struct CBNode //表头结点
{
    T data;
    CNode * firstchild;         //指向第一个孩子结点
};
```

从上述结构可知,孩子表示法与双亲表示法正好相反,查找孩子结点很方便,但是查找双亲结点较为复杂。

思考:

有没有一种存储结构,既可以方便地查找双亲结点,又可以方便地查找孩子结点呢?

答:双亲表示法+孩子表示法,其具体示意如图 4-21 所示。

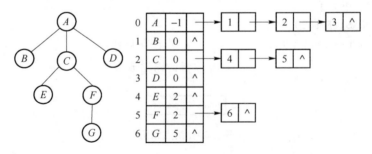

图 4-21　孩子-双亲表示法示意图

3. 多重链表法

多重链表法指每个结点包括一个结点信息域和多个指针域,每个指针域指向该结点的一个孩子结点,通过各个指针域的值反映出树中各结点之间的逻辑关系,如图 4-22 所示。

在这种表示法中,树中每个结点有多个指针域,从而形成了多条链表。由于每个结点的孩子个数没有限制,各结点的度数又各异,可能会造成存储空间的浪费。例如,一棵度为 k 的树,若其结点总数为 n,则至少要浪费 $nk-n+1$ 个空指针域。所以多重链表法不适合存储度数较大的树。

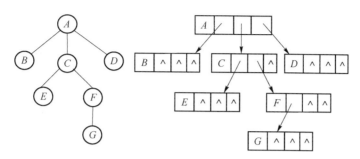

图 4-22 多重链表表示法示例

4. 孩子兄弟表示法

孩子兄弟表示法又称二叉链表表示法,链表中的每个结点包含一个数据域和两个指针域,其中,数据域用来存储结点数据;第 1 个指针域指向该结点的第一个孩子结点;第 2 个指针域指向该结点的第一个右兄弟。

因此,按照孩子兄弟表示法,树的存储结构如图 4-23 所示。

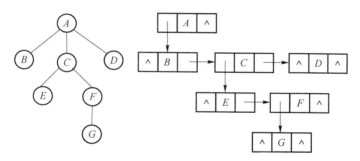

图 4-23 孩子兄弟表示法示例

用 C++描述上述结构,代码如下:

```cpp
template<class T>  struct TNode
{
    T data;
    TNode<T>  * firstchild;
    TNode<T>  * rightsib;
};
```

由于二叉树是一种最简单的树,这种方法便于实现树的各种操作。因此,该结构最大的优点就是可以将任意复杂的树结构转换成二叉树,这样对树的研究就可以转化为对二叉树的研究,降低了问题的复杂程度。

4.3.2 二叉树的存储结构

二叉树的存储结构应能体现二叉树结点之间的逻辑关系,也就是双亲和孩子之间的关系。不同的实际应用需求不同,因此衍生出了不同的存储结构。

1. 顺序存储结构

二叉树的顺序存储结构使用一维数组存储二叉树的结点,利用结点的存储位置来表示结点之间的关系。由于二叉树结点之间不具有顺序关系,因此利用 4.1.2 节中二叉树的性质 5 实现顺序存储。具体如下:

① 将二叉树按照完全二叉树编号;

② 其中无结点的位置使用 NULL 表示,结点则存储在一维数组相应的位置上,如图 4-24 所示。

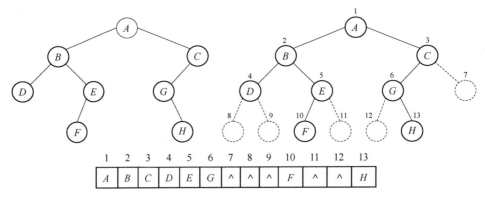

图 4-24 顺序存储结构

显然,这种存储数据的方法逻辑简单但会造成空间的浪费,因此,该方法最适合存储完全二叉树。

例 4.2 按照顺序存储结构存储一棵有 k 个结点的二叉树,最坏的情况下,需要多少个结点的空间才能将其结点全部存储在一维数组中?

解 最坏的情况是右斜树,即只有右分支没有左分支的树,它需要的空间与一棵深度为 k 的满二叉树的空间相同,因此需要的空间个数为 $N=2^k-1$。

2. 二叉链表

二叉树每个结点最多有两个分支,因此一般多采用二叉链表的存储结构,其基本思想如图 4-25 所示。

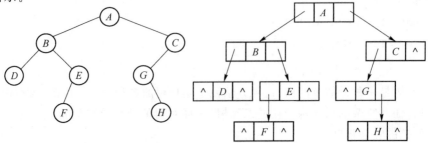

图 4-25 二叉链表示例

二叉链表的结点结构如图 4-26 所示,每一个结点由 3 个域组成。其中,数据域存储结点的数据;左指针域存储左孩子结点的地址;右指针域存储右孩子结点的地址。

二叉链表结点的 C++ 的类型描述如下。

```
template < class T > struct BiNode
{
    T data;
    BiNode<T>* lchild;
    BiNode<T>* rchild;
};
```

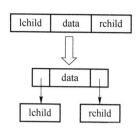

图 4-26　二叉链表结点结构

二叉链表的存储方式和树的孩子兄弟表示法的存储结构完全相同,任何一棵复杂的树都可以容易地使用二叉链表的方式进行存储,因此,许多树和二叉树的应用都是围绕二叉链表这种存储结构展开的。

3. 三叉链表

在二叉链表的存储方式下,从某结点出发可以直接访问到它的孩子结点,但要找到它的双亲,则必须从根结点开始搜索,最坏情况下,可能需要遍历整个二叉链表。所以,在这种情况下,可以采用三叉链表来存储二叉树,以避免该问题的发生。三叉链表的结构如图 4-27 所示。

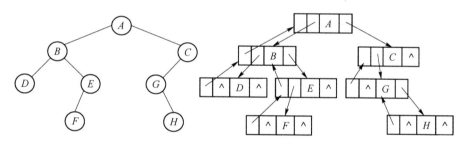

图 4-27　三叉链表示例

三叉链表的结点结构如图 4-28 所示,每一个结点由 4 个域组成。其中,数据域存储结点的数据;左指针域存储左孩子结点的地址;右指针域存储右孩子结点的地址;双亲指针域存储双亲结点的地址。

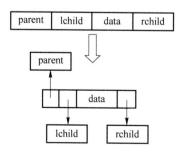

图 4-28　三叉链表的结点结构

三叉链表结点的 C++ 描述如下：

```
template < class T > class BiNode
{
public：
    T data；
    BiNode < T > * parent；
    BiNode < T > * lchild；
    BiNode < T > * rchild；
};
```

4.4　二叉树的实现

4.4.1　二叉树的声明

二叉树的遍历算法该如何实现呢？本节采用二叉链表作为二叉树的存储结构，用 C++ 描述如何实现二叉树及其遍历算法。采用二叉链表作为存储结构的二叉树其简单的 C++ 描述如下：

```
template < class T > class BiTree
{
private：
    void Create(BiNode < T > * &R,T data[],int i,int n)；    //创建二叉树
    void Release(BiNode < T > * R)；                         //释放二叉树
public：
    BiNode < T > * root；                                    //根结点
    BiTree(T data[], int n)；                                //构造函数
    void PreOrder(BiNode < T > * R)；                        //前序遍历
    void InOrder(BiNode < T > * R)；                         //中序遍历
    void PostOrder(BiNode < T > * R)；                       //后序遍历
    void LevelOrder(BiNode < T > * R)；                      //层序遍历
    ~BiTree()；                                              //析构函数
};
```

4.4.2　二叉树的关键算法

1. 二叉树的创建

建立二叉树有很多种方法，其中较为简单的就是使用顺序存储结构来建立二叉链表。根

据顺序存储结构的特点和二叉树的性质 5，可知如果当前结点的位置为 i，则其左孩子位置为 $2i$，右孩子为 $2i+1$。所以，以顺序存储结构为输入创建二叉树时，采用先建立根结点，再建立左右孩子的方法递归地建立用二叉链表表示的二叉树，其 C++ 描述如下：

```cpp
template < class T >
void BiTree < T >::Create(BiNode < T > * &R,T data[],int i,int n)   //i表示位置,从1开始
{
    if(i< = n && data[i - 1]! = 0)
    {
        R = new BiNode < T >;                          //创建根结点
        R -> data = data[i - 1];
        R -> lch = R -> rch = NULL;
        Create(R -> lch,data,2 * i);                   //创建左子树
        Create(R -> rch,data,2 * i + 1);               //创建右子树
    }
}
template < class T > void BiTree < T >::BiTree(T data[],int n)
{
    Create(root,data,1,n);
}
```

上述递归程序分解步骤如下，假设输入为图 4-29 所示的顺序存储结构表示的二叉树，则递归地建立用二叉链表表示的二叉树示意图如图 4-29 所示。

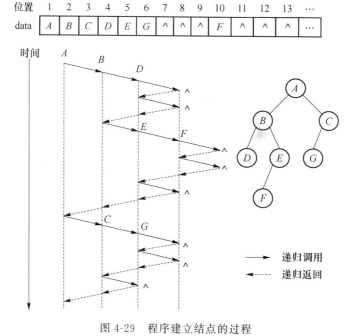

图 4-29　程序建立结点的过程

思考：

已知一棵二叉树的前序序列和中序序列（或者一个后序序列和中序序列），可以唯一地确定该二叉树。试设计算法，输入前序序列和中序序列，创建二叉链表树。

2. 二叉树前序、中序、后序遍历的实现

由二叉树的前序遍历定义，结合递归，可以很容易地写出前序遍历的递归算法，前序遍历的结果如图 4-30 所示。C++算法描述如下：

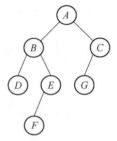

前序遍历：ABDEFCG

图 4-30　二叉树前序遍历结果

```cpp
template < class T >
void BiTree<T>::PreOrder(BiNode<T>  * R)
{
    if(R!= NULL)
    {
        cout << R -> data;        //访问结点
        PreOrder(R -> lchild); //遍历左子树
        PreOrder(R -> rchild); //遍历右子树
    }
}
```

对于中序遍历，只需要把语句 cout << R -> data;移到语句 PreOrder(R -> lchild);之后即可；对于后续遍历，只需要把语句 cout << R -> data;移到语句 PreOrder(R -> rchild);之后即可。在这里不再给出具体代码。

3. 层序遍历的实现

在进行层序遍历时，对某一层的结点访问完毕后，再按照它们的访问次序对各个结点的左孩子和右孩子顺序访问，这样一层一层地进行，先访问的结点其左右孩子也要先访问，这与队列的特性比较吻合。因此，我们可以利用队列来实现二叉链表的层序遍历。

二叉链表的层序遍历基本思想如下，以图 4-31(a)所示二叉树为例，层序遍历的步骤分解如图 4-31(b)所示。

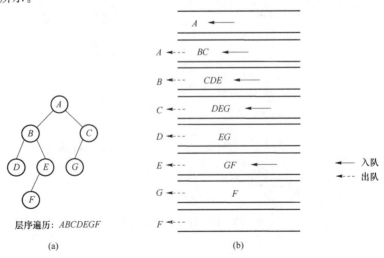

图 4-31　层序遍历分解图

具体描述如下：

> [1] 若根结点非空,入队。
> [2] 如果队列不空:
> [2.1] 队头元素出队;
> [2.2] 访问该元素;
> [2.3] 若该结点的左孩子非空,则左孩子入队;
> [2.4] 若该结点的右孩子非空,则右孩子入队。

层序遍历的 C++描述代码如下:

```cpp
template<class T>
void BiTree<T>::LevelOrder(BiNode<T> * R)
{
    BiNode<T> * queue[MAXSIZE];
    int f = 0,r = 0;                                    //初始化空队列
    if(R!= NULL)      queue[++r] = R;                   //根结点入队
    while(f!= r)
    {
        BiNode<T> * p = queue[++f];                     //队头元素出队
        cout << p->data;                                //出队打印
        if(p->lchild!= NULL)queue[++r] = p->lchild;     //左孩子入队
        if(p->rchild!= NULL)queue[++r] = p->rchild;     //右孩子入队
    }
}
```

4. 析构函数的实现

二叉链表属于动态存储分配,因此,需要在析构函数中释放二叉链表的所有结点。为了防止内存泄漏,释放结点时应先释放该结点的左右子树,左右子树全部释放完毕后再释放该结点。采用后序遍历的方法,其具体算法如下:

```cpp
template<class T>
void BiTree<T>::Release(BiNode<T> * R)          //释放二叉树
{
    if(R!= NULL)
    {
        Release(R->lchild);                     //释放左子树
        Release(R->rchild);                     //释放右子树
        delete R;                               //释放根结点
    }
}
template<class T> void BiTree<T>::~ BiTree()    //释放二叉树
{
    Release(root);
}
```

例 4.3 以二叉链表作为二叉树的存储结构,求该二叉树的结点总数。

解 如图 4-32 所示,二叉树的结点总数等于其左子树的结点总数＋右子树的结点总数＋1(根结点)。因此,采用递归的方式,可得算法如下:

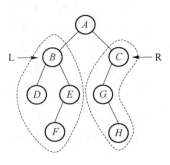

图 4-32 二叉树求结点总数

```
template < class T > int BiTree < T >::Count(Node < T >
* R)
{
    if(R == NULL)return 0;
    else
    {
        int m = Count(R -> lch);
        int n = Count(R -> rch);
        return m + n + 1;
    }
}
```

思考:

如何编写算法求二叉树的深度?如何求二叉树的叶子结点总数?请读者参考例 4.3 的递归求解方法,自行解决。

4.4.3 递归算法的规律

我们知道,递归函数因系统需要维护栈的操作,其执行效率比较低。而所有的递归函数都可以改写为效率较高的非递归函数。本节将以二叉树的前序、中序、后序遍历为例,实现相关的非递归函数。希望读者从中总结递归算法的执行规律,从而可以设计相应的非递归算法。

根据递归调用的普遍规律,我们知道:

① 形式参数是局部变量;

② 函数调用实参入栈;

③ 函数调用完毕,实参出栈,自动返回上一级。

对于二叉树的前序、中序、后序遍历,只要找出遍历的结点入栈、出栈、打印的规律,即可了解递归遍历的全过程。函数递归调用时,只存在遍历左子树,或遍历右子树两种情况,可以通过输入的形参来判别。但当函数调用结束后,如何区分是左子树还是右子树遍历结束呢?在这里可以设置标记位进行标识:1 表示遍历左子树;2 表示遍历右子树。因此,栈的结点结构如下:

```
template < class T > class SNode
{
public:
    BiNode < T > * ptr;
    int tag;            //栈结点标记,1 为左子树,2 为右子树
};
```

当调用左子树时,当前结点标识为 1;当调用右子树时,标识为 2。这样当函数结束时,根

据当前结点的标识,就可以判断是哪一种情况返回。

下面将分析二叉树前序、中序、后序遍历的非递归算法。

1. 前序遍历的非递归算法

根据前序遍历的递归算法,分析算法执行过程中栈的变化情况。以图 4-30 所示的二叉树为例,图 4-33 所示为每一次函数调用时栈的情况,以及带标记的结点入栈、打印、出栈的过程。

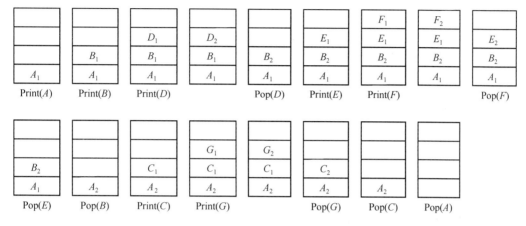

图 4-33   前序遍历的操作分解图

对前序遍历来说,入栈即打印,所以省略了入栈说明。结点的打印顺序即为前序遍历的顺序 $ABDEFCG$。可以分析出以下规律。

栈顶元素永远为当前元素的父结点,设 R 为当前访问的结点,则:

(1) 若 R!= NULL,访问 R 并入栈,调用 R = R -> lchild(设 R 标记为 1)返回(1)。

(2) 若 R == NULL,重新设 R=栈顶元素:

① 若 R 标记=2,说明右子树返回,R 出栈,重新设 R=栈顶元素,返回①;

② 若 R 标记=1,说明左子树返回,调用 R = R -> rchlid(设 R 标记为 2)返回(1)。

反复执行上述操作,直到栈空,程序结束。

因此,按照上述规律,我们也可以很容易地得出前序遍历的非递归算法,代码如下:

```
template < class T >
void BiTree < T >::PreOrder(BiNode < T >   * R)
{
    SNode S[100];                                //栈
    int top = - 1;                               //栈顶指针
    do
    {
        while(R!= NULL)
        {
            S[ ++ top].R = R;    S[top].tag = 1;     //入栈,设置访问左子树
            cout << R - > data;    R = R -> lch;
        }
        while((top!= - 1)&&(S[top].tag == 2))top -- ;  //出栈
```

```
        if((top!=-1)&&(S[top].tag==1))
        {
            R=S[top].R->rch;                        //设置栈顶访问右子树
            S[top].tag=2;
        }
    }while(top!=-1);
}
```

递归算法虽然简洁,但通过上述对递归的过程的模拟可以看出递归内部调用还是很复杂的。那么上述非递归过程可以优化吗?分析如下。

对于当前结点,当访问完当前结点的左子树后,需要依靠当前结点找到其右子树,之后当前结点就不再提供任何其他信息了,只需等待出栈即可。所以我们可以提前让当前结点出栈,则能够简化非递归过程。下面以图 4-30 所示的树为例,分析非递归前序遍历的优化过程,注意,优化后的过程中,结点在访问其左子树后即出栈。

函数执行过程中栈的情况如图 4-34 所示,其打印顺序即为前序遍历的顺序 ABDEFCG。可以分析出以下规律。

设 R 为当前访问的结点,则:
(1) 若 R!=NULL,访问 R 并入栈,调用 R=R->lchild 返回(1);
(2) 若 R==NULL,重新设 R=栈顶元素,栈顶元素出栈,R=R->rchlid,返回(1)。
反复执行(1)、(2),直到当前结点=NULL &&,栈空。

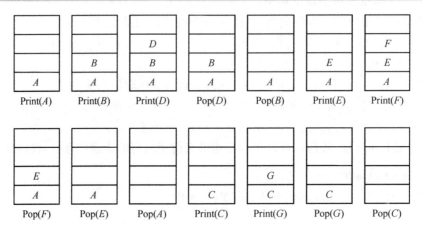

图 4-34 前序遍历简化非递归过程示例

因此,按照上述规律,优化后的前序遍历的非递归算法如下:

```
template<class T>
void BiTree<T>::PreOrder(BiNode<T> * R)
{
    BiNode<T>  S[100];        //栈
    int top=-1;               //栈顶指针
    while((top!=-1)||(R!=NULL))
    {
```

```
if(R!= NULL)
{
    cout << R -> data;  S[ ++ top] = R;  R = R -> lch;
                                    //访问根结点并入栈
}
else
{
    R = S[top -- ];    R = R -> rch;        //出栈,访问出栈元素的右孩子
}
}
}
```

优化后的非递归算法在时间和空间上都提高了效率,对于一棵具有 n 个结点的二叉树,其前序遍历的时间复杂度为 $O(n\log n)$。

2. 中序遍历的非递归算法

对中序遍历的分析方法与前序遍历相同,唯一的区别在于访问结点的操作时机不同。对于前序遍历来说,每次操作均为结点入栈并打印;对于中序遍历来说,每次操作为结点左孩子访问完毕再打印。图 4-35 表示的是每一次函数调用时栈的情况。

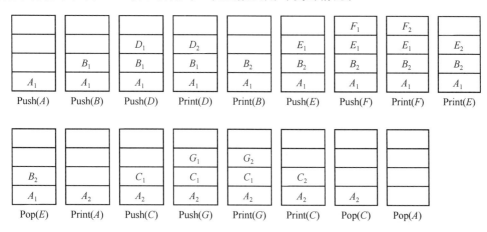

图 4-35 中序遍历的操作分解

结点的打印顺序即为中序遍历的顺序 $DBFEAGC$。仿照前序遍历的分析过程,可以分析出以下规律。

栈顶元素永远为当前元素的父结点,设 R 为当前访问的结点,则:

(1) 若 R!= NULL,R 入栈,调用 R->lchild(设 R 标记为 1)返回(1);

(2) 若 R= = NULL,重新设 R=栈顶元素:

① 若 R 标记=2,说明右子树返回,R 出栈,重新设 R=栈顶元素,返回①。

② 若 R 标记=1,说明左子树返回,访问 R,并调用 R->rchlid(设 R 标记为 2)返回(1)。

反复执行上述操作,直到栈空,程序结束。

因此,按照上述规律,可以得出中序遍历的非递归算法,代码如下:

```
template < class T >
void BiTree < T >::InOrder(BiNode < T >  * R)
{
    SNode S[100];                              //栈
    int top = -1;                              //栈顶指针
    do
    {
        while(R!= NULL)                        //入栈,设置遍历左子树
        {
            S[++top].R = R;   S[top].tag = 1;   R = R->lch;
        }
        while((top!= -1)&&(S[top].tag == 2))top--;   //出栈
        if((top!= -1)&&(S[top].tag == 1))   //访问栈顶元素,然后遍历右子树
        {
            cout << S[top].R -> data;   R = S[top].R->rch;   S[top].tag = 2;
        }
    }while(top!= -1);
}
```

中序遍历算法的优化思想与前序类似,即通过让当前结点在访问完左子树后直接出栈,简化非递归过程。请读者自行分析,并写出相应算法。

3. 后序遍历的非递归算法

对后序遍历的分析方法与前序遍历、中序遍历相同,区别也仅在于访问结点的操作时机不同。对于后序遍历来说,每次操作均在结点的左右子树访问完毕后,再访问当前结点。

后序遍历过程分解如图 4-36 所示,表示的是每一次函数调用时栈的情况。

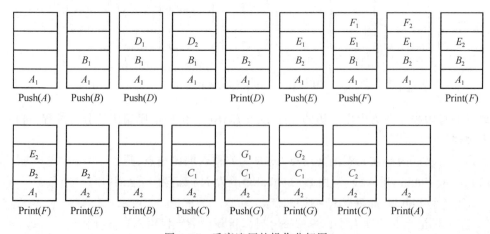

图 4-36 后序遍历的操作分解图

结点的打印顺序即为后序遍历的顺序 $DFEBGCA$。仿照前序遍历的分析过程,可以分析出以下规律。

栈顶元素永远为当前元素的父结点,设 R 为当前访问的结点,则:

(1) 若 R!=NULL,R 入栈,调用 R=R->lchild(设 R 标记为 1)返回(1)。

(2) 若 R==NULL,重新设 R=栈顶元素:

① 若 R 标记=2,说明右子树返回,R 出栈并访问,重新设 R=栈顶元素,返回①;

② 若 R 标记=1,说明左子树返回,调用 R=R->rchlid(设 R 标记为 2)返回(1)。

反复执行上述操作,直到栈空,程序结束。

因此,按照上述规律,可以得出后序遍历的非递归算法,代码如下:

```
template < class T >
void BiTree<T>::InOrder(BiNode<T>  * R)
{
    SNode S[100];                                    //栈
    int top = - 1;                                   //栈顶指针
    do
    {
        while(R!= NULL)
        {
            S[ ++ top].R = R;  S[top].tag = 1;  R = R->lch;   //入栈,设置访问左子树
        }
        while((top!= - 1)&&(S[top].tag == 2))
        {
            cout << S[top].R - > data;top -- ;       //访问栈顶元素,出栈
        }
        if((top!= - 1)&&(S[top].tag == 1))
        {
            R = S[top].R-> rch;  S[top].tag = 2;     //访问右子树
        }
    }while(top!= - 1);
}
```

思考:

后序遍历的非递归算法还能够优化吗? 为什么?

4.5　哈夫曼树的应用

本节将介绍二叉树的一种应用——哈夫曼(Huffman)编码。哈夫曼编码是 1952 年最先由 Huffman 提出的一种广泛应用于数据压缩的有效的编码方法,如 JPEG 中就应用了哈夫曼编码。哈夫曼编码的基础是哈夫曼树,这是一种特殊的二叉树,下面首先介绍什么是哈夫曼树。

4.5.1 哈夫曼树的定义与存储结构

哈夫曼树又称最优二叉树,是一种带权路径长度最短的二叉树。所谓树的带权路径长度,就是树中所有叶结点的权值乘上其到根结点的路径长度(若根结点为 0 层,叶结点到根结点的路径长度为叶结点的层数)之和。

树的带权路径长度记为 $WPL = (W_1 * L_1 + W_2 * L_2 + W_3 * L_3 + \cdots + W_n * L_n)$

其中,N 个权值 $W_i (i = 1, 2, \cdots, n)$ 构成一棵有 N 个叶结点的二叉树,相应的叶结点的路径长度为 $L_i (i = 1, 2, \cdots, n)$。哈夫曼树的 WPL 是最小的。

例如,计算图 4-37 中 3 棵二叉树的带权路径长度。

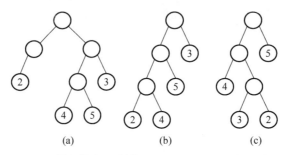

图(a)所示二叉树的WPL$_1$= 2×2+4×3+5×3+3×2 = 37;

图(b)所示二叉树的WPL$_2$= 2×3+4×3+5×2+3×1 = 31;

图(c)所示二叉树的WPL$_3$= 2×3+3×3+4×2+5×1 = 28。

图 4-37 带权路径长度

图 4-37(c)所示的二叉树其带权路径长度最短,而且再也找不出比此二叉树带权路径长度更短的二叉树了,因此图 4-37(c)所示是一棵哈夫曼树。

有了哈夫曼树,就可以对所有的结点进行编码了。

哈夫曼编码根据字符出现的概率来构造平均长度最短的编码,是一种变长的编码。它的基本原理是频繁使用的数据用较短的代码代替,较少使用的数据用较长的代码代替,每个数据的代码各不相同,但最终编码的平均长度是最小的。

> **注意**:编码就是给每个字符标记一个代码。如我们熟悉的 ASCII 码就是一种字符编码,由于用 ASCII 码编码的每个字符的长度是固定的 8 bit,所以也称 ASCII 码为定长编码。经哈夫曼编码得到的字符编码,其长度因符号出现的概率而不同,所以说哈夫曼编码是变长的编码。

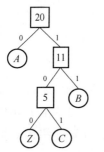

图 4-38 哈夫曼编码示例

以字符出现的概率为权值构造一棵哈夫曼树后,经哈夫曼编码得到对应的码值。哈夫曼编码的规则是从根结点到叶结点(包含原信息)的路径,向左孩子前进编码为 0,向右孩子前进编码为 1,当然也可以反过来规定。

例如,设字符 A、B、Z、C 出现的次数分别为 9、6、2、3,其构造的哈夫曼树和哈夫曼编码如图 4-38 所示。

根据哈夫曼树得到字符 A、B、Z、C 的编码分别为 0、11、100、101。只要使用同一棵哈夫曼树,就可以把编码还原成原来那组字符。显然哈夫曼编码是前缀编码,即任何一个字符的编码都不是另一个字符的编码的前缀,否则,编码就不能进行翻译。

思考:

为什么非前缀编码不能进行翻译?

解: 举一反例证明。若 a、b、c、d 的编码为 0、10、101、11,对于编码串 1010 既可翻译为 bb 也可翻译为 ca,因为 b 的编码是 c 的编码的前缀,所以导致编码翻译的二义性。

如何设计存储结构来存储一棵哈夫曼树呢?我们可以采用如前所述的二叉树存储方法。在这里,我们采用一种新的静态存储结构——静态三叉链表来存储。静态存储结构一般采用数组来实现,数组中的每个元素包含多个数据域,存储一个树结点。

静态三叉链表结点的 C++ 描述如下:

```cpp
struct HNode
{
    int weight;      //结点权值
    int parent;      //双亲数组下标
    int LChild;      //左孩子数组下标
    int RChild;      //右孩子数组下标
};
```

对于含有 n 个叶子结点的哈夫曼树,需要存储多少元素呢?

哈夫曼树是一棵正则二叉树。所谓正则二叉树,即只有度为 0 和 2 的结点的二叉树。根据二叉树的性质,一棵有 n 个叶子的哈夫曼树共有 $2n-1$ 个结点,可以用一个大小为 $2n-1$ 的一维数组存放哈夫曼树的各个结点。

图 4-39(a)所示的哈夫曼树含有 4 个叶子结点,因此可定义存储结构为

$$\text{HNode} * \text{HTree} = \text{new HNode}(7);$$

其存储内容如图 4-39(b)所示,值为 -1 表示无孩子结点或双亲结点。

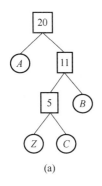

数组下标	weight	LChild	RChild	parent
0	2	−1	−1	4
1	3	−1	−1	4
2	6	−1	−1	5
3	9	−1	−1	6
4	5	0	1	5
5	11	4	2	6
6	20	3	5	−1

(a)　　　　　　　　　　　　(b)

图 4-39　哈夫曼树及存储结构举例

为了记录每个结点的编码,需要设计哈夫曼编码表对其进行存储。编码表中每个元素的 C++ 描述如下:

```cpp
struct HCode
{
```

```
        char   data;
        string code;
    };
```

其中,data 存储结点的内存,在这里其数据类型假设为 char,在实际应用中,可根据需要选择合适的数据类型。code 数组存储结点对应的编码,在这里编码采用字符串存储。使用 HCode 类型定义一个一维数组,就可以存储所有结点的编码了。

存储结构设计好以后,就可以设计哈夫曼编码的相关算法,如哈夫曼树的构造、编码算法、解码算法等。其 C++ 类描述如下:

```cpp
class Huffman
{
private:
    HNode *  HTree;                              //哈夫曼树
    HCode  *  HCodeTable;                         //存储编码表
    int N;                                        //叶子结点数量
    void code(int i,string newcode);              //递归函数,对第 i 个结点编码
public:
    void CreateHTree(int a[],int n,char name[]);  //创建哈夫曼树
    void CreateCodeTable();                       //创建编码表
    void Encode(char * s,char * d);               //编码
    void Decode(char * s,char * d);               //解码
    ~ Huffman();
}
```

其中,HTree 存储哈夫曼树的结构,HCodeTable 存储每个结点的编码内容。在这里,假设要编码的数据和编码结果均为字符串类型。

4.5.2　哈夫曼树的构造

构造哈夫曼树的方法就是哈夫曼算法,哈夫曼树构造算法描述如下。

将 n 个带权值 $w_i(i \leqslant n)$ 的结点构成 n 棵二叉树的集合 $T = \{T_1, T_2, \cdots, T_n\}$,每棵二叉树只有一个根结点,其左右子树均为空:

① 在 T 中选取两个根结点权值最小的二叉树作为左右子树,构成一棵新的二叉树,其根结点的权值取左右子树根结点权值之和;

② 在 T 中删除这两棵树,将新构成的树加入 T 中;

③ 重复①、②步的操作,直到 T 中只含一棵树为止,该树就是哈夫曼树。

例如,一篇文档中只有 4 种字符,分别是 A、B、Z、C,每个字符出现次数分别为 9、6、2、3,每个字符出现的次数可看成是字符的权值,则按照哈夫曼算法,构造哈夫曼的步骤如图 4-40 所示。

下面来验证哈夫曼编码的压缩效果。若 4 个字符按照定长编码,则 A、B、Z、C 的编码最短为 00、01、10、11,按照这个编码方式,该文档的大小为

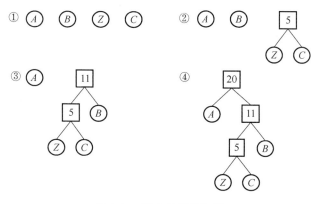

图 4-40 哈夫曼算法示例

$$(9+6+3+2)\times 2=40 \text{ bit}$$

若按照哈夫曼编码,则得到的文档大小为

$$9\times 1+6\times 2+(2+3)\times 3=36 \text{ bit}$$

当然,如果与按照 ASCII 编码的文档比较,压缩效果就更加明显。

如何生成这样一棵哈夫曼树呢?假设已知需要编码的数据中每种字符的权值,则可以按照哈夫曼树的建树方法对静态三叉链表进行处理,如下所示。

```
//输入参数 a[]存储每种字符的权值,n 为字符的种类,name 为各个字符的内容。
void Huffman::CreateHTree(int a[],int n,char name[])
{
    N = n;
    HCodeTable = new HCode[N];
    HTree = new HNode [2 * N－1];        //根据权重数组 a[0..n－1]初始化哈夫曼树
    for(int i = 0;i < N;i++)
    {
        HTree[i].weight = a[i];
        HTree[i].LChild = HTree[i].RChild = HTree[i].parent = －1;
        HCodeTable [i].data = name[i];
    }
    int x,y;
    for(int i = n;i < 2 * N－1;i++)//开始建哈夫曼树
    {
        SelectMin(x,y,0,i);//从 1～i 中选出两个权值最小的结点,读者自行实现
        HTree[x].parent = HTree[y].parent = i;
        HTree[i].weight = HTree[x].weight + HTree[y].weight;
        HTree[i].LChild = x;
        HTree[i].RChild = y;
        HTree[i].parent = －1;
    }
}
```

4.5.3 哈夫曼编码表的构建

哈夫曼树构建完成后,如何生成编码表呢?

下面将采用向上而下递归的处理方式,对每一个结点进行编码。从哈夫曼树的根结点开始,设其编码为空,然后分别对其左右子树中的结点进行编码。若子树的根结点是其父结点的左分支则编码"0",若是右分支则编码"1",然后递归处理,直到叶子结点为止。

生成编码表的 C++描述如下:

```cpp
void Huffman::code(int i,string newcode)        //递归函数,对第 i 个结点编码
{
    if(HTree[i].LChild == -1)  {
            HCodeTable[i].code = newcode;
            return;
    }
    code(HTree[i].LChild,newcode + "0");
    code(HTree[i].RChild,newcode + "1");
}
void Huffman::CreateCodeTable() //生成编码表
{
    code(2 * N - 2,"");
}
```

图 4-41(a)所示的哈夫曼树,其对应的编码表可以是图 4-41(b)所示的结构,实际上字符的编码应该用 bit 表示,即对于 1 个字符"Z"使用 3 个 bit"001"表示。由于本算法主要用来说明算法思想,为方便起见,字符编码采用纯字符串形式,即对"Z"的编码"100"使用 3 个字符表示。

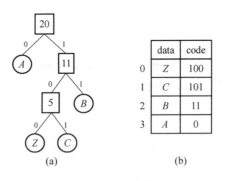

图 4-41　哈夫曼编码

4.5.4 哈夫曼编、解码的实现

通常,我们对一段信息进行哈夫曼编码时,需要对编码的数据进行两遍扫描。第一遍用来统计原数据中各字符出现的频率,利用得到的频率值创建哈夫曼树,并要把树的信息及编码表保存起来,以便解压时创建同样的哈夫曼树进行解压;第二遍根据第一遍扫描得到的哈夫曼编

码表对原始数据进行编码,并把编码后得到的码字存储起来。

生成编码表后,对于要编码的字符串,如"ACCZBBBAAACBBZABAAAA",每读出一个字符,只要在编码表中找出对应的编码即可。这里编码的算法省略,留待读者自行完成。

对于解码,如"010110110011111110001011111000110000"编码串,其基本思想是将编码串从左到右逐位判别,直到确定一个字符。即从哈夫曼树的根结点开始,根据每一位是 0 还是 1,确定选择左分支还是右分支,直到到达叶子结点,至此一个字符解码结束。然后,再从根结点开始下一个字符的解码。所以上述编码串的解码结果为"ACCZBBB…"。

解码算法的 C++描述如下:

```
void Huffman::Decode(char * s,char * d)       //s 为编码串,d 为解码后的字符串
{
    while( * s!= ´\0´)
    {
        int parent = 2 * N - 2;               //根结点在 HTree 中的下标
        while(HTree[parent].LChild!= -1)      //如果不是叶子结点
        {
            if( * s == ´0´)
                parent = HTree[parent].LChild;
            else
                parent = HTree[parent].RChild;
            s ++ ;
        }
        * d = HCodeTable[parent].data;
        d ++ ;
    }
}
```

上述算法采用字符串的方式对哈夫曼编码算法进行模拟,如字符"C"使用了"101"这 3 个字符进行编码,这种情况下是没有任何压缩效果的,反而会增大存储空间。实际上真正的哈夫曼编码采用比特方式进行,如字符"C"应该使用"101"这 3 个 bit 进行编码,此外,若解码时编码表未知,则必须将编码表保存在压缩后的信息中,才能保证正确解压缩。

4.6　工程实践和思考

应用树或二叉树结构,可以解决很多现实世界中的实际问题。本节将给出两个树结构应用的示例。

问题 1: 构建算术表达式二叉树

1. 问题描述

当我们输入表达式字符串"$a+(b+c)*d$",并给出 a、b、c、d 的值后,编译器或解释器将通

过解析这个字符串得到表达式的值。在这里编译器的输入是符合某种编程语言语法规则的表达式字符串,输出是其对应的值。通常,算术表达式的求值采用栈来实现。

对于一个数学表达式,也可以构建一棵二叉树进行存储。叶子结点存储操作数(operand),分支结点存储操作符(operator),如图 4-42 所示。有了算术表达式对应的二叉树,就可以利用递归方便地计算其结果。

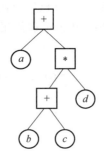

图 4-42　算术表达式二叉树

若对该二叉树直接进行后续遍历,即可得到后序表达式。后序表达式也称后缀表达式或逆波兰表达式,是波兰逻辑学家 J. Lukasiewicz 于 1929 年提出的一种表示表达式的方法。在该记法中,所有操作符置于两个操作数的后面,且不需要使用普通的中序表达式中的括号就可以完整地表示一个式子,因此也被广泛使用。

假定给出的逆波兰表达式为 $abc+d*+$,如何构建一棵二叉树? 在给出 a、b、c、d 取值的条件下,如何进行求值呢?

2. 解决思路

逆波兰表达式中,所有操作符置于两个操作数的后面。因此,在遍历表达式字符串时,首先将操作数放入栈中,当遇到操作符时,将操作符作为分支结点,两个操作数出栈,将其作为该分支结点的两个孩子结点,并将新的分支结点作为操作数入栈。

算法伪代码描述如下。

[1] 置空栈。

[2] 扫描逆波兰表达式中每个字符,直至结束:

　　[2.1] 若当前为操作数,构建叶子结点,入栈;

　　[2.2] 若当前为操作符,则

　　　　[2.2.1] 构建分支结点;

　　　　[2.2.2] 两操作数分别出栈,作为分支结点的孩子;

　　　　[2.2.3] 将分支结点入栈。

[3] 返回栈中的结点,即为二叉树的根结点。

有了二叉树,如何将表达式中的变量进行数值绑定,并求值呢? 我们可以设定数组 x,其中的每个元素依次代表表达式中的 a、b、c、d。在构建叶子结点时,直接将每个元素的地址存储在叶子结点中。因此,结点结构定义如下:

```
struct et {
    union{
        double * _operand;
```

```
        char _operator;
    };
    bool tag;//tag = 0 表示操作数;tag = 1 表示操作符
    et * lchild, * rchild;
};
```

在对二叉树进行求值时,可以采用递归的方法,算法代码如下:

```
double Eval(et * root)
{
    if(! root -> tag)return * root -> _operand;
    switch(root -> _operator){
        case ´+´: return Eval(root -> lchild) + Eval(root -> rchild);
        case ´-´: return Eval(root -> lchild)/Eval(root -> rchild);
        case ´*´: return Eval(root -> lchild) * Eval(root -> rchild);
        case ´/´: return Eval(root -> lchild)/Eval(root -> rchild);
    }
}
```

3. 具体实现

下面给出 constructTree 函数,用于构建二叉树。代码如下:

```
et * newNode(char c,int tag = 1,double * x = 0)
{
    et * n = new et;
    n -> tag = tag;
    if(tag)    n -> _operator = c;
    else       n -> _operand = x;
    return n;
}
bool isOperator(char s)
{
    return s == ´+´||s == ´-´||s == ´*´||s == ´/´;
}
et * constructTree(char * postfix,double * x)
{
    stack < et * > st;
    et * t, * t1, * t2;
    while( * postfix){              //从前到后遍历表达式字符串
        if(! isOperator( * postfix)){  //若当前字符是数字则构建一个叶子结
                                       点并 push 到栈中
```

```
                t = newNode( * postfix,0,x + + );
                st.push(t);
            }
        else {//若当前字符是运算符则构建一个中间结点,从栈中 pop 最近的两个结
               点作为它的左右子树,push 构建的结点到栈中
            t = newNode( * postfix);
            t - > rchild = st.top();
            st.pop();
            t - > lchild = st.top();
            st.pop();
            st.push(t);
        }
        postfix + + ;
    }
    //返回栈中仅剩的一个结点,该结点就是构建好的表达式树的根结点
    return st.top();
}
```

4. 测试代码

```
void main()
{
    char postfix[] = "abc + d *  + ";
    double x[4];
    et *  r = constructTree(postfix,x);
    cin >> x[0] >> x[1] >> x[2] >> x[3];
    cout << Eval(r)<< endl;
    cin >> x[0] >> x[1] >> x[2] >> x[3];
    cout << Eval(r)<< endl;
}
```

程序运行结果如下:

```
1 2 3 4      -- 输入内容
21           -- 输出结果
4 3 2 1      -- 输入内容
9            -- 输出结果
```

思考:

1. 对于前缀表达式和中缀表达式,该如何解析呢?

思路一:将前缀表达式和中缀表达式转化为后缀表达式,再采用解析后缀表达式的方法。

思路二:分析前缀表达式和中缀表达式构建的规律,直接实现由他们构建表达式树

的算法。在实现中缀表达式解析时,需要考虑运算符的优先级、结合性以及运算符"()"的作用。

2. 对于含有一元运算符的表达式该如何解析呢?

问题2:通信系统中如何使用哈夫曼树压缩信息?

1. 问题描述

假设有一个包含100 000个字符的数据文件要进行传输,各字符在该文件中出现的频率如表4-1所示,试分析如何使用哈夫曼树进行信息压缩。

表4-1 字符频率表

字符	S_1	S_2	S_3	S_4	S_5	S_6
频率	0.45	0.13	0.12	0.16	0.09	0.05

2. 解决思路

为了解决此问题,可以利用前面学过的哈夫曼编码原理,对各个字符进行二进制编码。首先构造哈夫曼树,如图4-43所示。

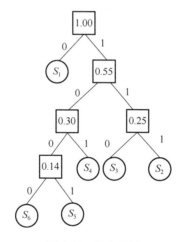

图4-43 哈夫曼树

其编码结果如表4-2所示。

表4-2 哈夫曼编码表

字符	S_1	S_2	S_3	S_4	S_5	S_6
不等长编码	0	101	100	111	1101	1100

因此需要传输信息的大小为

$$100\ 000 \times [0.45 \times 1 + (0.13 + 0.12 + 0.16) \times 3 + (0.09 + 0.05) \times 4] = 224\ 000\ \text{bit}$$

3. 与等长编码的比较

对于这个问题,如果使用等长编码方式进行编码传输,共有6个字符,每个字符需要使用

3 bit 的二进制编码进行表示,编码结果如表 4-3 所示。

表 4-3 等长编码表

字符	S_1	S_2	S_3	S_4	S_5	S_6
等长编码	000	001	010	011	100	101

采用这种编码方式需要传输信息的大小为

$$100\,000 \times 3 = 300\,000 \text{ bit}$$

由此可以看出,在通信系统中哈夫曼编码对传输信息进行了很好的压缩。在以后的学习中,我们还可以从信源的编码效率以及冗余度等方面评估哈夫曼编码对信息压缩的效果。

思考:

如果要对长度为 100 000 字节的任意二进制数据文件进行传输,该如何压缩呢?

习 题 4

1. 填空题

(1) 已知二叉树中叶子数为 50,仅有一个孩子的结点数为 30,则总结点数是_____。

(2) 4 个结点可构成_____棵不同形态的二叉树。

(3) 设树的度为 5,其中度为 1~5 的结点数分别为 6、5、4、3、2,则该树共有_____个叶子。

(4) 在结点个数为 $n(n>1)$ 的各棵普通树中,高度最小的树的高度是_____,它有_____个叶结点,_____个分支结点。高度最大的树的高度是_____,它有_____个叶结点,_____个分支结点。

(5) 深度为 k 的二叉树,至多有_____个结点。

(6) 有 n 个结点并且其高度为 n 的二叉树的数目是_____。

(7) 设只包含根结点的二叉树的高度为 1,则高度为 k 的二叉树的最大结点数为_____,最小结点数为_____。

(8) 将一棵有 100 个结点的完全二叉树按层编号,则编号为 49 的结点 X,其双亲 PARENT(X) 的编号为_____。

(9) 已知一棵完全二叉树中共有 768 个结点,则该树中共有_____个叶子结点。

(10) 已知完全二叉树的第 8 层有 8 个结点,则其叶子结点数是_____。

(11) 深度为 8(根的层次号为 1)的满二叉树有_____个叶子结点。

(12) 一棵二叉树结点的前序遍历序列为 FCABED,中序遍历序列为 ACBFED,则其后序遍历序列为_____。

(13) 某二叉树结点的中序遍历序列为 ABCDEFG,后序遍历序列为 BDCAFGE,则其前序遍历序列为_____,该二叉树对应的树林包括_____棵树。

2. 单选题

(1) 在一棵度为 3 的树中,度为 3 的结点个数为 2,度为 2 的结点个数为 1,则度为 0 的结点个数为( )。

A. 4　　　　　　B. 5　　　　　　C. 6　　　　　　D. 7

(2) 下列陈述中正确的是(　　)。

A. 二叉树是度为 2 的有序树　　　　B. 二叉树中结点只有一个孩子时无左右之分

C. 二叉树中必有度为 2 的结点　　　D. 二叉树中最多只有两棵子树,并且有左右之分

(3) 树中如果结点 M 有 3 个兄弟,而且 N 是 M 的双亲,则 N 的度是(　　)。

A. 3　　　　　　B. 4　　　　　　C. 5　　　　　　D. 1

(4) 设高度为 h 的二叉树上只有度为 0 和度为 2 的结点,则此类二叉树中所包含的结点数至少为(　　)。

A. $2h$　　　　　B. $2h-1$　　　　C. $2h+1$　　　　D. $h+1$

(5) 高度为 5 的完全二叉树至少有(　　)个结点。

A. 16　　　　　B. 32　　　　　C. 31　　　　　D. 5

(6) 具有 65 个结点的完全二叉树的高度为(　　)(根的层次号为1)。

A. 8　　　　　　B. 7　　　　　　C. 6　　　　　　D. 5

(7) 对于一棵满二叉树,其中有 m 个叶子,n 个结点,深度为 h,则(　　)。

A. $n=h+m$　　　　　　　　　B. $h+m=2n$

C. $m=h-1$　　　　　　　　　D. $n=2*m-1$

(8) 任一二叉树,其叶子结点数为 n_0,度为 2 的结点数为 n_2,则存在关系(　　)。

A. $n_2+1=n_0$　　　　　　　　B. $n_0+1=n_2$

C. $2n_2+1=n_0$　　　　　　　　D. $n_2=2n_0+1$

(9) 某二叉树的前序遍历结点访问顺序是 $abdgcefh$,中序遍历的结点访问顺序是 $dgbaechf$,则其后序遍历的结点访问顺序是(　　)。

A. $bdgcefha$　　　　　　　　　B. $gdbecfha$

C. $bdgaechf$　　　　　　　　　D. $gdbehfca$

(10) 设 m,n 为一棵二叉树上的两个结点,在中序遍历时,n 在 m 前的条件是(　　)。

A. n 在 m 右方　　　　　　　B. n 是 m 祖先

C. n 在 m 左方　　　　　　　D. n 是 m 子孙

(11) 一棵二叉树的广义表表示为 $a(b(c,d),e(,f(g)))$,则得到的层序遍历序列为(　　)。

A. $abcdefg$　　　　　　　　　B. $cbdaegf$

C. $cdbgfea$　　　　　　　　　D. $abecdfg$

(12) 将一棵树 t 转换为二叉树 h,则 t 的后序遍历是 h 的(　　)。

A. 中序遍历　　　　　　　　　B. 前序遍历

C. 后序遍历　　　　　　　　　D. 层序遍历

(13) 对二叉排序树进行(　　)遍历,可以得到该二叉树所有结点构成的有序序列。

A. 前序　　　　　B. 中序　　　　　C. 后序　　　　　D. 层序

(14) 设 F 是一个森林,B 是由 F 转换得到的二叉树,F 中有 n 个非叶结点,则 B 中右指针域为空的结点有(　　)个。

A. $n-1$　　　　　B. n　　　　　C. $n+1$　　　　　D. $n+2$

(15) 利用 3,6,8,12,5,7 这 6 个值作为叶子结点的权,生成一棵哈夫曼树,该树的深度为(　　)。

A. 3　　　　　　B. 4　　　　　　C. 5　　　　　　D. 6

(16) 若度为 m 的哈夫曼树中,其叶结点个数为 n,则非叶结点的个数为(　　)。

A. $n-1$

B. $\lceil n/m \rceil -1$

C. $\lceil (n-1)/(m-1) \rceil$

D. $\lceil n/(m-1) \rceil -1$

3. 试分别画出具有 3 个结点的树和二叉树的所有不同形态。

4. 试找出分别满足下面条件的所有二叉树:

(1) 前序序列和中序序列相同;

(2) 中序序列和后序序列相同;

(3) 前序序列和后序序列相同。

5. 一棵高度为 h 的满 k 叉树有如下性质:第 h 层上的结点都是叶结点,其余各层上每个结点都有 k 棵非空子树,如果按层次自顶向下、同一层自左向右,顺序从 0 开始对全部结点进行编号,试问:

(1) 各层的结点个数是多少?

(2) 编号为 i 的结点的父结点(若存在)的编号是多少?

(3) 编号为 i 的结点的第 m 个孩子结点(若存在)的编号是多少?

(4) 编号为 i 的结点有右兄弟的条件是什么?其右兄弟结点的编号是多少?

(5) 叶子结点数 n_0 和非叶子结点数 n_k 之间满足的关系。

6. 若一棵二叉树的前序序列为 $abdgcefh$,中序序列为 $dgbaechf$,请画出该二叉树,并写出其后序序列。

7. 请将图 4-44 所示树 T 转换为二叉树 T'。

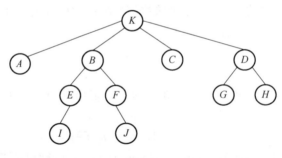

图 4-44

8. 对于图 4-45 所示的二叉树,该树的 3 种遍历序列分别是什么?

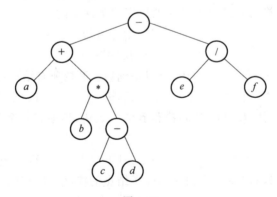

图 4-45

9. 对于图 4-46 所示的二叉树,请画出和其相对应的森林。

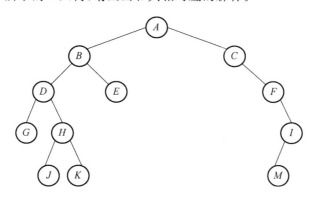

图 4-46

10. 假设用于通信的电文仅由 8 个字符组成,并且出现概率为 0.07(A)、0.19(B)、0.02(C)、0.06(D)、0.32(E)、0.03(F)、0.21(G)、0.10(H),试回答以下问题:

(1) 画出哈夫曼树;

(2) 写出每个字符的哈夫曼编码;

(3) 计算其带权路径长度;

(4) 如果电文是"ABCDEFGH",压缩前每个字符使用 8 bit 的 ASCII 编码,则采用上面的哈夫曼编码,其压缩比是多少?

第5章
图

在线性结构中,数据元素之间是一对一的关系,树结构中数据元素之间是一对多的关系,图结构是一种比树结构还要复杂的非线性结构,图结构中数据元素之间是多对多的关系。因此,图结构具有极强的表达能力,可用于描述各种复杂的数据对象,在通信系统、交通系统、人工智能、计算机网络、信息处理等领域有着广泛的应用。

本章将重点详细介绍图的两种基本存储结构——邻接矩阵和邻接表,并将就图的遍历、最小生成树、最短路径等问题进行深入的讨论,同时给出相应的求解算法。

5.1 基本概念

5.1.1 图的定义

图 G 由两个集合 V 和 E 组成,记为 $G=(V,E)$,其中,V 代表图中顶点的集合,E 代表顶点之间的关系。E 可以是空集,表示图只有顶点而没有边。

(v_1,v_2) 代表 v_1 和 v_2 之间有一条边,$<v_1,v_2>$ 代表 v_1 到 v_2 之间有一条弧。例如,图 5-1(a) 所示的图其表示方法为 $V=\{v_1,v_2,v_3,v_4,v_5\}$,$E=\{(v_1,v_2),(v_1,v_4),(v_2,v_3),(v_2,v_5),(v_3,v_4),(v_3,v_5)\}$。图 5-1(b) 所示的图表示为 $V=\{v_1,v_2,v_3,v_4\}$,$E=\{<v_1,v_2>,<v_1,v_3>,<v_3,v_4>,<v_4,v_1>\}$。

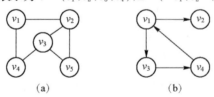

(a)　　　　　　　(b)

图 5-1　图的表示方法示例

5.1.2 图的基本术语

为了方便描述图的特点,本章所涉及的基本概念如下。

① 顶点:数据元素通常称为顶点。

② 边:顶点之间的无向连线,如图 5-2(a)所示。

③ 弧:顶点之间的有向连线,如图 5-2(b)所示。

④ 无向图:图中的每条连线都是无方向的,如图 5-2(a)所示。

⑤ 有向图:图中的每条连线都是有方向的,如图 5-2(b)所示。

⑥ 简单图:不存在顶点到其自身的边,且同一条边不重复。图 6-2(c)和图 6-2(d)都不是简单图。

⑦ 邻接点:如果(v_i,v_j)是图中的一条边,则称 v_i 与 v_j 互为邻接点;如果 $<v_i,v_j>$ 是图中的一条弧,则称 v_j 是 v_i 的邻接点。

⑧ 含有 n 个顶点、$n(n-1)/2$ 条边的图称为完全无向图,如图 5-2(e)所示;含有 n 个顶点、$n(n-1)$ 条弧的图称为完全有向图,如图 5-2(f)所示。

⑨ 边或弧很少的图,称为稀疏图;边或弧较多的图,称为稠密图。稀疏图和稠密图常常是相对而言的,如图 5-2(g)和图 5-2(h)对比,则图 5-2(g)是稀疏图,图 5-2(h)是稠密图。

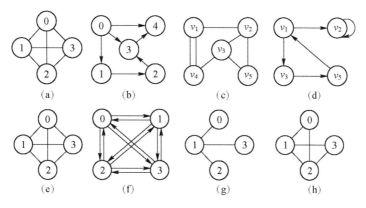

图 5-2　图的示例

⑩ 度:一个顶点的度是与它相关联的边或弧的条数。

⑪ 入度:有向图中到达顶点的弧数,图 5-3 中顶点 A 的入度为 1。

⑫ 出度:有向图中顶点出发的弧数,图 5-3 中顶点 A 的出度为 2。

⑬ 网:带权的图,图 5-4 就是一个网;根据网是否有向可分为有向网和无向网。

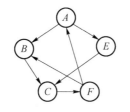

图 5-3　入度和出度示例

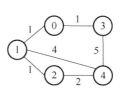

图 5-4　网

⑭ 子图:图的子集,如图 5-5 所示。

⑮ 路径:接续的边的端点构成的顶点序列,例如,图 5-6 中 v_1 到 v_5 的路径为(v_1,v_4,v_3,v_5)。

⑯ 路径长度:路径上边或弧的数目;在网中为路径上边或弧的权值之和。图 5-6 中 v_1 到 v_5 的路径(v_1,v_4,v_3,v_5)长度为 3。

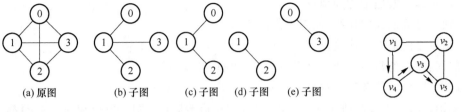

| (a) 原图 | (b) 子图 | (c) 子图 | (d) 子图 | (e) 子图 |

图 5-5　子图示例　　　　　　　　　　　图 5-6　路径长度示例

⑰ 回路:起点和终点相同的路径。

⑱ 简单路径:路径序列中,顶点不重复出现的路径,如图 5-7(a)所示。

⑲ 简单回路:路径序列中,除了起点和终点外,其余顶点均不相同的回路,如图 5-7(c)所示。

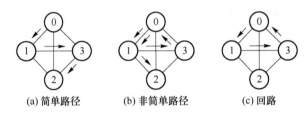

(a) 简单路径　　　　　(b) 非简单路径　　　　　(c) 回路

图 5-7　路径示例

⑳ 连通图:在无向图中,若任意一对顶点都存在路径,则称其为连通图,否则为非连通图。

㉑ 连通分量:无向图中的极大连通子图。极大连通子图包含所有连通的顶点以及和这些顶点相关联的所有边,如图 5-8 所示。

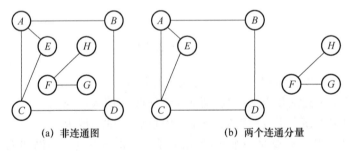

(a) 非连通图　　　　　　　　　(b) 两个连通分量

图 5-8　连通分量示例

㉒ 强连通图:在有向图中,若任意一对顶点都存在路径,则称其为强连通图,否则为非强连通图。

㉓ 强连通分量:有向图中的极大连通子图,如图 5-9 所示。

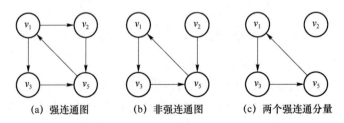

(a) 强连通图　　　　(b) 非强连通图　　　　(c) 两个强连通分量

图 5-9　强连通图及强连通分量示例

㉔ 生成树:连通图中一个极小连通子图,即含有全部顶点,但只有足以构成树的 $n-1$ 条边,如图 5-10 所示。

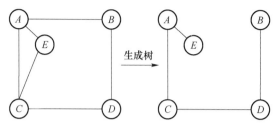

图 5-10 生成树示例

㉕ 生成森林:在非连通图中,每个连通分量都可以得到一棵生成树,这些连通分量的生成树构成生成森林,如图 5-11 所示。

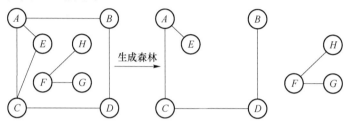

图 5-11 生成森林示例

5.2 图的存储结构

图是一种复杂的非线性结构,因此要想设计出合理的图的存储结构,就一定要先讨论图的逻辑结构关系。数据结构中除集合外还有 3 种逻辑结构,即线性结构、树结构和图结构,对比分析如下。

① 线性结构:结点之间的关系是线性关系,即除头结点和尾结点外,每个结点只有唯一一个前驱和唯一一个后继。

② 树结构:结点之间的关系实质上是层次关系,即除根结点外,每个结点都只有唯一一个前驱,但每个结点可以有 0 个或多个后继。

③ 图结构:结点之间是多对多的关系,即每个结点都可以有 0 个或多个前驱和 0 个或多个后继,结点之间的关系是任意的。

根据图的定义,一个图包括两部分信息,即顶点和顶点之间的关系。顶点之间的关系表示是设计图存储结构的关键。本节将讨论 5 种图的存储结构:邻接矩阵、邻接表、十字链表、邻接多重表和边集数组。

5.2.1 邻接矩阵

二维数组可以用来表示顶点之间相邻关系。设 $G=(V,E)$ 是具有 n 个顶点的图,顶点序号依次为 $0,1,\cdots,n-1$,则邻接矩阵表示为

$$\mathrm{arc}[i,j] = \begin{cases} 1 & (v_i,v_j) \in E \text{ 或 } <v_i,v_j> \in E \\ 0 & \text{其他} \end{cases}$$

无向图的邻接矩阵一定是一个对称矩阵,如图 5-12(a)所示。而有向图的邻接矩阵可以是不对称的,如图 5-12(b)所示。

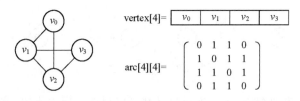

(a) 无向图的邻接矩阵

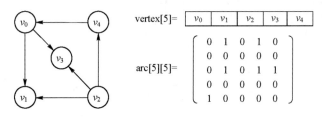

(b) 有向图的邻接矩阵

图 5-12　邻接矩阵存储示例

网的邻接矩阵可以定义为

$$\mathrm{arc}[i,j] = \begin{cases} w_{ij} & i \neq j, (v_i,v_j) \in E \text{ 或 } <v_i,v_j> \in E \\ 0 & i = j \\ \infty & \text{其他} \end{cases}$$

实际编程中,可以使用一个计算机允许的、大于所有边上权值的数,即宏 MAX_VALUE 代替∞。图 5-13 给出了一个网的邻接矩阵存储的示例。

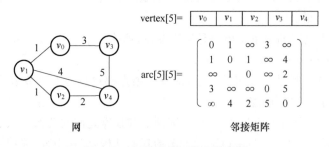

网　　　　　　　　　　　邻接矩阵

图 5-13　网的邻接矩阵存储示例

用邻接矩阵表示法来表示图,除了存储用于表示顶点间相邻关系的邻接矩阵外,通常还要用一个顺序表来存储顶点信息。

下面给出邻接矩阵的 C++描述:

```cpp
const int MAXSIZE = 10;
```

```
template < class T > class MGraph
{
public:
    MGraph(ifstream & fin);              //构造函数
    void DFS(int v);                     //从 v 出发深度优先
    void BFS(int v);                     //从 v 出发广度优先
private:
    T vertex[MAXSIZE];                   //顶点
    int arc[MAXSIZE] [MAXSIZE];          //弧
    int vNum,arcNum;                     //顶点数、边数
};
```

5.2.2 邻接表

邻接表表示法类似于树的孩子链表表示法,是一种顺序结构和链式结构相结合的存储方法。对于图的每个顶点 v_i,将所有邻接于 v_i 的顶点链接成一个单链表,称其为顶点 v_i 的边表(对于有向图称为出边表);对所有顶点使用顺序结构进行存储,得到顶点表,用来存放顶点 v_i 的信息和对应边表的头指针,如图 5-14 所示。

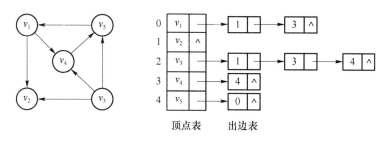

图 5-14　有向图邻接表示例

所以,邻接表的存储结构中有两种结点结构:顶点结点 VertexNode 和弧结点 ArcNode,如图 5-15 所示。邻接表顶点和弧结点的 C++描述如下:

```
struct VertexNode{
    char vertex;             //数据域:顶点信息
    ArcNode * firstarc;      //指针域:指向第一条弧
};
struct ArcNode{
    int adjvex;              //数据域:邻接顶点下标
    Arcnode * nextarc        //指针域:指向下一条弧结点
};
```

vertex	firstarc

顶点结点

adjvex	nextarc

弧结点

图 5-15　邻接表的
　　　结点结构

在存储无向图时,每一条边相当于两条弧,如图 5-16 所示。

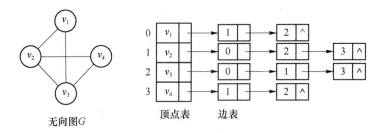

图 5-16　无向图的邻接表存储

若采用邻接表存储无向网，那么每条弧还需要存储边权值，如图 5-17 所示。

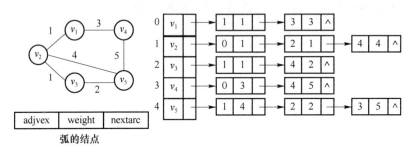

图 5-17　网的邻接表存储

有向图还有一种表示方法称为逆邻接表表示法，该方法为图中每个顶点 v_i 建立一个入边表，入边表中的每个表结点均对应一条以 v_i 为终点的边，其方法与出边表类似，如图 5-18 所示。

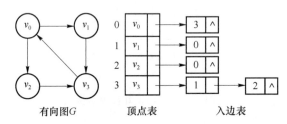

图 5-18　有向图的逆邻接表

邻接表用 C++语言描述如下：

```
const int MAXSIZE = 10;
template < class T > class ALGraph
{
public：
    ALGraph(ifstream & fin);
    ～ALGraph();
    void DFS(int v);          //深度优先遍历
    void BFS(int v);          //广度优先遍历
private：
    VertexNode adjlist[MAXSIZE];  //结点
```

```
    int vNum,arcNum;                //顶点数目和弧的数目
};
```

5.2.3 十字链表

对于有向图,可以采用十字链表作为存储结构。十字链表可以看成是将邻接表和逆邻接表结合起来得到的一种链表。在十字链表中,对应有向图的每一条弧都有一个弧结点,对应有向图的每一个顶点都有一个头结点。每条弧对应的弧结点分别组织到出边表和入边表,其顶点结构如图 5-19 所示。

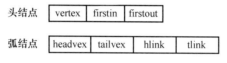

图 5-19 十字链表的存储结构

十字链表头结点的 C++描述如下:

```
struct VertexNode{
    char Vertex;                    //顶点
    ArcNode * firstin;              //第一条以此顶点为弧头的弧
    ArcNode * firstout;             //第一条以此顶点为弧尾的弧
};
```

十字链表弧结点的 C++描述如下:

```
struct ArcNode{
    int headvex,tailvex;            //弧头,弧尾
    Arcnode * hlink;                //下一条相同弧头的弧
    Arcnode * tlink;                //下一条相同弧尾的弧
};
```

图 5-20 是一个十字链表的示例。

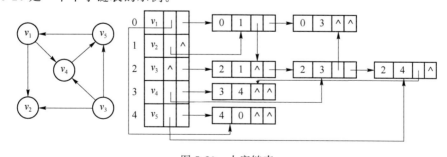

图 5-20 十字链表

在十字链表中既可以很容易地找到以 v_i 为弧头的弧,也可以很容易地找到以 v_i 为弧尾的弧,因而容易求得每个顶点的入度和出度。因此,在某些有向图的应用中,十字链表是一个很有用的工具。那么如何建立十字链表呢? 请读者自行思考。

5.2.4　邻接多重表

无向图可以采用邻接多重表来存储。用邻接表存储无向图,其每条边的两个顶点分别在该边所依附的两个顶点的边表中,这种重复存储给图的某些操作带来不便。例如,在对已访问过的边做标记,或者要删除图中某一条边时,都需要找到表示同一条边的两个边表结点。在进行这类操作的无向图中采用邻接多重表作为存储结构更为适宜。

邻接多重表的存储结构和邻接表类似,也是由顶点表和边表组成,每条边用一个边表结点表示,其顶点表和边表的结点结构如图 5-21 所示。

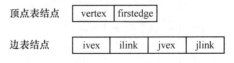

图 5-21　邻接多重表结点结构

邻接多重表顶点表结点的 C++描述如下:

```
struct VertexNode{
    char Vertex;            //顶点
    ArcNode *firstedge;     //第一条邻接边
};
```

邻接多重表边表结点的 C++描述如下:

```
struct ArcNode{
    int    ivex;
    int    jvex;            //边的两个顶点
    Arcnode *  ilink;       //下一条依附 i 的边
    Arcnode *  jlink;       //下一条依附 j 的边
};
```

图 5-22 是一个邻接多重表的示例。

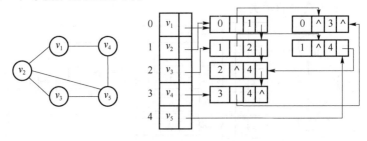

图 5-22　邻接多重表

5.2.5　边集数组

图的另外一种常见的存储方法是边集数组。它利用两个一维数组,其中一个数组存储图中的顶点,另一个数组存储图中的边。在存储边的数组中,每个数组元素存储一条边的起点、终点(对于无向图,可选定边的任意一个顶点为起点)和权(网),在数组中的次序可任意安排。图 5-23 给出了一个有向网的边集数组的存储示意图。

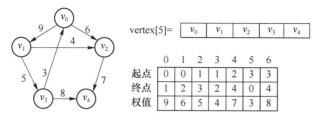

图 5-23 边集数组

在边集数组中,查找一条边或求一个顶点的度都需要扫描整个边数组,其时间复杂度为 $O(e)$,因此适用于那些对边依次进行处理的操作,不适用于对顶点的操作和对任意一条边的操作。另外,边集数组表示一个图时需要一个边数组和一个顶点数组,所以其空间复杂度为 $O(n+e)$,从空间复杂度上讲,边集数组也适合表示稀疏图。

5.2.6 图的存储结构比较

就空间复杂度而言,采用邻接矩阵需要 $O(n^2)$ 个单位的存储空间,而采用邻接表,则需要 $O(n+e)$ 个单位的存储空间。哪种表示方法的存储效率高取决于图中边的数目。一般情况下,图越稠密,邻接矩阵的空间效率相应地越高,而对稀疏图使用邻接表存储,则能获得较高的空间效率。

以图的遍历操作为例,邻接矩阵的时间复杂度为 $O(n^2)$,邻接表的时间复杂度为 $O(n+e)$。相比之下,邻接矩阵在图的算法中的时间代价较高。

此外,当图中每个顶点的编号确定后,图的邻接矩阵表示是唯一的,进而其遍历访问各顶点的次序也是唯一的;但图的邻接表表示不是唯一的,它与边的输入次序和结点在边表的插入算法有关,所以对于同一个图的不同邻接表,从同一顶点出发进行深度或广度优先遍历时访问顶点的次序也不同。

图的邻接矩阵和邻接表存储各有利弊,具体应用时,要根据图的稠密和稀疏程度以及问题的需求进行选择。

5.3 图的实现

本节将以图的**邻接表**存储结构为例,分析图类的实现方法。

5.3.1 图的构建

假定图的所有的信息全部存储在文本文件中。文件首先存储顶点数量、边的数量,然后存储每个顶点的名字,最后存储所有的边。每条边用弧尾结点编号和弧头结点编号表示,编号从

0 开始顺序编号。文件中所有信息用空格或回车分开。例如,图 5-24(a)所示的有向图,对应的文件内容如图 5-24(b)所示。

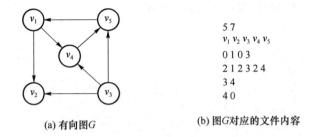

(a) 有向图 G (b) 图 G 对应的文件内容

图 5-24　有向图邻接表示例

该文件可用 ifstream 对象打开,则构造函数中需要该对象作为实参传递进来。下面给出一个用邻接表建立有向图的算法,即图的构造函数的 C++ 描述。

```cpp
template < class T > ALGraph < T >::ALGraph(ifstream & fin)
{
    fin >> vNum;
    fin >> arcNum;
    for(int k = 0;k < vNum;k ++ )
    {
        fin >> adjlist[k].vertex;              //初始化顶点
        adjlist[k].firstarc = NULL;            //初始化弧
    }
    for(k = 0;k < arcNum;k ++ )
    {
        int i,j;
        fin >> i >> j;                         //输入顶点和边的权值
        ArcNode * s = new ArcNode;
        s -> adjvex = j;
        s -> nextarc = adjlist[i].firstarc;    //头插法
        adjlist[i].firstarc = s;
    }
}
```

该算法的时间复杂度是 $O(n+e)$。在邻接表表示中,每个边表对应于邻接矩阵的一行,边表中结点个数等于对应行非零元素的个数。对于一个具有 n 个顶点、e 条边的图 G,若 G 是无向图,则它的邻接表表示中有 n 个顶点表结点和 $2e$ 个边表结点。若 G 是有向图,则它的邻接表表示中均有 n 个顶点表结点和 e 个边表结点。因此邻接表表示的空间复杂度为 $O(n+e)$。

需要注意的是,同一个图的邻接表表示不唯一,这是因为在邻接表表示中,各边表结点的链接次序取决于建立邻接表的算法以及边的输入次序。但若采用邻接矩阵表示,则是唯一的。

5.3.2　图的遍历

和树的遍历类似,图的遍历也是指从图中的某一顶点出发,对图中的每一个顶点访问且仅访问一次。若给定的图是连通图,则从图中任一顶点出发可以访问到所有顶点。然而图的遍历比树要复杂得多,这是因为图中任一顶点都可能和其他顶点邻接,故在访问了某个顶点之后,可能顺着某条回路又回到了该顶点。

为避免重复访问同一个顶点,必须记住每个顶点是否已被访问过。所以,图的遍历算法必须添加一个布尔向量 bool visited[n],初始值为 FALSE,一旦访问了顶点 v_i,则 visited[i-1] 设置为 TRUE。

根据搜索路径的方向不同,图的遍历方式有两种,即深度优先遍历和广度优先遍历。

1. 深度优先遍历

深度优先遍历(DFS,Depth-First Search)类似于树的前序遍历,假定给定图 G 的初始状态是所有顶点均未曾访问过,它的基本思想是:

① 从图中任一顶点 v 出发并访问,标记 v 为已访问;

② 访问 v 的第一个未访问的邻接点 w,标记 w 为已访问;

③ 访问 w 的第一个未访问的邻接点 u,标记 u 为已访问;

……

④ 若当前顶点的所有邻接点都被访问过,则回溯,从上一级顶点的下一个未访问过的顶点开始深度优先遍历,直到所有和 v 路径相通的顶点都被访问到。

显然,这是一个递归的过程。例如,对图 5-25(a)所示的图从 v_1 开始进行深度遍历,可得到的结点依次为 v_1,v_2,v_3,v_4,v_5,v_6。若从 v_3 开始进行深度遍历,可得到的结点依次为 v_3,v_1,v_2,v_5,v_6,v_4。图 5-25(b)给出了一个深度遍历访问过程中栈结构的示意。

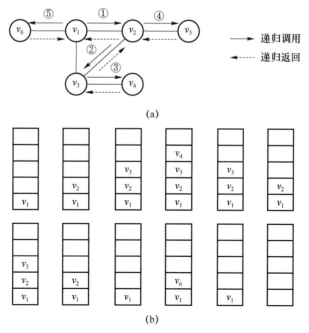

图 5-25　图的深度遍历示例

无论采用哪种存储结构,深度优先遍历的思想是一致的,只是在寻找结点 v 的第一个未访问邻接点时的实现方法不同。邻接表需要根据表头结点找到出边表,然后遍历弧结点所在的链表,从而找到邻接顶点。

对于邻接表存储结构,从邻接表中寻找结点 v 的第一个未访问邻接点的实现方法如下:

```
ArcNode * p = adjlist[v].firstarc;        //找到以 v 为头结点的弧链表
while(p)
{
    int j = p -> adjvex;                  //v 的邻接点 j
    if(visited[j] == 0)
      DFS(j);                             //j 未访问过,从 j 开始深度遍历
    p = p -> nextarc;
}
```

值得注意的是图的邻接表表示不唯一,故对于指定的初始出发点,同一个图的遍历顺序也是不唯一的,它取决于邻接表表示中边表结点的链接次序。这里给出采用邻接表的深度优先遍历的完整 C++语言描述:

```
template < class T >
class ALGraph < T >::DFS(int v)
{
    cout << adjlist[v].vertex;
    visited[v] = 1;
    ArcNode * p = adjlist[v].firstarc;   //p 指向顶点 v 的第一条弧
    while(p)
      {
        int j = p -> adjvex;
        if(visited[j] == 0)
          DFS(j);                        //从 j 开始深度遍历
        p = p -> nextarc;
      }
}
```

基于邻接矩阵的深度优先算法和基于邻接表的深度优先算法的区别仅在于寻找第一个未访问过的邻接点时的方法不同,前者是遍历当前结点所在邻接矩阵的一行,时间复杂度是 $O(n)$;后者是遍历以当前结点为首的单链表,由于所有结点的单链表长度之和是 e,所以当用邻接表存储图时,深度优先遍历的时间复杂度均为 $O(n+e)$,使用的栈的深度为 $O(n)$,空间复杂度为 $O(n)$。

例 5.1 如果无向图是一个非连通图,则如何进行深度优先遍历呢?

解 如果是一个非连通图,则从图中任一顶点出发,都只能访问该顶点所在连通分量中的顶点。若是从每个连通分量中都选一个顶点作为出发点进行搜索,便可访问到所有顶点。因此,对于非连通图,必须多次调用遍历算法。我们以邻接矩阵作为存储结构的非连通图为例,

给出深度优先遍历算法：

```
ALGraph G;
for(int i = 0;i < G. vNum;i ++ )          //设置访问标记
    G.visited[i] = FALSE;
for(i = 0;i < G. vNum;i ++ )
    if(! G.visited[i])
        G.DFS(i);                          //从顶点 i 出发遍历一个连通分量
```

思考：

如果是以邻接表为存储结构的非连通图,则如何遍历呢？

2. 广度优先遍历

图的广度优先遍历(BFS,Breadth-First Search)类似于树的层序遍历,假定给定图 G 的初始状态是所有顶点均未曾访问过,它的基本思想是：

① 访问顶点 v,标记 v 为已访问；

② 依次访问 v 的所有未被访问的邻接点 $v_1,v_2,v_3,\cdots$,并进行标记；

③ 分别从 $v_1,v_2,v_3,\cdots$ 出发依次访问它们未被访问的邻接点；

④ 重复①、②、③,直到所有和 v 路径相通的顶点都被访问到。

对图 5-1(a)采用广度优先遍历方式访问时的结点依次为 v_1,v_2,v_4,v_3,v_5。广度优先遍历以队列来得到下一个待访问的结点,其状态如图 5-26 所示。

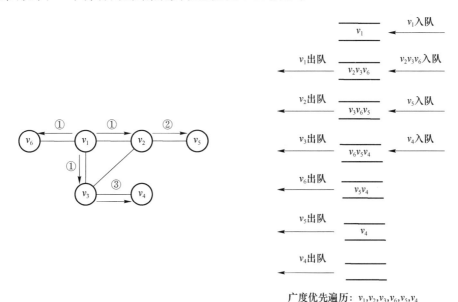

广度优先遍历： v_1,v_2,v_3,v_6,v_5,v_4

图 5-26　广度优先遍历示例

无论采用哪种存储结构,广度优先遍历的思想是一致的,只是在寻找结点 v 的所有未访问的邻接点时的实现方法不同。

对于邻接表存储结构,从邻接表中寻找结点 v 的所有未访问的邻接点的方法如下：

```
ArcNode * p = adjlist [v].firstarc;
```

```
    while(p)
    {
        int j = p -> adjvex;
        if(visited[j] == 0)
        {
            //找到 j 为未访问过的邻接点
        }
        p = p -> nextarc;
    }
```

同样地,图的邻接表表示不唯一,故对于指定的初始出发点,同一个图的遍历顺序也是不唯一的,它取决于邻接表表示中边表结点的链接次序。这里给出采用邻接表的广度优先遍历的完整 C++语言描述:

```
template < class T >
class ALGraph < T >:: BFS(int v)
{
    int queue[MAXSIZE];
    int f = 0,r = 0;                    //生成一个空队列
    cout << adjlist [v].vertex;   visited[v] = 1;    queue[ ++ r] = v;//v 入队
    while(f != r)
    {
        v = queue[ ++ f];              //队头元素出队
        ArcNode  * p = adjlist [v].firstarc;
        while(p)
        {
            int j = p -> adjvex;
            if(visited[j] == 0)
            {
              cout << adjlist [j].vertex;   visited[j] = 1;   queue[ ++ r] = j;//j 入队
            }
            p = p -> nextarc;
        }
    }
}
```

基于邻接矩阵的广度优先遍历算法和基于邻接表的广度优先遍历算法的区别仅在于寻找所有未访问过的邻接点的方法不同,前者是遍历当前结点所在邻接矩阵的一行,时间复杂度是 $O(n)$;后者是遍历以当前结点为首的单链表,由于所有结点的单链表长度之和是 e,所以当用邻接表存储图时,广度优先遍历的时间复杂度均为 $O(n+e)$,空间复杂度为 $O(n)$。

思考:

如何判断一个无向图 G 是不是连通图?对于有向图呢?

解　可以对无向图 G 进行深度优先遍历或者广度优先遍历,如果从某一顶点出发,依次能够遍历到所有顶点,则说明图 G 是连通图,否则图 G 就是非连通图。

对于有向图的连通性判断,请读者自行思考解决。

5.3.3　图的析构

基于邻接矩阵的图类 MGraph,由于图的顶点集合和弧集合都是提前定义好的数组,因此不需要析构。而基于邻接表的图类 ALGraph,其边集是存储在链表中的,因此需要析构。

析构的方法可以利用广度优先遍历的思想。代码如下:

```
template < class T >
class ALGraph < T >::~ALGraph()
{
    int i = 0;
    while(i < vNum)
    {
        ArcNode * p = adjlist [i + + ].firstarc;//得到第 i 个顶点对应的链表
        while(p)
        {
            ArcNode * q = p - > nextarc;
            delete p;
            p = q;
        }
    }
}
```

5.4　最小生成树

在图论中,常常将树定义为一个无回路连通图。连通图 G 的一个子图如果包含图 G 的所有顶点,则称该子图为图 G 的生成树,如图 5-27 所示。由于具有 n 个顶点的连通图至少有 $n-1$ 条边,而包含 $n-1$ 条边和 n 个顶点的连通图都是无回路的树,所以生成树还是连通图的极小连通子图。

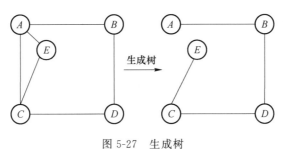

图 5-27　生成树

那么给定一个连通图 G,如何求其生成树呢?

回顾一下上节中的深度优先遍历(DFS)或者广度优先遍历(BFS),已知图 $G=(V,E)$,从任一顶点 v 出发,获得其遍历的序列,并将该序列通过边连接起来,就得到一棵图 G 的生成树。

那么什么是最小生成树呢?图的生成树不是唯一的,从不同的顶点出发遍历可以得到不同的生成树。对于连通网 $G=(V,E)$,边是带权的,因而生成树的各边也带权。我们把生成树各边的权值总和称为生成树的权,并把权值最小的生成树称为图 G 的最小生成树(MST,Minimun Spanning Tree)。

生成树和最小生成树有很多重要的应用。例如,假设要在 n 个城市之间建立通信联络网,则连通 n 个城市只需要修建 $n-1$ 条线路,如何在最节省经费的前提下建立这个通信网?这个问题就可以转换为构造网的一棵最小生成树,即在 e 条带权的边中选取 $n-1$ 条(不构成回路)使权值之和为最小的问题。

下面介绍两种生成最小生成树的算法:普里姆(Prim)算法和克鲁斯卡尔(Kruskal)算法。

5.4.1 普里姆算法

一般情况下,假设 n 个顶点分成两个集合:U(包含已落在生成树上的顶点)和 $V-U$(尚未落在生成树上的顶点),则在所有连通 U 中顶点和 $V-U$ 中顶点的边中权值最小的边,就是最小生成树上的边,如图 5-28 所示。基于以上思想,普里姆算法就是一个不断选取最小权值的边并把对应的顶点不断并入的过程。

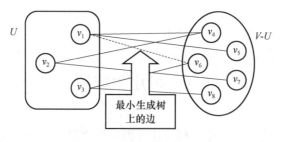

图 5-28 最小生成树上的边

图 5-29 是一个普里姆算法的示例,以粗线表示已经选取的最小生成树上的边和顶点,以虚线表示待选的边,以第一个顶点 A 作为起始的 U 集合,$U \rightarrow V-U$ 表示所有集合 U 到集合 $V-U$ 中的边。

下面以邻接矩阵作为存储结构的图为例来实现普里姆算法。根据图 5-29 所示,首先需要两种辅助的数据结构,用来存储 U 和 $V-U$ 到 U 中顶点的最小边:

```
int    adjvex[MAXSIZE];        //U 集中的顶点下标
int    lowcost[MAXSIZE];       //U→V-U 的最小权值边
```

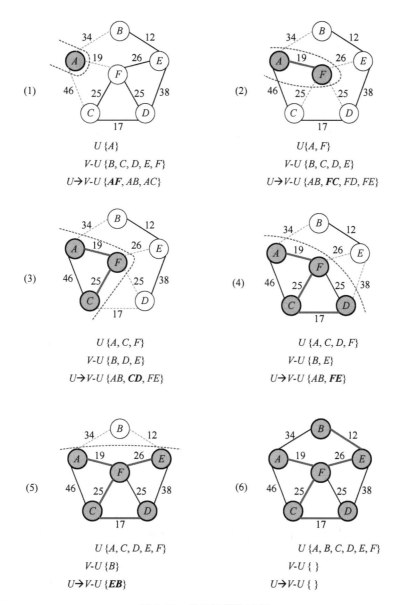

图 5-29　普里姆算法示例

其次，根据普里姆算法的基本思想，普里姆算法的完整实现可以分成 3 个部分。

（1）初始化辅助数据结构，如图 5-30 所示，与图 5-29 的步骤（1）对应。

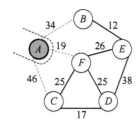

	0	1	2	3	4	5
	A	B	C	D	E	F
adjvex	0	0	0	0	0	0
lowcost	0	34	46	−1	−1	19

图 5-30　初始化辅助数组的值

```
for(int i = 0;i < G.vNum;i ++ )
```

```
{
    adjvex[i] = 0;
    lowcost[i] = G.arcs[0][i];            //初始时,辅助数组存储所有到 v₀ 的边
}
lowcost[0] = 0;                           //初始化 U = {v₀}
```

其中,lowcost[0]=0 表示该顶点已经选择;lowcost[3]=-1 表示 $A \rightarrow D$ 没有直接连接的边;lowcost[4]=-1 表示 $A \rightarrow E$ 没有直接连接的边。

(2) 选择辅助数组 lowcost 中的最小值,即 $U \rightarrow V\text{-}U$ 的权值边集合中的最小权值边。

```
int mininum(MGraph G, int lowcost[])
{
    int min = MAX;                        //最大的边权值
    int k = 0;
    for(int i = 1; i < G.vNum; i ++ )
    {
        if(lowcost[i] != 0 && lowcost[i] < min)//寻找 U → V - U 中边权值最小的顶点
        {
            min = lowcost[i];
            k = i;
        }
    }
    return k;
}
```

(3) 普里姆算法中最关键的部分,就是迭代地更新辅助数据结构 adjvex 和 lowcost。实际上,每增加一个新的顶点到集合 $U, U \rightarrow V\text{-}U$ 的边集就更新一次,更新的原则就是寻找 $V\text{-}U$ 集合中的每一个顶点到 U 集合的最小权值。如图 5-29 步骤(1)中 $U \rightarrow V\text{-}U$ 集合中的 C 顶点只有一条边,AC 权值为 46;当选择 F 到 U 集合之后,如图 5-29 步骤(2),则 $U \rightarrow V\text{-}U$ 集合中的 C 顶点有两条边 AC 和 FC,由于 FC 的权值小于 AC,所以更新 lowcost[2]的值为 FC 的权值 25。具体实现如下:

```
lowcost[k] = 0;                           //集合 U = U + {Vₖ}
for(int j = 0; j < G.vNum; j ++ )
{
    if(lowcost[j] != 0 && G.arcs[k][j] < lowcost[j])  //更新 U → {V - U} 的边权值
    {
        lowcost[j] = G.arcs[k][j];
        adjvex[j] = k;
    }
}
```

重复(2)、(3),直到 $V\text{-}U$ 集合为空为止,实现过程中,辅助数组中的数据变化如图 5-31 所示,直到最小生成树构成完毕。

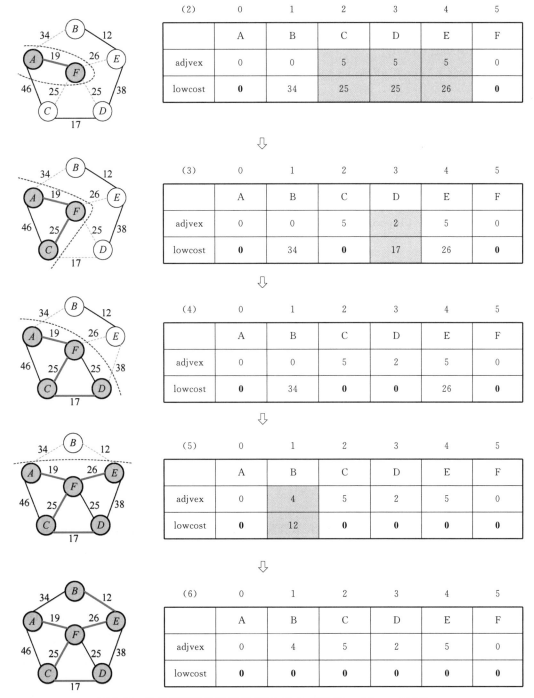

图 5-31　迭代更新辅助数组(与图 5-29 的步骤(2)～(6)一一对应)

根据图 5-31,普里姆算法完整的 C++ 语言描述如下:

```cpp
void Prim(MGraph G)                    //G是以邻接矩阵为存储结构的图
{
```

```
    for(int i = 0;i < G.vNum;i + + )              //辅助数组存储所有到的 v₀ 边
    {
        adjvex[i] = 0;lowcost[i] = G.arcs[0][i];
    }
    lowcost[0] = 0;                               //初始化 U = {v₀}
    for(i = 1;i < G.vNum;i + + )
    {
        int k = mininum(G,lowcost);        //求下一个边权值最小的邻接点
        cout << ´V´ << adjvex[k] << ´´ - > ´V´ << k << endl;
        lowcost[k] = 0;                           //U = U + {Vₖ}
        for(int j = 0;j < G.vNum;j + + )     //更新辅助数组
        {
            if(lowcost[j]!= 0&&G.arcs[k][j] < lowcost[j])
            {
                lowcost[j] = G.arcs[k][j];
                adjvex[j] = k;
            }
        }
    }
}
```

算法分析:普里姆算法需要将 V-U 集合中的所有顶点逐一加到 U 集合中,时间复杂度为 $O(n)$,对每一个加入的顶点需要遍历所有顶点的边权值来确定是否加入,也需要 $O(n)$ 的时间,因此,普里姆算法总的时间复杂度为 $O(n^2)$。

5.4.2 克鲁斯卡尔算法

另一种最小生成树算法是克鲁斯卡尔算法。如前所述,普里姆算法是从顶点的角度,通过依次增加不同的顶点,完成生成树的构造。而克鲁斯卡尔算法则是从边的角度,通过依次增加不同的边,来完成生成树的构造。

克鲁斯卡尔算法的基本思想是:为使生成树边的权值之和最小,显然,其中每一条边的权值应该尽可能地小。因此,克鲁斯卡尔算法首先对边进行从小到大的排序,然后从权值最小的边开始,依次添加到生成树中,直至加上 $n-1$ 条边为止。当然,不是所有的权值较小的边都是有效的,因此,每添加一条新的边到生成树上,必须保证新添加的边不会使已有的生成树产生回路。

本节以图 5-32 为例分析克鲁斯卡尔算法的过程。由图 5-32 可知,克鲁斯卡尔算法主要分成两个部分,一是对边进行排序,二是添加一条不产生回路的最小的边。由于克鲁斯卡尔算法要对边进行排序,所以要选择一个辅助数组,即边集数组作为图的存储结构,以方便对图中所有的边按权值从小到大进行排序。

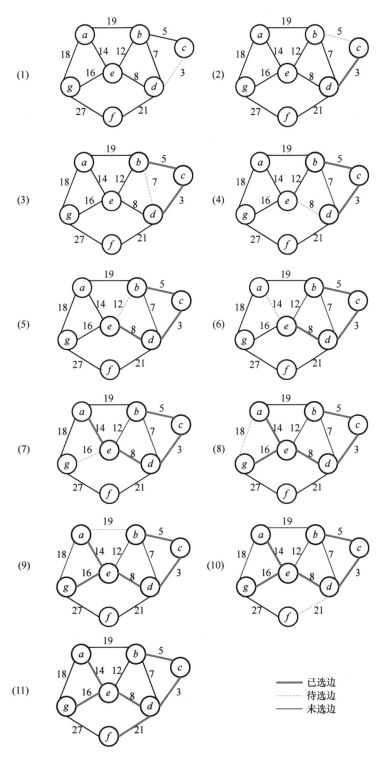

图 5-32　克鲁斯卡尔算法

边集数组由图的邻接表或邻接矩阵生成,如下所示。

```
struct VEdge{
    int    fromV;                //起始顶点
```

```
    int     endV;              //终止顶点
    int     weight;            //边的权值
};
VEdge  EdgeList[MAX_EDGE];
```

首先,获取 EdgeList,并对其进行排序,其 C++描述如下:

```
void GenSortEdge(MGraph G,VEdge EdgeList[])
{
    int k = 0,i,j;
    for(i = 0;i < G.vNum;i ++ ) //边赋值
        for(j = i;j < G.vNum;j ++ )
            if(G.arcs[i][j]! = MAX)
            {
                EdgeList[k].fromV = i;
                EdgeList[k].endV   = j;
                EdgeList[k].weight = G.arcs[i][j];
                k ++ ;
            }
    for(i = 0;i < G.e - 1;i ++ ) //边排序,这里用起泡排序,可以用其他排序方法替代
    {
        for(j = i + 1;j < G.e;j ++ )
        if(EdgeList[i].weight > EdgeList[j].weight)
        {
            VEdge t = EdgeList[i];
            EdgeList[i] = EdgeList[j];
            EdgeList[j] = t;
        }
    }
}
```

然后,克鲁斯卡尔算法还需要一个辅助数据结构 int vset[MAX_VERTEX],用来判断新加入的边是否构成回路。判断是否构成回路的原则是:所有连通的顶点属于同一个集合,不能连通的顶点分属不同的集合,每添加一条新的边时,需要判断该边对应的两个顶点是否同属一个集合,若两个顶点属于不同的集合,则不会构成回路,可以添加;否则选择下一条边进行判断。

辅助数组 int vset[MAX_VERTEX]的初始值如表 5-1 所示。其中,vset 数组的每一个元素对应一个顶点,初始化时每个顶点分属不同的集合,vset 的值表示集合的编号。

表 5-1 初始化辅助数组

	0	1	2	3	4	5	6
	a	b	c	d	e	f	g
vset	0	1	2	3	4	5	6

因此,从小到大添加边的过程就是:若其中一个顶点所属集合的编号为 i,另一个顶点所属结合的编号为 j,则在 vset 中寻找所有编号为 j 的顶点,将其更新为 i。以图 5-32 为例,添加边 cd、bc 和 de 的过程中 vset 数组的数据更新过程如图 5-33 所示。

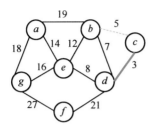

	0	1	2	3	4	5	6
	a	b	c	d	e	f	g
vset	0	1	2	2	4	5	6

(a) 添加权值为3的边 cd

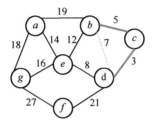

	0	1	2	3	4	5	6
	a	b	c	d	e	f	g
vset	0	1	1	1	4	5	6

(b) 添加权值为5的边 bc

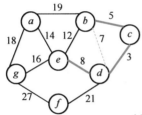

	0	1	2	3	4	5	6
	a	b	c	d	e	f	g
vset	0	4	4	4	4	5	6

(c) 添加边 de (b、d 属于同一集合不添加边 bd)

图 5-33 克鲁斯卡尔算法判别回路过程示例

根据图 5-33 中的步骤,克鲁斯卡尔算法的 C++ 描述如下:

```cpp
void Kruskal(VEdge EdgeList[],int n,int e)
{
    int vset[MAX_VERTEX];
    for(int i = 0;i < n;i + + )vset[i] = i;          //初始化 vset
    int k = 0,j = 0;
    while(k < n - 1)
    {
        int m = EdgeList[j].fromV,n = EdgeList[j].endV;
        int sn1 = vset[m];                          //m 所属集合
        int sn2 = vset[n];                          //n 所属集合
        if(sn1! = sn2)                              //两个顶点属于不同的集合
        {
            cout << 'V'<< m <<' - >V'<< n << endl;
            k + + ;
            for(i = 0;i < n;i + + )
```

```
            {
                if(vset[i] == sn2)          //集合编号为 sn2 的全部改为 sn1
                    vset[i] = sn1;
            }
        }
        j++;
    }
}
```

克鲁斯卡尔算法的时间消耗主要来自边的排序,因此时间复杂度为 $O(n^2)$。

普里姆算法和克鲁斯卡尔算法在通信中还广泛应用于"组播"传输中。组播是指从一个源点传送信息到多个目的结点的一种数据传输方式,它是网络支持多媒体业务的关键技术之一。在"组播"传输中,可以将通信网看成是一个有向带权图,顶点表示网络中的发送设备、转发设备或者接收设备,顶点之间的连线表示通信电缆,弧上的权值可以表示服务质量(QoS)指标中的带宽和时延等,通过普里姆算法和克鲁斯卡尔算法构造一棵最小生成树,可以用来求得时延最小的组播路径等。

5.5 最短路径

交通网中经常提出这样的问题:两地之间是否有路相通? 在有多条通路的情况下,哪一条通路最短? 交通网可以用带权图来表示,其中顶点表示城镇,边表示两个城镇之间的道路,边的权值可表示两城镇之间的距离、交通费用或所需的时间等。这就是带权图中求最短路径的问题,即求两个顶点之间长度最短的路径。

例如,求图 5-34 中 v_0 到其他顶点的最短路径?

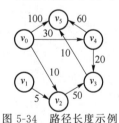

图 5-34 路径长度示例

首先明确一下最短路径的特点,即最短路径有哪些特征呢?

① 源顶点 v_0 与目的顶点 v_i 相邻(只含一条弧),该弧的权值最小,这条弧就是我们需要的最短路径;

② 从源顶点 v_0 到目的顶点 v_i 需要经过其他顶点,若 v_0 到 v_i 是最短路径,则对于 v_0 到 v_i 的路径上经过的每一顶点 v_x,v_0 到 v_x 也是最短路径。

对图 5-34 进行分析,从 v_0 到 v_5,取不同路径所对应的路径长度为

$(v_0,v_5):100$

$(v_0,v_4,v_5):30+60=90$

$(v_0,v_2,v_3,v_5):10+50+10=70$

$(v_0,v_4,v_3,v_5):30+20+10=60$

由此可以得出:(v_0,v_2)是一条最短路径,符合特征①;(v_0,v_4,v_3,v_5)是一条最短路径,因为(v_0,v_4)最短,(v_0,v_4,v_3)也是最短,符合特征②。下面介绍两种求最短路径的算法:Dijkstra 算法和 Floyd 算法。

5.5.1　Dijkstra 算法

Dijkstra 算法解决的是一个顶点到所有其他顶点的最短路径问题,根据最短路径的特点,它的基本思想是:按路径长度递增的次序产生源点到其余各顶点的最短路径。其具体过程如下。

（1）找出从源点能够直接到达的顶点的所有路径,并从中选出一条最短的路径。

（2）以这条已选出的最短路径作为转发路径,找出经过这条路径转发后到达其他顶点的路径,并从中选出一条最短的路径;需要注意的是,如果经过这条路径转发后到达目的结点比直接从源点到达目的结点路径要长,就不用转发了。

（3）重复执行(2),直到找到所有顶点的路径为止。

以上就是 Dijkstra 算法。事实上,步骤(2)是一个迭代算法,我们以图 5-34 为例,给出一个从 v_0 到各顶点最短路径的求解过程示例,如图 5-35 所示。

（1）初始状态:S＝源点 v_0。

（2）迭代算法,如表 5-2 所示,其中 S 表示已经得出最短路径的顶点集合,v_j 表示本次所得最短路径的顶点,括号中的是路径,括号外的 Disk[j] 是路径长度。若存在从上一轮中得到的最短路径到某顶点的通路,则更新路径,若不存在,则续写 v_0 到某顶点在上一轮中得到的路径。已得出的最短路径不再在下一轮迭代中重复写出,并以粗体标示。

表 5-2　Dijkstra 算法示例

终点	$i=1$	$i=2$	$i=3$	$i=4$	$i=5$
v_1	∞	∞	∞	∞	∞
v_2	$(\boldsymbol{v_0},\boldsymbol{v_2})$ Disk[2]=10				
v_3	∞	(v_0,v_2,v_3) Disk[3]=60	$(\boldsymbol{v_0},\boldsymbol{v_4},\boldsymbol{v_3})$ Disk[3]=50		
v_4	(v_0,v_4) Disk[4]=30	$(\boldsymbol{v_0},\boldsymbol{v_4})$ Disk[4]=30			
v_5	(v_0,v_5) Disk[5]=100	$(v_0 v_5)$ Disk[5]=100	(v_0,v_4,v_5) Disk[5]=90	$(\boldsymbol{v_0},\boldsymbol{v_4},\boldsymbol{v_3},\boldsymbol{v_5})$ Disk[5]=60	
v_j	v_2	v_4	v_3	v_5	
S	$\{v_0,v_2\}$	$\{v_0,v_2,v_4\}$	$\{v_0,v_2,v_3,v_4\}$	$\{v_0,v_2,v_3,v_4,v_5\}$	

具体迭代过程如下。

① 记录所有直接与 v_0 相连的顶点的路径 Disk[1..n],找出其中与 v_0 最近的顶点 v_i,加入 S。

② 将 v_i 作为转发结点,重新计算从 v 经过 v_i 可以到达的顶点的路径 Disk[1..n],对于任意结点 j,若经过 v_i 转发后的路径 Disk[j] 小于之前的路径长度,则更新 Disk[j],否则保留原来的值。更新完毕后,找出 Disk[1..n] 中路径最短的顶点,加入 S。

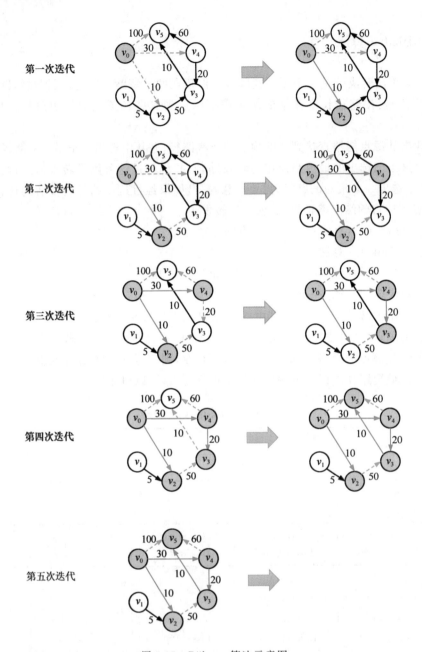

第一次迭代

第二次迭代

第三次迭代

第四次迭代

第五次迭代

图 5-35 Dijkstra 算法示意图

③ 反复执行②,每次都将上一次新加入集合 S 的顶点作为转发结点,重新计算 Disk$[1..n]$ 的值,直到最后一个顶点加入 S,算法结束。

每一次迭代可以找到一条最短路径,n 个结点经过 $n-1$ 次迭代即可求出从源点到所有其他顶点的最短路径。因此,不妨设带权有向图以邻接矩阵为存储结构,根据 Dijkstra 算法的思想,其 C++描述如下。

(1) 设置辅助数据结构。

数组 bool S$[0..n]$:S$[i]$记录顶点 i 是否已被添加。

数组 int Disk$[0..n]$:Disk$[i]$记录源顶点到顶点 i 的路径长度。

数组 int Path[0..n]：Path[i]记录源顶点到顶点 i 的路径。

（2）根据 Dijkstra 算法的基本思想，其 C++描述如下：

```cpp
void ShortPath(MGraph G,int v,int Disk[],char P[])        //v 为源顶点
{
    bool S[MAX_VERTEX];
        for(int i = 0;i < G.vNum;i++)                     //初始化辅助数组
        {
            S[i] = false;
            Disk[i] = G.arcs[v][i];
            if(Disk[i]!= MAX)    Path[i] = v;
            else    Path[i] = -1;                         //无前驱
        }
        S[v] = true;Disk[v] = 0;                          //初始化 v₀ 顶点∈S
        for(i = 0;i < G.vNum;i++)
        {
            if((v = FindMin(Disk,S,G.n)) == -1)           //寻找离 v₀ 最近的顶点
                return;
            S[v] = true;                                  //加 S
            for(int j = 0;j < G.vNum;j++)                 //更新辅助数组…
                if(! S[j] &&(Disk[j]> G.arcs[v][j] + Disk[v]))
                {
                    Disk[j] = G.arcs[v][j] + Disk[v];
                    Path[j] = v;
                }
        }
        Print(Disk,Path,G.n);
}
```

（3）在 Disk[1..n]中寻找最小值，即离 v_0 最近的顶点：

```cpp
int FindMin(int Disk[],int S[],int n)
{
    int k = 0,min = MAX;
    for(int i = 0;i < n;i++)
    {
        if(! S[i] && min > D[i])
        {
            min = D[i];k = i;
        }
    }
    if(min == MAX)return -1;
```

```
        return k；
    }
```

(4) 打印路径,从结点 v_i 沿 Path[1..n]回溯到 v_0:

```
void Print(int D[],int P[],int n)
{
    for(int i = 0;i < n;i ++ )
    {
        cout <<′V′<< i <<″: ~<< D[i]<<′\t{′V′<< i;
        int pre = P[i];
        while(pre! = − 1)
        {
            cout <<′V′<< pre;pre = P[pre];
        }
        cout <<″}″<< endl;
    }
}
```

(5) 算法分析。

Dijkstra 算法对每一个顶点都要进行一次迭代,所需的时间复杂度为 $O(n)$,共需要迭代 $n-1$ 次,因此 Dijkstra 算法总的时间复杂度为 $O(n^2)$。

目前,计算机网络中最为常用的路由协议为开放式最短路径优先协议(OSPF,Open Shortest Path First),其使用的基本算法思想就是 Dijkstra 算法。计算机网络由大量的计算机、交换机、路由器等网络设备和连接这些网络设备的电缆、光纤组成,其中每一个网络设备相当于图中的一个顶点,连接设备的电缆相当于图中的连线。当一台机器向另外一台机器发送数据时,如何选择路径,使数据快速到达目的地,就是路由协议要完成的功能。

OSPF 路由协议运行在网络结点的路由设备(网络中具有多个入口和多个出口的设备)上,该设备通过发送广播包获取整个网络的拓扑结构,然后应用 Dijkstra 算法计算出从本结点出发到达各个目标路由设备的下一跳地址,这就是路由表。之后,任何发送到该路由设备的数据包,一查路由表,就能够按照最快的路径转发到各个目的结点了。

5.5.2 Floyd 算法

Dijkstra 算法只能求得一个顶点到另外所有顶点的最短路径,若需要求出任意两个顶点之间的最短路径,可以采用 Floyd 算法。

考虑:

① 若<v_i,v_j>存在,则存在路径{v_i,v_j};

② 若<v_i,v_1>,<v_1,v_j>存在,则存在路径{v_i,v_1,v_j};

③ 若<v_i,…,v_2>,<v_2,…,v_j>存在,则存在路径{v_i,…,v_2,…v_j};

……

依次类推,则 v_i 至 v_j 的最短路径应是上述路径中路径长度最小者,这就是 Floyd 算法的基本思想。

Floyd 算法同 Dijkstra 算法类似,采用以邻接矩阵作为存储结构的带权有向图。

（1）设置辅助数组

① 辅助数组 dist[n][n]：存放在迭代过程中求得的最短路径长度。初始为图的邻接矩阵,在迭代过程中,根据如下递推公式进行迭代：

$dist_{-1}[i][j] = arc[i][j]$

$dist_k[i][j] = \min\{dist_{k-1}[i][j], dist_{k-1}[i][k] + dist_{k-1}[k][j]\}(0 \leqslant k \leqslant n-1)$

其中,$dist_k[i][j]$ 是从顶点 v_i 到 v_j 的中间顶点中序号不大于 k 的最短路径的长度。

② 辅助数组 path[n][n]：在迭代中存储从 v_i 到 v_j 的最短路径,初始为 path$[i][j]="v_iv_j"$。

图 5-36 给出了一个有向网及其邻接矩阵,并给出了用 Floyd 算法求该有向网中每对顶点之间的最短路径过程中,数组 dist 和 path 的变化情况。

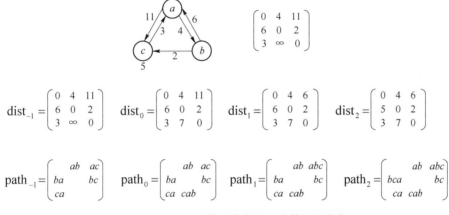

图 5-36　Floyd 算法执行过程中数组的变化

Floyd 算法用 C++ 语言描述如下：

```
void Floyd(MGraph G)
{
    for(i = 0;i < G.vNum;i++)//寻找最短路径
        for(j = 0;j < G.vNum;j++)
        {
            dist[i][j] = G.arc[i][j];
            if(dist[i][j] != MAX_VALUE)
                path[i][j] = G.vertex[i] + G.vertex[j];
            else
                path[i][j] = "";
        }
    for(k = 0;k < G.vNum;i++)
        for(i = 0;i < G.vNum;i++)
            for(j = 0;j < G.vNum;j++)
                if(dist[i][k] + dist[k][j] < dist[i][j])   //更新迭代数组 Disk[][]
```

```
                    {
                        dist[i][j] = dist[i][k] + dist[k][j];
                        path[i][j] = path[i][k] + path[k][j];
                    }
            }
```

(2) 算法分析

Floyd 算法的时间消耗主要在更新迭代数组 disk[][] 上,因此总的时间复杂度是 $O(n^3)$。

5.6 工程实践与思考

问题 1: 图着色问题

1. 问题描述

现在考虑第 1 章中的运动会赛程安排问题。根据第 1 章的分析,可以建立图 5-37 所示的数据结构逻辑模型,图中顶点代表运动会项目,若同一个选手参加多个项目,则这些项目两两之间有连线。这个问题是典型的图着色问题,按照图着色的原理,令每一个时间段对应一个颜色,相邻的结点颜色不同,然后对所有结点进行着色,并使颜色数最少。图着色问题是一个 NP 问题,在这里给出近似最优解。

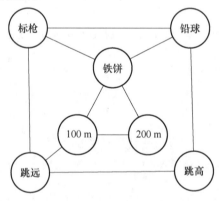

图 5-37 数据结构模型

2. 问题分析

显然,这个问题解决的关键在于根据结点之间是否连接来判断是否可以使用同一标记。由于最频繁的操作就是判断边是否存在,因此,采用邻接矩阵存储该图比较合适。

图的着色过程如图 5-38 所示,为了使最终使用的颜色数目最少,着色按照每个顶点度的大小顺序进行,度较大的顶点先被着色,度较小的顶点后被着色,即先将各个顶点按照度从大到小的顺序依次排序,再进行着色。顶点排序后的状态如图 5-38(a)所示。

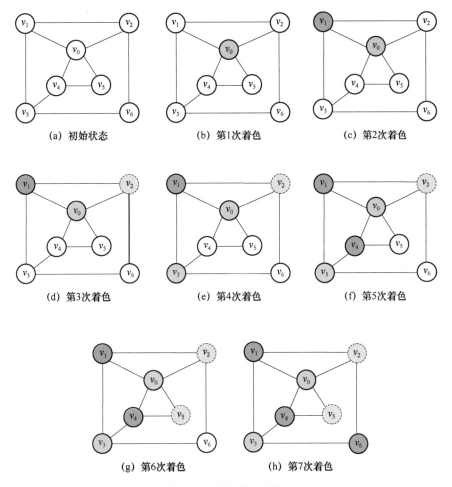

图 5-38　图的着色步骤

3. 算法实现

根据图 5-38 的步骤，图着色算法的伪代码如下：

[1] 令 Mark 为颜色集，初始为空，顶点集为 Node。

[2] 根据度降序排列 Node。

[3] 从 Node 中取出结点 i。

[4] 从已使用的颜色集 Mark 中依次取出颜色：

[4.1] 若颜色集 Mark 已到结尾，则增加一个新颜色 j 到 Mark 中，并把结点 i 标记为 j，回到[3]；

[4.2] 否则取出标记 j，遍历所有结点，若存在任意结点 k 与结点 i 相邻且标记相同，则回到[4]。

为了简化代码编写，提高效率，以上步骤的 C++ 实现可使用 STL 中的 vector 类和 sort 排序算法，其完整实现如下：

```
# include < vector >
# include < algorithm >
```

```
using namespace std;

int map[] =                //邻接矩阵,使用一维数组表示,下标 = 行 * 结点数 + 列
{    0,1,1,0,0,1,0,
     1,0,1,0,0,0,1,
     1,1,0,1,1,0,0,
     0,0,1,0,1,1,0,
     0,0,1,1,0,0,0,
     1,0,0,1,0,0,1,
     0,1,0,0,0,1,0
};
struct NODE  {
     int index;                //结点在 map 中对应的位置
     int degree;               //结点的度
     int mark;                 //结点的标记
};
bool cmp(NODE a,NODE b);       //为排序算法提供的比较函数
int fillcolor(int map[],int n);   //着色函数

int main()                     //主函数
{
     int n = fillcolor(map,7);
     cout << n << "round is necessary to complete the game" << endl;
     return 0;
}
bool cmp(NODE a,NODE b)         //降序排列,使用大于号,用于 STL 中的排序
{
     return a.degree > b.degree;
}
int fillcolor(int map[],int n)    //着色算法
{
     int countMark = 0;         //记录第一个使用的颜色号
     vector < int > mark;       //颜色号集合
     vector < NODE > node;      //图中结点集合
     node.resize(n);

     for(int i = 0;i < n;i + + )  //统计图中每个结点的度
     {
          node[i].degree = node[i].mark = 0;
          node[i].index = i;
          for(int j = 0;j < n;j + + )
```

```
    {
        if(map[i * n + j]==1) node[i].degree++;
    }
}
//使用 STL 中的 sort 函数进行降序排列
sort(node.begin(),node.end(),cmp);

for(int i = 0;i < n;i++)                    //从结点集中取出结点
{
    for(int j = 0;j < mark.size();j++)    //从颜色集中取出颜色号
    {
        if(node[i].mark == 0)
            node[i].mark = mark[j];//着色
        for(int k = 0;k < n;k++)//如果两个结点相邻而且颜色号相同,取消原颜色
        {
            if(map[node[i].index * n + node[k].index]==1
                && node[k].mark == node[i].mark)
            {
                node[i].mark = 0;
            }
        }
    }
    if(node[i].mark == 0)                   //新增一个颜色号
    {
        mark.push_back(++countMark);
        node[i].mark = mark.back();
    }
}
    return countMark;                       //返回颜色数
}
```

4. 算法分析

整个程序中算法 fillcolor 是关键,该算法中排序部分的时间复杂度是 $O(n\log_2 n)$,着色部分可以看出一共是 3 个循环嵌套,由于一般的着色问题的特点是:图的顶点数目较大($n>50$),而用来着色的颜色数目很小,所以对于选择颜色号的时间消耗可认为是一个常数,忽略不计。因此着色的时间消耗主要用在遍历结点(时间复杂度为 $O(n)$),并检查每一个已着色的结点是否合适(时间复杂度为 $O(n)$)。所以,该算法总的时间复杂度是 $O(n^2)$。

问题 2:地铁换乘线路查找问题

1. 问题描述

地铁作为城市出行最为便捷的交通工具之一,如何实现较为省时的换线到达目的地是一

个比较实际的问题。以图 5-39 所示的北京市地铁线路图为例，显然，这个问题本质上是图的最短路径问题。为方便地选择起点与终点之间的换乘站点以及总的路径，需要考虑站与站之间的乘车时间、在各个站点的停留等待时间，以及总的乘车时间。实际上各站点的停留等待时间可直接计入站与站之间的乘车时间，因此可直接使用最短路径算法实现。

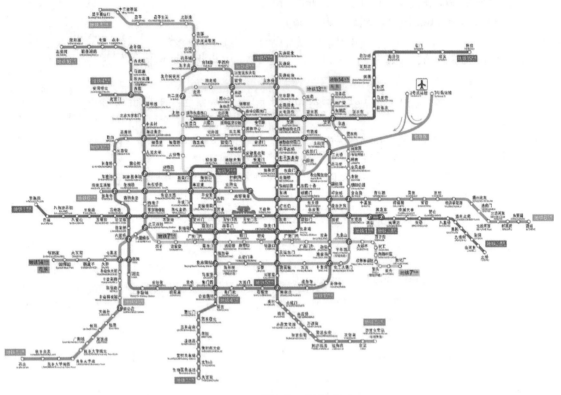

图 5-39　北京市地铁线路图

2. 问题分析

显然，在不同时刻，站与站之间的乘车时间（包括等待时间）根据地铁运行时间安排是不同的。因此地铁线路图可认为是一张动态图，其各边的权值是动态变化的。

最短路径算法主要有 Dijstra 算法和 Floyd 算法。由于 Floyd 算法直接计算任意两结点之间的最短路径，所以在实际应用中，往往根据当前时间段，确定各站点到邻近站点的等待时间，即确定边的权值，然后使用 Floyd 算法，将各个站点到其他站点的最短路径分别算出并且存储在数据库中。乘客在同一时间段查询时，只需要执行查表操作即可得到相应的最短路线设计。

在本问题中，假定在某时刻所有边的权值全部给定，则直接给出由起点到终点的最短路径。此时使用改进的 Dijstra 算法。根据 Dijstra 算法，在迭代过程中，若本次所得最短路径的顶点刚好就是终点，则迭代结束。而标准的 Dijstra 算法则是给出从起始点到所有顶点的最短路径。因此，改进的算法优于传统的标准 Dijstra 算法。

算法的实现请读者根据标准的 Dijstra 算法进行改进。

问题 3：教学计划安排问题

1. 问题描述

大学的每个专业都要制订教学计划。假设每个专业开设的课程都是确定的,而且课程开设时间的安排必须满足先修关系。每门课程有哪些先修课程是确定的,可以有任意多门,也可以没有。例如,一共需要安排 7 门课,分别用 $C_1 \sim C_7$ 表示,各课程先修关系如表 5-3 所示,每门课恰好占一个学期。试在这样的前提下设计一个教学计划编制程序,使学生能在最短的时间内修完这些课程。

表 5-3　课程先修关系表

课程代码	先修课程
C_1	无
C_2	无
C_3	C_1、C_2
C_4	C_2
C_5	C_1、C_2
C_6	C_3、C_4
C_7	C_5

2. 解决思路

显然,有些课程的开始是以它的所有先修课程的结束为先决条件的,也有些课程没有先修课程,可以安排在任何时间开始。为了形象地反映出整个教学计划安排中各个课程之间的先后关系,可用一个有向图来表示,图中的顶点代表课程,图中的有向边代表课程间的先后关系,通常,我们把这种顶点称为活动,边表示活动间先后关系,即有向边的起点活动是终点活动的前序活动,只有当起点活动完成之后,其终点活动才能进行。这种有向图称为顶点活动网（Activity On Vertex network）,简称 AOV 网。显然,在 AOV 网中不存在回路。图 5-40 给出了表 5-3 对应的 AOV 网。

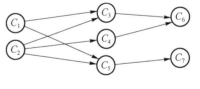

图 5-40　AOV 网

根据问题的描述,我们首先构建 AOV 网,利用先修关系将课程排序,最后解决问题即输出每学期的课程。这种将活动进行排序的算法,称为**拓扑排序**。

由 AOV 网构造拓扑序列的拓扑排序算法主要循环执行以下两步,直到不存在入度为 0 的顶点为止。

① 选择所有入度为 0 的顶点并输出;

② 从网中删除这些顶点及其关联的所有边。

循环结束后,若输出的顶点数小于网中的顶点数,则输出"有回路"信息,否则输出的顶点序列就是一种拓扑序列。

以图 5-40 为例,经计算得到的拓扑序列为"$C_1 \rightarrow C_2 \rightarrow C_3 \rightarrow C_4 \rightarrow C_5 \rightarrow C_6 \rightarrow C_7$"。

3. 算法实现

假设给定已表示先修关系的 AOV 网 G，并采用邻接表存储课程之间的先修关系。现实现拓扑排序 TopoSort(G)，将课程排序后决定出每学期所学课程。

本设计核心代码(拓扑排序)如下：

```
int TopoSort(ALGraph < string > &G)
{
    int indegree[MAXSIZE];        //存储各顶点变化后的入度
    int result[MAXSIZE];          //存储拓扑排序结果
    int head = 0,tail = - 1;      //存储当前学期的课程在排序结果中的起止位置
    int term = 0;                 //当前学期

    G.getInDegree(indegree);      //对各顶点求入度
    for(int i = 0;i < G.getVNum(); ++ i)
        if(! indegree[i])
            result[++ tail] = i;//入度为 0 者写入排序结果
    while(head <= tail)
    {
        cout << + + term <<"学期课程:";
        int newtail = tail;
        while(head <= tail)
        {
            int i = result[head ++ ];
            cout << G.getVertex(i)<< " ";
            for(ArcNode  * p = G.getFirstarc(i);p;p = p -> nextarc)
                //对 i 号顶点的每个邻接点的入度减 1
            {
                int j = p -> adjvex;
                if(! ( -- indegree[j]))//若入度减为 0,则写入排序结果
                    result[++ newtail] = j;
            }
        }
        head = tail + 1;   //重置下一学期的课程在排序结果中的起止位置
        tail = newtail;
        cout << endl;
    }

    if(tail + 1 < G.getVNum())
    {
```

```
        cout << "not VOA" << endl;
        return -1;
    }
    else cout << "为一个拓扑序列,教学计划编制完成" << endl;
    return 0;
}
```

本算法中,分别调用了模板类 ALGraph 中的一些新的成员函数,如调用 getInDegree 函数获得各个顶点的入度,调用 getVNum 函数获得顶点数量,调用 getVertex(i) 函数获得第 i 个顶点的名称,调用 getFirstarc(i) 函数获得第 i 个顶点对应的边表表头地址。这些成员函数都比较简单,请读者自行实现。

问题 4：关键路径问题

1. 问题描述

一个庞大而复杂的工程通常由若干个用时不一的子任务构成。有些子任务可以同时进行,有些子任务具有先后次序,完成一个子任务后才能开始另一个子任务。例如,已知某工程各工序之间的优先关系和各工序所需的时间,如表 5-4 所示,试设计一个算法,使其快速规划一个调度方案,确定按照怎样的顺序执行这些任务,可使耗费的总时间最短。

表 5-4　某工程各工序之间的优先关系和各工序所需的时间

工序代号	A	B	C	D	E	F	G	H
所需时间	3	2	2	3	4	3	2	1
先驱工序	—	—	A	A	B	A	C,E	D

2. 问题分析

在一个工程中,有些活动能够同时进行,有些活动具有先后次序。路径上各个任务所持续的时间之和称为路径长度。完成整个工程所必须花费的时间应为起点到终点的最大路径长度。这个最大长度又称关键路径,即整个工程所需的最短工期。

根据表 5-4 所示的信息,可以得到一个无环加权有向图,如图 5-41 所示。

计算无环加权有向图的关键路径,可转化为求解最短路径问题。这与地铁路线问题处理方式相似,只需要将有向无环图中的权值取相反数,求解图中由起点到终点的最短路径,得到的最短路径即为该图的关键路径。具体实现请读者自行完成。

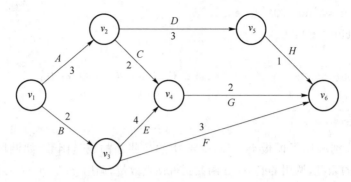

图 5-41　无环加权有向图

习　题　5

1. 填空题

(1) 具有 11 个顶点的无向图,最多能有_____条边。

(2) 有 n 个顶点的强连通有向图 G 至少有_____条弧。

(3) G 为无向图,如果从 G 的某个顶点出发,进行一次广度优先遍历,即可访问图的每个顶点,则该图一定是_____图。

(4) 若采用邻接矩阵结构存储具有 n 个顶点的图,则对该图进行广度优先遍历的算法时间复杂度为_____。

(5) 具有 N 个顶点的连通图的生成树有_____条边。

(6) 图的深度优先遍历类似于树的_____遍历;图的广度优先遍历类似于树的_____遍历。

(7) 对于含有 n 个顶点、e 条边的连通图,利用普里姆算法求最小生成树的时间复杂度为_____。

(8) 已知无向图 G 的顶点数为 n,边数为 e,其邻接表表示的空间复杂度为_____。

(9) 一棵具有 n 个顶点的生成树有且仅有_____条边。

2. 单选题

(1) 在一个无向图中,所有顶点的度数之和等于所有边数的(　　)倍。

A. 1/2　　　　　　B. 1　　　　　　C. 2　　　　　　D. 4

(2) 在一个具有 n 个顶点的有向图中,若所有顶点的出度数之和为 S,则所有顶点的度数之和为(　　)。

A. S　　　　　　B. $S-1$　　　　　　C. $S+1$　　　　　　D. $2S$

(3) 具有 n 个顶点的有向图最多有(　　)条边。

A. n　　　　　　B. $n(n-1)$　　　　　　C. $n(n+1)$　　　　　　D. n^2

(4) 在一个无向图中,所有顶点的度数之和等于所有边数的(　　)倍。

A. 3　　　　　　B. 2　　　　　　C. 1　　　　　　D. 1/2

(5) 若一个图中包含 k 个连通分量,按照深度优先搜索的方法访问所有顶点,则必须调用(　　)次深度优先搜索遍历的算法。

A. k　　　　　　B. 1　　　　　　C. $k-1$　　　　　D. $k+1$

（6）若一个图的边集为$\{<1,2>,<1,4>,<2,5>,<3,1>,<3,5>,<4,3>\}$，则从顶点 1 开始对该图进行深度优先遍历，得到的顶点序列可能为（　　）。

A. 1,2,5,4,3　　B. 1,2,3,4,5　　C. 1,2,5,3,4　　D. 1,4,3,2,5

（7）若一个图的边集为$\{(A,B),(A,C),(B,D),(C,F),(D,E),(D,F)\}$，则从顶点 A 开始对该图进行广度优先遍历，得到的顶点序列可能是（　　）。

A. A,B,C,D,E,F　　　　　　B. A,B,C,F,D,E

C. A,B,D,C,E,F　　　　　　D. A,B,C,D,F,E

（8）存储无向图的邻接矩阵是（　　），存储有向图的邻接矩阵一般是（　　）。

A. 对称的　　　　B. 非对称的

（9）采用邻接表存储的图的广度优先遍历算法类似于二叉树的（　　）。

A. 先序遍历　　　B. 中序遍历　　　C. 后序遍历　　　　D. 按层遍历

（10）设有两个无向图 $G=(V,E)$ 和 $G'=(V',E')$，如果 G' 为 G 的生成树，则下面说法不正确的是（　　）。

A. G' 为 G 的子图　　　　　　　B. G' 为 G 的连通分量

C. G' 为 G 的极小连通子图且 $V'=V$　　D. G' 为 G 的一个无环子图

3. 画出图 5-42 所示的无向图的邻接表（顶点按照 ASCII 排列），并根据所得邻接表给出对该图从顶点 A 开始的深度优先和广度优先搜索遍历的顶点序列。

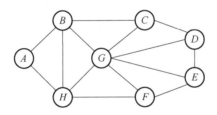

图 5-42　无向图

4. 分别使用普里姆算法和克鲁斯卡尔算法构造出图 5-43 所示图 G 的一棵最小生成树。

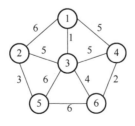

图 5-43　图 G

5. 算法设计：以邻接表为存储结构，设计实现深度优先遍历的非递归算法。

第6章 查找

查找是计算机数据处理中的一种重要应用,当需要反复在海量的数据中查找指定的记录时,查找效率就成为整个系统性能的关键。因此,基于不同的应用,本章首先详细介绍关于线性表的3种常用静态查找算法:顺序查找、折半查找、分块查找。接着,对于在查找过程中需要动态增减记录的应用,还将介绍几种基于树表的动态查找算法——二叉排序树、平衡二叉树和B—树。最后,介绍一种理论上最快的查找技术——散列查找。此外,本章还将重点讲解STL中与查找算法相关容器的使用,方便读者在实际应用中进行快速开发。

6.1 基 本 概 念

在实际应用中,查找是一种常用的运算,其功能是从大量的数据元素中找出某个特定的数据元素。查找运算的功能可确切地表述为:根据给定的某个值 k,在查找表中寻找一个其键值等于 k 的数据元素,若找到一个这样的数据元素,则称查找成功,此时的运算结果为该数据元素在查找表中的位置;否则,称查找不成功,此时的运算结果为一个特殊标志。

6.1.1 静态查找和动态查找

在查找过程中,根据被查的数据表是否有变化,可以把查找分为静态查找和动态查找两种。所谓静态查找,其设计不考虑插入和删除操作,如存储某班学生基本信息的数据表,一般情况下是不会或很少发生变化的。所谓动态查找,是指在查找过程中频繁地有数据的插入和删除操作,需要在动态的过程中维持数据在数据表中的变化。

6.1.2 查找的性能评估

查找算法中最基本的操作是关键码和给定值的比较,因此,比较次数越少则算法的性能越好。可以使用 ASL(平均查找长度)来评价一个查找算法。ASL 计算公式如下:

$$\text{ASL} = \sum_{i=1}^{n} P_i C_i$$

其中,n 为表长,P_i 为查找表中第 i 个记录的概率,C_i 为找到该记录时,曾和给定值比较过的关键字的个数。显然，C_i 与算法密切相关，决定于算法；P_i 与算法无关，决定于具体应用。如果 P_i 已知，则平均查找长度 ASL 只是问题规模 n 的函数。

对于查找不成功的情况，平均查找长度即为查找失败对应的关键码的比较次数。在实际应用中，查找成功的可能性比查找不成功的可能性要大得多，特别是在查找集合中记录个数很多时，查找不成功的概率可以忽略不计。

6.1.3　查找结构分类

查找操作的实施方法和计算复杂性同数据的存储结构有很大的关系，本章讨论的查找结构有如下几种。

① 线性表：适用于静态查找，主要采用顺序查找技术、折半查找技术。

② 树表：适用于动态查找，主要采用二叉排序树这种查找技术。

③ 散列表：静态查找和动态查找均适用，主要采用散列技术。

若整个查找过程都在内存中进行，则称之为内查找；若查找过程中需要访问外存，则称之为外查找。

6.2　线性表查找

在表的组织方式中，线性表是最简单的一种，本节将介绍 3 种在线性表上的查找算法：顺序查找、折半查找和索引查找。

6.2.1　顺序查找

问题：对有 n 个整数的序列，查找指定数值 key 是否在该序列中，如果存在，找出该数值在序列中的位置，否则返回 0。

对于这个问题，最简单算法就是从序列首部开始，从前向后逐个匹配，直到找到为止；若扫描之后，仍未找到关键码等于 key 的元素，则查找失败。根据上述算法思想，很容易写出下面的 C++代码：

```cpp
int search(int a[], int n, int key)
{
for(int i = 0;i < n;i ++ )
    if(a[i] == key)
        return i + 1;
    return 0;
}
```

上述算法简单易懂，但还是有一些冗余的地方，如该算法每次都需要检测是否已经到达另一端，还要检测关键字是否匹配，这两次比较实际上可以优化为一次比较。通过在数组的一端设置哨兵的方法，可以使算法性能得到很大的改善，这就是经典的查找算法。

例如,若在序列{21,37,88,19,92,05,64,56,80,75,13}中查找 key＝64 的元素,可以将 64 放在队头,从后向前逐个查找,找到 64 后返回其标号;若查找 key＝60 的元素,将其置于队头,则查找会在队头结束,并将标号 0 返回,这个值可以作为错误状态返回,如图 6-1 所示。

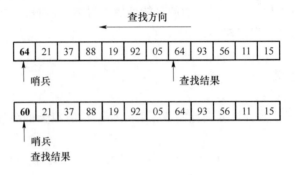

图 6-1 查找结果

该算法用 C++语言描述如下:

```cpp
int search(int a[],int n,int key)      //a[0]不用,a[1]~a[n]存储数据
{
    a[0]＝key;                        //哨兵
    for(int i＝n;a[i]!＝key;i－－);     //从后向前遍历
        return i;
}
```

实践证明,相对于不使用哨兵的算法而言,这个改进能使顺序查找在 $n \geqslant 1\,000$ 时进行一次查找的时间减少一半。

假设每个元素被查找的概率相等,在查找成功的情况下有

$$\text{ASL}_{ss} = \frac{1}{n} \sum_{i=1}^{n} (n-i+1) = \frac{n+1}{2}$$

若查找不成功,则

$$\text{ASL} = n+1$$

若查找概率无法事先测定,则查找过程采取的改进办法是,在每个记录中附设一个频度域,在查找过程中,将查找频度大的记录依次后移,以减少比较次数。

顺序查找表的查找算法简单,且对表的结构没有任何要求,无论是用顺序表还是链表进行存储,也无论元素之间是否按关键码有序,它都同样适用。顺序查找的缺点是查找效率低,特别不适用于表长较大的查找表。

6.2.2 折半查找

折半查找又称二分查找,当待查找序列按关键码有序时,可以采用此算法。其基本思想为先确定待查记录所在的范围(区间),然后逐步缩小范围直到找到或找不到该记录为止。具体来说就是与区间的中间值比较,若大于中间值,就在右半区间查找;若小于中间值就在左半区间查找,如此循环,直到找到匹配元素或区间不存在为止。折半查找要求线性表用顺序表作为

存储结构。

例如,在有序序列{05,13,19,21,37,56,64,75,80,88,92}中查找 key=64 的元素,其查找过程如图 6-2 所示。其中,low 为待查找序列左界,high 为待查找序列右界,mid 为中值。

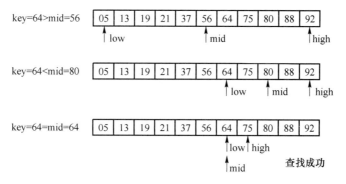

图 6-2　查找 key=64 的元素

在上述序列中查找 key=12 的元素的过程如图 6-3 所示。

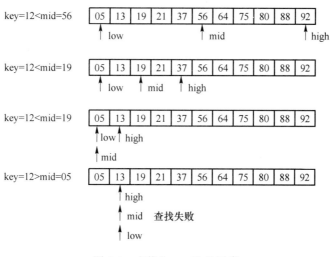

图 6-3　查找 key=12 的元素

该算法的 C++语言描述如下:

```cpp
int Search_Bin(int a[],int n,int key)          //a[0]不用,a[1]~a[n]存储数据
{
    int low = 1;
    int high = n;
    while(low <= high)
    {
        int mid =  (low + high)/2;
        if(key == a[mid])     return mid;
        else if(key < a[mid]) high = mid - 1;   //左半区间查找
        else  low = mid + 1;                    //右半区间查找
```

```
        }
    return 0;
    }
```

上述算法的基本思想就是将关键字 key 和待查找区间的中值 $a[mid]$ 进行比较,若 key 和 $a[mid]$ 相等,则查找成功,返回 mid;若关键字 key $< a[mid]$,则在左区间,即 $[low, mid-1]$ 范围内查找;否则,在右区间,即 $[mid+1, high]$ 范围内查找。重复上述过程,直到区间内只有一个值为止。

因此,根据折半查找的算法思想,该算法也可以采用递归的方式实现,算法的 C++ 描述如下:

```
int BinSearch(intr[],int low,int high,int key)
{
    if(low <= high)
    {
        int mid = (low + high)/2;
        if(key == r[mid])       return mid;
        else if(key < r[mid])   return BinSearch(r,low,mid-1,key);  //左半区间查找
        else                    return BinSearch(r,mid+1,high,key); //右半区间查找
    }
    else return 0;
    }
```

这个查找过程可以用图 6-4 所示的二叉树来表示,其中 i 表示待查找数据在表中的位置,C_i 表示查找第 i 个数据所比较的总次数。若查找的结点是序列中第 6 个结点,则只需进行一次比较;若查找的结点是序列中的第 3 或第 9 个结点,则需要比较 2 次;查找第 1、4、7、10 个结点需要比较 3 次;查找第 2、5、8、11 个结点需要比较 4 次。由此可见,折半查找过程恰好是走了一条从判定树的根到被查找结点的路径,经历比较的关键码的个数恰为该结点在树中的层数。像这样树中每个结点表示序列中一个元素,结点中的值为该元素在序列中的位置,则这个描述查找过程的二叉树为判定树。

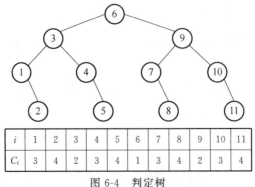

i	1	2	3	4	5	6	7	8	9	10	11
C_i	3	4	2	3	4	1	3	4	2	3	4

图 6-4 判定树

一般情况下,表长为 n 的折半查找的判定树的深度和含有 n 个结点的完全二叉树的深度相同。因此,在查找成功的情况下,假设 $n=2^h-1$ 并且查找概率相等,则

$$\text{ASL}_{bs} = \frac{1}{n}\sum_{i=1}^{n}C_i = \frac{1}{n}\Big[\sum_{j=1}^{h}j\times 2^{j-1}\Big] = \frac{n+1}{n}\log_2(n+1)-1$$

在 $n>50$ 时,可得近似结果:

$$\text{ASL}_{bs} \approx \log_2(n+1)-1$$

若查找不成功,则

$$\text{ASL} = h \approx \log_2 n + 1$$

　　折半查找法的优点是比较次数少,查找速度快,平均性能好;其缺点是要求待查表为有序表,而排序本身是一种很费时的运算,即使采用高效率的排序方法也要花费 $O(n\log_2 n)$ 的时间。另外,折半查找只适用于顺序存储结构,为保持表的有序性,在顺序结构里的插入和删除操作都必须移动大量结点,因此,折半查找方法适用于不经常变动而查找频繁的有序列表。对于那些查找操作少又经常需要改动的线性表,可采用链表作为存储结构,进行顺序查找。

6.2.3　索引查找

　　顺序查找适用于线性表中元素分布完全无序的情况;折半查找适用于线性表中元素分布严格有序的情况;但实际应用中,线性表中数据的分布可能呈现部分有序,或者分块有序,因此,需要综合运用顺序查找和折半查找方法进行比较。索引查找就是一种组合查找方法,又称分块查找,它是一种性能介于顺序查找和折半查找之间的查找方法。它要求在建立顺序表的同时,建立一个索引表,如图 6-5 所示。

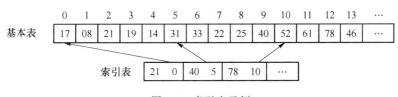

图 6-5　索引表示例

　　索引查找按照索引表分块有序,即前一个子表内的所有关键字均小于后一个子表内的关键字,其中索引表对每一个子表使用两个值进行标识:一是子表内最大的关键字,二是子表内元素起始地址。一般来说,原表采用顺序查找;索引表为有序表,可采用顺序查找或折半查找。

　　索引查找的基本思想是:首先根据索引表确定待查记录的区间,然后在确定的主表区间内采用顺序查找。

　　一般情况下,将长度为 n 的主表分成 b 块,每块含有 s 条记录,即 $b \approx n/s$,假设查找概率相等,则每块查找的概率为 $1/b$,块中每条记录查找的概率为 $1/s$。

　　若索引表采用顺序查找,则

$$\text{ASL} = \frac{b+1}{2} + \frac{s+1}{2} = \frac{\frac{n}{s}+s}{2} + 1$$

若索引采用折半查找,则

$$\text{ASL} \approx \log_2(b+1) - 1 + \frac{s+1}{2} = \log_2\left(\frac{n}{s}+1\right) + \frac{s-1}{2}$$

索引查找的优点是,在表中插入或删除一个元素时,只要找到该元素所属的块,就可以在该块内进行插入和删除运算。因块内元素的存放是任意的,所以,插入或删除比较容易,无须移动大量元素。索引查找的主要代价是增加一个辅助数组的存储空间和将初始表分块排序的运算。

6.3 树表查找

从上一节的讨论可知,在线性表的查找算法中,折半查找的效率最高,但折半查找要求线性表必须按关键字有序,且不能用链表作为存储结构,因此,当表的插入或删除频繁时,为维护表的有序性,势必要移动表中的很多元素,造成额外的时间开销。在这种情况下,可采用本节将要介绍的两种特殊的表的组织方式:二叉排序树和平衡二叉树。本节将分别讨论基于这两种组织结构的查找算法。

6.3.1 二叉排序树

二叉排序树(BST,Binary Sort Tree)或者是一棵空树,或者是具有如下特性的二叉树:

① 若根结点的左子树不空,则其左子树上所有结点的值均小于根结点的值;

② 若根结点的右子树不空,则其右子树上所有结点的值均大于根结点的值;

③ 根结点的左、右子树也都分别是二叉排序树。

从二叉排序树的定义可得出二叉排序树的一个重要性质:按中序遍历该树所得到的中序序列是一个递增有序序列。例如,图 6-6 所示的二叉排序树可以得到有序序列为{3,12,24,37,45,53,61,78,90,100}。

图 6-7 所示的二叉树不是二叉排序树,因为 66>50,不能出现在左子树中。

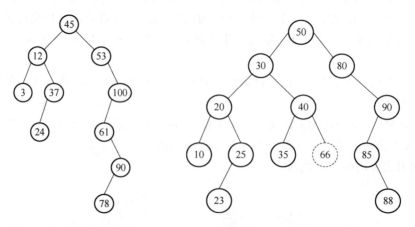

图 6-6　二叉排序树示例　　　　图 6-7　二叉排序树鉴别

通常,可取二叉链表作为二叉排序树的结点存储结构,如下所示:

```
template<class T> class BiNode
```

```
{
public:
    T data;
    BiNode<T>  *lch;
    BiNode<T>  *rch;
    BiNode():lch(NULL),rch(NULL){ };   //构造函数
};
```

二叉排序树的存储结构的C++表示如下:

```
template<class T> class BST
{
public:
    BST(T r[],int n);                           //构造函数,创建二叉排序树
    ~BST();
    BiNode<T>* Search(BiNode<T> * R,T key);     //查找关键字 key
    void InsertBST(BiNode<T> * &R,BiNode<T>* s); //插入结点
    void Delete(BiNode<T> * &R);                //删除结点
    boolDeleteBST(BiNode<T> * &R,T key);        //删除关键字 key
private:
    BiNode<T>* Root;                            //根结点
};
```

根据二叉排序树的特性,容易得出其查找算法:若待查元素大于根结点,则在其右子树上继续查找;反之,在左子树上继续查找,直到找到该元素或结点的左(右)结点为空。该算法的C++语言描述如下:

```
template<class T>
BiNode<T>* BST<T>::Search(BiNode<T> * R,T key)
{
    if(R == NULL)          return NULL;          //查找失败
    if(key == R->data)     return R;
    else if(key<R->data) return Search(R->lch,key);
    else                   return Search(R->rch,key);
}
```

在二叉排序树中插入新结点,只要保证插入后仍符合二叉排序树的定义即可。二叉树的插入过程为:若二叉排序树为空,则将元素插入为新的根结点,否则继续在其左子树或右子树上查找,直至找到某个结点的左子树或右子树为空,将元素作为该结点的左孩子或右孩子插入。

例如,将 key＝48 和 key＝22 的元素插入树中的过程如图 6-8 所示。

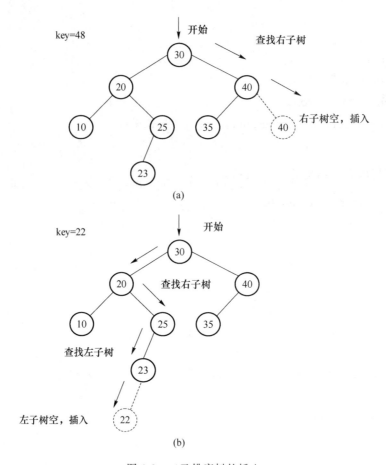

图 6-8　二叉排序树的插入

为简化算法,不妨先假设目前二叉排序树已经建立,我们要将一个新结点 s 插入二叉排序树中,则二叉排序树的插入算法用 C++语言描述如下:

```
template < class T >
voidBST < T > ::InsertBST(BiNode < T > * &R, BiNode < T > * s)
//R 为二叉排序树的根结点,s 为待插入的新结点
{
    if(R == NULL)
        R = s;                         //插入 R 的位置
    else if(s -> data < R -> data)
        InsertBST(R -> lch,s);         //在左子树中插入
    else
        InsertBST(R -> rch,s);         //在右子树中插入
}
```

注意:InsertBST 算法的第一个参数的类型为 * &,即指针的引用,其目的有两个,一是作为输入时,既把指针的值传递到函数内部,又可以将指针的关系传递到函数内部;二是作为输出时,由于算法中修改了指针 R 的值,可以将 R 的新值传递到函数外部。一般情况下,若函数

内部修改了指针本身的值(不是指针指向的地址的内容),则需要将该指针的参数设置为指针的引用 $*\&$。由此可知,对于 InsertBST 算法中的指针 R,在函数内部进行了"$R=s$"的赋值操作,所以 InsertBST 第一个参数的类型为 $*\&$;而对于 Search 算法中的指针 R,仅在函数内部对 R 进行读取,所以 Search 第一个参数的类型为 $*$。

二叉排序树的建立过程实际上就是把一个序列中的所有元素依次插入的过程,即反复调用 InsertBST()函数的过程。图 6-9 表示了如何将序列{ 63,90,70,55,67,42,98}建立为一棵二叉排序树的过程。其中,第一个元素为根结点,其余结点按照图 6-8 所示二叉排序树的插入方法,依次插入即可。因为二叉排序树的中序序列是一个有序序列,所以将一个任意的关键码序列构造成一棵二叉排序树,其实质是对此关键码序列进行排序,使其变为有序序列。"排序树"的名称也由此而得。

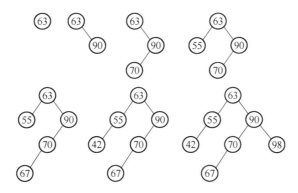

图 6-9　二叉排序树的建立

二叉排序树的建立过程用 C++语言描述如下:

```
template < class T > BST < T >::BST(T r[],int n)
{
    Root = NULL;
    for(int i = 0;i < n;i ++ )
    {
        BiNode < T > * s = new BiNode < T >;        //创建新结点
        s -> data = r[i];
        s -> lch = s -> rch = NULL;
        InsertBST(Root,s);                          //插入
    }
}
```

和插入相反,删除在查找成功之后进行,并且要求在删除二叉排序树上某个结点之后,仍然保持二叉排序树的特性,也就是说,在二叉排序树中删除一个结点相当于删去有序序列中的一个结点。这里需要分以下 3 种情况讨论。

① 被删除的结点是叶子:直接删除。

② 被删除的结点只有左(右)子树:将结点删除并将其左(右)子树连在其父结点上。

③ 被删除的结点既有左子树,也有右子树:查找该结点的前驱(或后继)结点,将待删除结点用前驱(或后继)结点覆盖,并删除其前驱(或后继)结点。

以上 3 种结点的删除算法（以前驱结点为例）分别如图 6-10、图 6-11、图 6-12 所示。

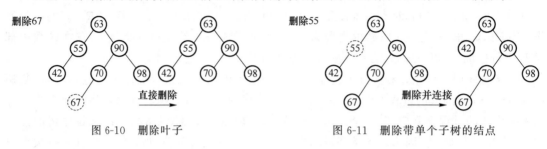

图 6-10　删除叶子　　　　　　　　　　　图 6-11　删除带单个子树的结点

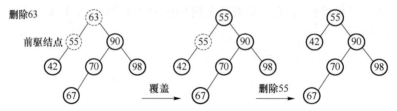

图 6-12　删除带双子树的结点

删除算法需要两个步骤，一是已知关键字 key，首先需要找到关键字所在的结点；二是调用 Delete()函数删除该结点。第一个步骤采用递归实现，算法与查找算法 Search 类似，具体 C++语言描述如下：

```cpp
template<class T>
bool BST<T>::DeleteBST(BiNode<T> * &R,T key)
//R 是二叉排序树根结点,key 是关键字
{
    if(R==NULL)return false;          //未找到与关键字匹配的结点
    else
    {
        if(key==R->data)
        {
            Delete(R);return true;    //找到匹配关键字的结点 R,并删除
        }
        else if(key<R->data)   return DeleteBST(R->lch,key);//在左子树中查找
        else                   return DeleteBST(R->rch,key);//在右子树中查找
    }
}
```

第二个步骤中，已知要删除的结点 R，则二叉排序树的删除算法用 C++语言描述如下：

```cpp
template<class T>
voidBST<T>::Delete(BiNode<T> * &R)     //删除结点 R
{
    BiNode<T> * q,* s;
    if(R->lch==NULL)                   //只有右子树
```

```
{
    q = R;    R = R->rch;  delete q;
}
else if(R->rch == NULL)              //只有左子树
{
    q = R;   R = R->lch;  delete q;
}
else                                 //左右子树都存在,删除 R 的前驱 s
{
    q = R;   s = R->lch;            //s 是 R 的左支最右边的结点
    while(s->rch!= NULL)           //q 是 s 的双亲
    {
        q = s;   s = s->rch;
    }
    R->data = s->data;              //使用前驱数值替换当前结点数值
    if(q!= R)
        q->rch = s->lch;            //s 是 q 的右孩子
    else
        R->lch = s->lch;        //q = R 表示 s 为 R 的左孩子
    delete s;
}
}
```

其中,Delete()函数的参数采用 * & 类型传递指针,大大简化了删除算法。这是由于调用 Delete()函数时,传递参数 R,不仅将 R 的值传递了给 Delete()函数,而且将指针 R 是其父结点的左孩子或右孩子的关系传递给了 Delete()函数,因此直接为 R 赋值即"R = R->rch",就相当于为 R 的父结点的左孩子或右孩子赋值。

思考:

如何实现二叉排序树的析构函数呢? 请读者参考上述删除关键字的算法,自行解决。

在二叉排序树上进行查找,若查找成功,则是走了一条从根结点到待查结点的路径;若查找不成功,则是走了一条从根结点到某个叶子的路径,与折半查找类似,在查找过程中和关键码比较的次数不超过树的深度。对于每一棵特定的二叉排序树,均可按照平均查找长度的定义来计算 ASL 值,显然,由值相同的 n 个关键字构造所得的不同形态的各棵二叉排序树,其平均查找长度的值不同,甚至可能差别很大。

在最坏的情况下,二叉排序树的查找退化成单支顺序查找,如图 6-13(a)所示。这时有

$$ASL=(n+1)/ 2$$

在最好情况下,二叉排序树的查找性能相当于折半查找的性能,如图 6-13(b)所示,有

$$ASL = \log_2(n+1)-1$$

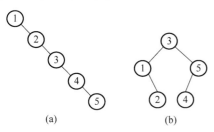

图 6-13　二叉排序树的最坏和最好情况

就平均性能而言,在二叉排序树上的查找和折半查找相差不大,并且二叉排序树上的插入和删除操作十分方便,无须移动大量结点。因此,对于需要经常进行插入、删除和查找运算的序列,宜采用二叉排序树结构。

6.3.2 平衡二叉树

二叉排序树的查找效率取决于树的形态,而构造一棵形态匀称的二叉排序树与结点的插入次序有关。但结点插入的先后次序往往不随人的意志而定,这就需要一种动态平衡的方法,使得对于任意给定的关键码序列都能构造一棵形态匀称的二叉排序树,这种形态匀称的二叉树称为平衡二叉树(Balanced Binary Tree),又被称为 AVL 树。

平衡二叉树或者是一棵空树,或者是具有如下特性的二叉树:

① 它的左、右子树都是平衡二叉树;

② 它的左、右子树高度之差的绝对值小于等于 1。

图 6-14(a)所示的树是一棵平衡二叉树,但图 6-14(b)所示的树不是一棵平衡二叉树。本章讨论的平衡二叉树是指平衡的二叉排序树。

如果在建立二叉排序树的同时,保证其为平衡二叉树,则可避免查找的时间复杂度由 $O(\log_2 n)$ 退化成 $O(n)$。

对于任意一棵二叉树,结点的平衡因子=左子树高度-右子树高度,而平衡二叉树的平衡因子可能的值为-1、0、1。

构造一棵平衡二叉树的基本思想为:插入结点时,首先按照二叉排序树处理,若插入结点后破坏了平衡二叉树的特性,则对其进行调整,使其重新满足平衡特性。事实上,在插入一个结点

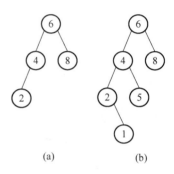

图 6-14 平衡二叉树示例

后并非整棵树的平衡都被破坏,所以只需要调整平衡被破坏的部分即可。最小不平衡子树就是指以距离插入结点最近的,且平衡因子的绝对值大于 1 的结点为根的子树,调整范围就是这棵最小不平衡子树。为了简化讨论,设二叉排序树的最小不平衡子树的根结点是 A。

若是在结点 A 的左孩子的左子树插入的结点破坏了平衡(LL 型),则只需要设法将结点 A 的左孩子顺时针旋转为根结点即可,如图 6-15 所示。

同理可以容易地得到 RR 型的调整方法,但若是在结点 A 的左孩子的右子树插入的结点破坏了平衡就不能用调整 LL 型的方法来获得平衡,但是可以先调整根结点的左子树,使其转化为 LL 型再进行调整,这就需要两步操作,如图 6-16 所示。RL 型同理。

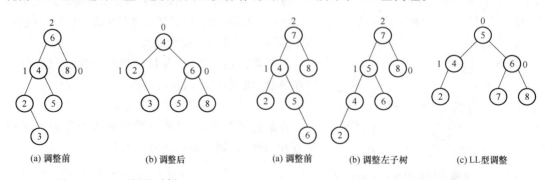

图 6-15 LL 型调整示例

图 6-16 LR 型调整示例

这样,可以总结出 LL、RR、LR、RL 这 4 种情况的调整方式。

（1）LL 型

由于在结点 A 的左孩子的左子树上插入结点,使结点 A 的平衡因子由 1 增至 2 而失去平衡,需进行一次顺时针旋转操作,如图 6-17(a)所示。

（2）RR 型

由于在结点 A 的右孩子的右子树上插入结点,使结点 A 的平衡因子由 -1 减至 -2 而失去平衡,需进行一次逆时针旋转操作,如图 6-17(b)所示。

（3）LR 型

由于在结点 A 的左孩子的右子树上插入结点,使结点 A 的平衡因子由 1 增至 2 而失去平衡,需进行两次旋转操作(先逆时针,后顺时针),如图 6-17(c)所示。

（4）RL 型

由于在结点 A 的右孩子的左子树上插入结点,使结点 A 的平衡因子由 -1 减至 -2 而失去平衡,需进行两次旋转操作(先顺时针,后逆时针),如图 6-17(d)所示。

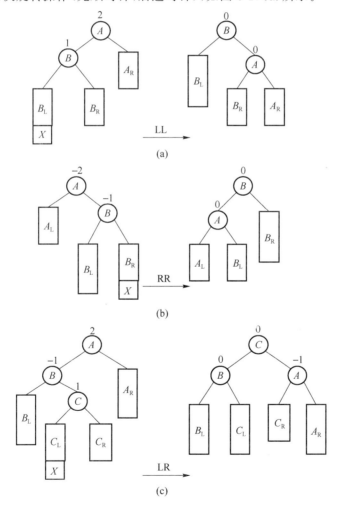

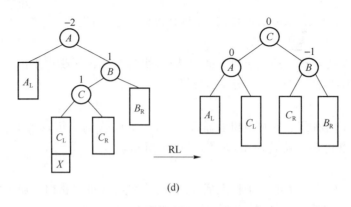

图 6-17　二叉排序树的平衡旋转示意图

　　构造平衡二叉树的过程就是从空的二叉树开始,不断执行上述插入操作,当某结点插入时引起不平衡,则进行相应的调整,图 6-18 给出了一个示例,关键码序列为 $\{13,24,37,90,37\}$。

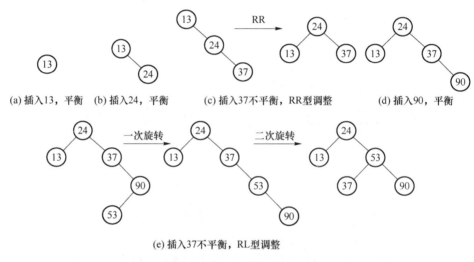

图 6-18　平衡二叉树构造示例

　　在平衡树上比较的次数不超过树的高度,而平衡二叉树近似于折半查找的判定树,因此它的时间复杂度为 $O(\log_2 n)$。

　　平衡二叉树的树结构较好,但其插入和删除的运算较为复杂,因此适合一旦建立就很少进行插入和删除运算,而主要进行查找运算的场合。

6.3.3　B—树

　　B—树(B—tree)是一种多叉平衡排序树,由 R. Bayer 和 E. Maccreight 于 1970 年提出。B—树在计算机文件系统以及数据库系统中,应用非常广泛。

　　B—树最初启发于二叉排序树,二叉排序树的特点是每个分支都只有两个孩子结点。当采用二叉排序树查找数据时,若数据量非常大,树的深度将过大,查找算法自根结点向下搜索时,需要访问的结点就变得非常多。若这些结点存储在外存储器(外存)上,每访问一个结点,就相当于进行一次 I/O 操作,随着树深度的增大,频繁的 I/O 操作一定会降低查找效率。

另外,磁盘还具有一个特性,即读取一个字节,与读取连续的多个字节所需的时间几乎一样。也就是说,外存更适合批量访问。那么一个基本的想法就是减少这种读写次数,在一个磁盘页面上,多存储一些索引信息。B-树的基本逻辑就是这个思路,它改二叉为多叉,每个结点存储更多的指针(或引用)信息,以降低 I/O 操作次数,如图 6-19 所示。

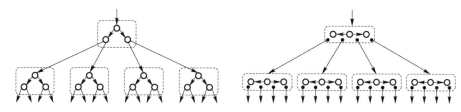

图 6-19　二叉排序树和四叉排序树

不难验证,基于多叉排序树的查找与基于二叉排序树的效果完全相同,但多叉排序树对外存的访问已发生了很大的变化。在多叉排序树中,搜索过程每下降一层都要以"大结点"为单位从外存读取一组关键码,并且这组关键码在逻辑与物理上彼此相邻,因此可以批量地从外存中一次性读出,效率远高于多次读取单个关键码的操作。

1. B-树的定义

B-树是一种在外存文件系统中常用的动态索引技术。一棵 m 阶 B-树是一棵平衡的 m 叉排序树,它或者是空树,或者是具有如下特点的树。

① 根结点至少有两个孩子结点。

② 每个非根结点包含关键字的个数 n 满足 $\lceil m/2 \rceil - 1 \leqslant n \leqslant m-1$;若为根结点,其关键字个数 n 满足 $1 \leqslant n \leqslant m-1$。

③ 除根结点以外的所有分支结点的度 k 为关键字个数 n 加 1,即内部结点(根结点除外)子树个数 k 满足 $\lceil m/2 \rceil \leqslant k \leqslant m$。

④ 所有的叶子结点(以下称为外部结点)都位于同一层。

在 B-树中,每个结点中的关键字从小到大排列,并且当该结点的孩子是分支结点时,这 n 个关键字恰好是 $n+1$ 个孩子包含的关键字的值域的划分。B-树中的一个包含 n 个关键字,$n+1$ 个指针的结点的一般形式为

$$(n, P_0, K_1, P_1, K_2, P_2, \cdots, K_n, P_n)$$

其中,K_i 为关键字,$K_1 < K_2 < \cdots < K_n$,P_i 是指向包括 K_i 到 K_{i+1} 之间关键字子树的指针。

由于 m 阶 B-树中各结点的分支数介于 $\lceil m/2 \rceil$ 至 m 之间,故也称($\lceil m/2 \rceil, m$)-树,如(3,6)-树、(7,13)-树等。

对于 B-树来说,其中的外部结点在多数场合下,它们不再意味着查找失败,而往往表示目标关键码可能存在于下一级(外部)的存储系统中,从而可以顺着该结点深入下一级存储系统继续查找。

图 6-20 给出了一棵 4 阶 B-树的实例,其中每个结点包含 1~3 个关键码,拥有 2~4 个分支,该 B-树的高度 $h=3$(树结点层数减 1)。

B-树通常是作为文件的索引结构被保存在外存上,B-树进行查找、插入和删除时,将涉及文件操作和其他相关内容,需要进行专门的研究,在此不做进一步的讨论,只进行算法思路和算法时间复杂度的分析。

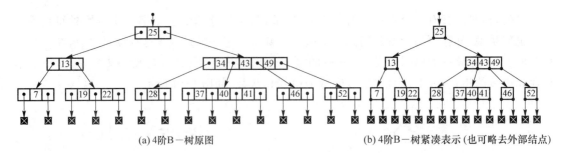

(a) 4阶B—树原图　　　　　　　　　　　(b) 4阶B—树紧凑表示（也可略去外部结点）

图 6-20　4 阶 B—树

2. B—树的查找

B—树的组织结构非常适合在内存中实现对大规模数据集的高效操作。如图 6-21 所示，可将大数据集组织成一棵 B—树存放于外存，其根结点常驻于内存，此外至多有一个结点（称为当前结点）留驻内存。

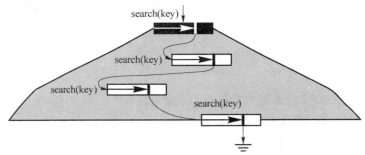

图 6-21　B—树的查找

以 B—树的查找操作为例，其过程与二叉排序树的查找过程基本类似。首先以根结点作为当前结点，若在当前结点中找到目标关键码，则成功返回；否则，在当前结点中确定目标关键码可能的下一层结点。若该结点为外部结点，则查找失败；否则，将该结点作为新的当前结点读入内存。重复上述过程直到找到目标关键码或失败返回。整个过程如图 6-21 所示。

由于 B—树的各结点通常存有多个关键码，故需经多次比较才能确定应该转向下一层的哪个结点继续搜索。以图 6-20 所示的 4 阶 B—树为例，在其中搜索关键码 41 的过程为：在根结点处经过一次关键码比较（25），即可确定应转入第 2 个分支；再经过两次比较（34,43），确定转入第 2 个分支；最后，经过三次比较（37,40,41）成功找到目标关键码。搜索关键码 42 的执行过程与之类似，只是在最底层的内部结点处经过三次关键码比较（37,40,41）后，转入关键码 41 右侧的外部结点，从而确定搜索失败。

同一结点内部的搜索在内存中进行，而且一个结点所含关键码数量通常较少，使用简单的顺序查找策略查找即可。

B—树查找的效率主要取决于查找过程中的外存访问次数。那么对于包含 N 个关键码的 m 阶 B—树至多需要访问多少次外存呢？显然，对于高度为 h 的 B—树，查找过程中所做的外存访问不超过 $O(h-1)$ 次。但因为 B—树结点的分支数并不固定，那么对于包含 N 个关键码的 m 阶 B—树，高度 h 在多大范围内变化？

可以证明，若包含 N 个关键码的 m 阶 B—树的高度为 h，则必有

$$\log_m(N+1) \leqslant h \leqslant \log_{\lceil m/2 \rceil} \left\lfloor \frac{N+1}{2} \right\rfloor + 1$$

所以，存储 N 个关键码的 m 阶 B—树的高度 $h = O(\log_m N)$。因此，每次查找过程共需访问 $O(\log_m N)$ 个结点，即需进行 $O(\log_m N)$ 次外存读取操作。

3. B—树的插入

在 B—树中插入一个新的关键码 key 的操作较为复杂,如下所述。

① 使用前面介绍的查找算法查找出关键字的插入位置,如果在 B—树中查找到了关键字,则直接返回,否则一定会失败在某个最底层的叶子结点上。

② 判断该叶子结点上的关键字数量是否满足 $n \leqslant m-1$,若满足,则直接在该终端结点上添加一个关键字,否则就需要产生结点的"分裂"。

分裂的方法是:生成一新结点。把原结点上的关键字和 k(需要插入的值)按升序排序后,从中间位置把关键字(不包括中间位置的关键字)分成两部分。其中左半部分所含关键字放在旧结点中,右半部分所含关键字放在新结点中,中间位置的关键字连同新结点的存储位置插入父结点中。如果父结点的关键字个数也超过 $m-1$,则要再分裂,再向上插。直至这个过程传到根结点为止。

下面以图 6-22(a)所示的 3 阶 B—树完成关键字 23、29、45、87 的插入为例,具体介绍插入过程,如图 6-22(b)~(e)所示。

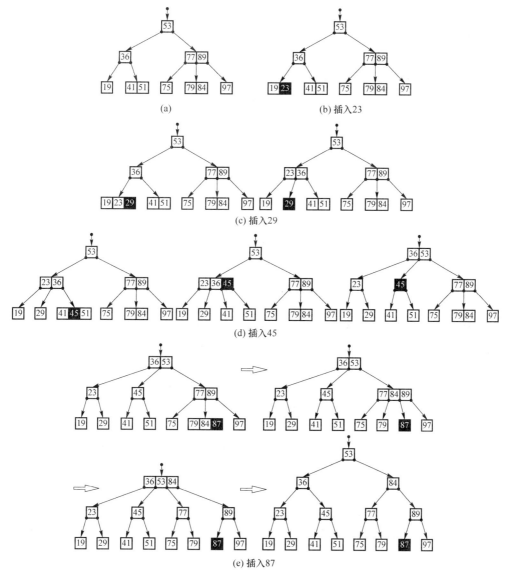

图 6-22　B—树的插入示例

以关键码 87 为例,进行插入操作后发生上溢,且经局部分裂调整后在更高层持续发生上溢,先后共经三次分裂方可全局修复,由于一直分裂至根结点,故整棵树高度增加一层。

插入操作因某一关键码的插入最多导致 $O(\log_m N)$ 次分裂,而实际的平均次数远远低于该值。也就是说,关键码插入操作所需的时间主要消耗于其中对目标关键码的查找操作。

4. B—树的删除

B—树的删除操作首先也必须利用前述的查找算法找出该关键字 key 所在的结点。如果没有找到,则直接返回;否则,根据需要删除的关键字 key 是否为叶子结点有不同的处理方法,如下所示。

(1) 若该结点为非叶子结点,且被删关键字为该结点中第 i 个关键字 key[i],则可从指针 son[i] 所指的子树中找出最小关键字 Y,代替 key[i] 的位置,然后在叶结点中删去 Y。

(2) 若该结点是叶子结点,则需要分为下面 3 种情况进行删除。

① 如果被删关键字所在结点的原关键字个数 $n \geqslant \lceil m/2 \rceil$,说明删去该关键字后该结点仍满足 B—树的定义。这种情况最为简单,只需删除对应的关键字 k 和指针 A 即可。

② 如果被删关键字所在结点的关键字个数 n 等于 $\lceil m/2 \rceil - 1$,说明删去该关键字后该结点将不满足 B—树的定义,需要调整。

调整过程为:如果其左右兄弟结点中有"多余"的关键字,即与该结点相邻的右兄弟(或左兄弟)结点中的关键字数目大于 $\lceil m/2 \rceil - 1$,则可将右兄弟(或左兄弟)结点中的最小关键字(或最大关键字)上移至双亲结点,而将双亲结点中小(大)于该上移关键字的关键字下移至被删关键字所在结点中。

③ 被删关键字所在结点和其相邻的兄弟结点中的关键字数目均等于 $\lceil m/2 \rceil - 1$。假设该结点有右兄弟,且其右兄弟结点地址由双亲结点中的指针 A_i 所指,则在删去关键字之后,它所在结点中剩余的关键字和指针,连同双亲结点中的关键字 K_i,一起合并到 A_i 所指的兄弟结点中(若没有右兄弟,则合并至左兄弟结点中)。

下面根据图 6-23(a)所示的 3 阶 B—树完成关键字 41、53、75、84、51 的删除。具体的删除过程如图 6-23(b)~(e)所示。

首先删除关键码 41。41 来自底层叶子结点,且删除该关键码后未发生下溢,故无须修复,如图 6-23(b1)所示。

然后删除关键码 53。53 并非来自底层叶子结点,故将该关键码与其直接后继 64 交换位置后,53 必属于某底层叶子结点,如图 6-23(b2)所示,所以在删除 53 后,其所属结点并未发生下溢,故无须修复,如图 6-23(b3)所示。

再删除关键码 75。75 来自底层叶子结点,删除该关键码后,其所属结点将发生下溢,如图 6-23(c1)所示。经父结点中转间接地从右兄弟结点借得一个关键码,如图 6-23(c2)所示。

再删除关键码 84。同样地,从其所属叶子结点中删除 84 后,该结点将发生下溢,如图 6-23(d1)所示;由于此时其左右兄弟均无法借出关键码,故从父结点借得关键码 79 后,该下溢结点得以与其左兄弟合并,父结点并未因借出一个关键码发生下溢,如图 6-23(d2)所示。

最后删除关键码 51。删除该关键码后,其所属底层叶子结点发生下溢,如图 6-23(e1)所示;从父结点借得关键码 36,使该下溢结点得以与其左兄弟结点合并,其父结点再次发生下溢,如图 6-23(e2)所示;同样地,再从祖父(根)结点借得关键码 64,使父结点得以与其右兄弟结点合并,此时祖父结点也将发生下溢,如图 6-23(e3)所示;因此时已经抵达树根,故直接删除空的根结点,整棵树的高度降低一层,如图 6-23(e4)所示。

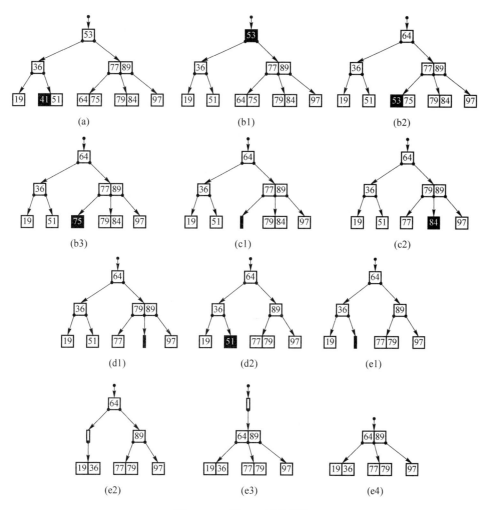

图 6-23　3 阶 B—树的删除

与插入操作同理，在包含 N 个关键码的 B—树中的每次关键码删除操作，都可以在 $O(\log_m N)$ 时间内完成，但实际的平均次数很低。也就是说，关键码删除操作所需的时间通常也主要消耗于其中对目标关键码的查找操作。

5．B＋树简介

B＋树和 B—树的结构大致相同。一棵 m 阶的 B＋树和一棵 m 阶 B—树的差异在于以下几点。

① 在 B—树中，每个结点含有 n 个关键字和 $n＋1$ 棵子树；在 B＋树中，每个结点含有 n 个关键字和 n 棵子树。

② 在 B—树中，每个结点（除根结点外）中的关键字个数 n 的取值范围是 $\lceil m/2 \rceil -1 \leqslant n \leqslant m-1$；在 B＋树中，每个结点（除根结点外）中的关键字个数 n 的取值范围是 $\lceil m/2 \rceil \leqslant n \leqslant m$，根结点的取值范围是 $1 \leqslant n \leqslant m$。

③ B＋树中的所有叶子结点包含全部的关键字及指向对应记录的指针，且所有叶子结点按关键字从小到大的顺序依次链接。

④ B＋树中所有非叶子结点仅起到索引的作用，即结点中的每个索引项只含有对应子树

的最大(或最小)关键字和指向该子树的指针,不含该关键字对应记录的存储地址。

例如,图 6-24 所示为一棵 3 阶 B+树,其中叶子结点的每个关键字下面的指针指向对应记录的存储位置。通常 B+树有两个头指针,一个指向根结点,用于从根结点起对树进行插入、删除和查找等操作,另一个指向关键字最小的叶子结点,用于从最小关键字起进行顺序查找和处理一个叶子中的关键字及记录。

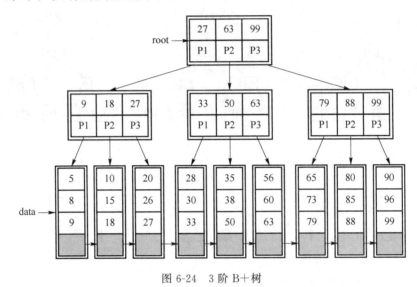

图 6-24 3 阶 B+树

在 B+树上进行查找、插入和删除的过程与 B−树类似,这里不再赘述。

6.3.4 STL 中的树表——set 和 map

为了快速开发与查找相关的应用,标准模板库 STL 中提供了集合(set)、多重集合(multiset)、映射(map)、多重映射(multimap)等容器,这些容器都是以树表为存储结构,在应用中可以直接用来进行查找。

首先,介绍最简单的关联容器——set,关联容器是指通过项之间键的比较来确定项位置的容器。set 的内部存储结构也是一种平衡二叉排序树——红黑树,这棵树具有对数据自动排序的功能。其中每一项仅由一个键组成,并且不允许重复项。set 中的元素有序,排序规则可通过模版参数或构造函数参数给出,默认使用"<"操作符,内部类型可使用默认比较函数。set 包含在头文件<set>中,使用它需添加如下代码:

\#include<set>

与其他容器类似,set 的构造方式如下:

set<string> words;   //定义一个空的集合对象

与序列型容器(如 vector)不同,关联容器不以位置为序,而以数值为序,因此不支持push、pop 类的操作,仅提供一系列以数值为基准的查询接口。set 中的常用方法如表 6-1所示。

表 6-1　定义在 set 类中的方法

方法名	方法描述	方法名	方法描述
begin()	返回指向第一个元素的迭代器	erase(iterator)	在容器中删除迭代器指向的元素
clear()	将集合清空	erase(x)	在容器中删除值为 x 的元素
empty()	若大小为 0 返回 true;否则,false	insert(x)	在集合中插入值为 x 的元素
end()	返回指向最后一个元素的迭代器	find(x)	查找值为 x 的元素,若未找到,返回 end()
size()	返回集合中的元素个数	count(x)	返回值为 x 的元素个数

下面通过一个示例来说明 set 各种方法的使用。

```cpp
#include <iostream>
#include <set>
using namespace std;
int main()
{
    set<int> myset;                 //定义整数集合
    set<int>::iterator it;          //定义该集合的迭代器
    for(int i=1;i<10;i++)
        myset.insert(i*10);         //set：10 20 30 40 50 60 70 80 90

    it = myset.find(20);            //得到位于值为 20 的迭代器
    if(it != myset.end())
        cout << "20 is found" << endl;
    else
        cout << "20 is not found" << endl;

    myset.erase(50);                //删除 50
    cout << "myset contains：";
    for(it=myset.begin();it!=myset.end();it++)
        cout << " " << *it;
    return 0;
}
```

运行结果如下：

```
20 is found
myset contains：10 20 30 40 60 70 80 90
```

若希望集合中的键值可以重复,STL 还提供了一种 multiset 容器。这里不再赘述,有兴趣的读者可以课下阅读相关内容。

映射(map)也是关联容器的一种,其内部结构也是红黑树,但与 set 不同的是它提供一对一的关系,即 map 中的元素 pair 是<key,value>的形式,pair 为内部类型,pair 的首元素 key 被称为关键字,并且是唯一的,次元素 value 被称为关键字的值。因此,map 通常用来实现字典(dictionary)应用。

首先，我们来了解下 map 的内部元素类型——pair，该类型定义在头文件< utility >中：

```
# include < map >
```

可以用如下 3 种方式构造一个 pair 对象：

```
pair < T1,T2 >  p;            //定义空的 pair 对象 p
pair < T1,T2 >  p(v1,v2);     //定义了包含初始值为 v1 和 v2 的 pair 对象 p
make_pair(v1,v2);            //以 v1 和 v2 值创建的一个新的 pair 对象
```

pair 对象的两个基本方法，即 p. first 和 p. second，用来取出 pair 对象中的每一个成员的值。

此外，STL 标准容器中重载了一组用于 pair 的关系运算符 = =、<、!=、>、>= 和<=。当且仅当首元素和次元素都相等时返回真；当进行大于和小于比较时，当且仅当首元素相等时才比较次元素，方法如下：

```
pair < int,int > p1(1,2),p2(2,1);
if(p1 = = p2)           cout <<"(p1 = = p2)"<< endl;
else if(p1 > p2)        cout <<"(p1 > p2)"<< endl;
else                    cout <<"(p1 < p2)"<< endl;
```

pair 是 map 的内部元素存储结构，map 包含在库文件< map >中：

```
# include < map >
```

可以用如下 3 种方式构造一个 map 对象：

```
map < char,int > first;                          //定义一个空的 map
map < char,int > second(first.begin(),first.end());   //用另一个映射的一部分构造
map < char,int > third(second);                  //通过另一个映射构造
```

map 中的常用方法和 set 基本相同，区别在于 map 支持"[]"操作符，可以方便地通过"[]"来修改一个关键字的值，下面通过一个示例来讲解 map 的使用。

```
# include < iostream >
# include < map >
using namespace std;
int main()
{
    map < int,char > mymap;           //定义映射 map
    char c = 'a';
    for(int i = 1;i < = 4;i + + ,c + + )  //生成(1,a)(2,b)(3,c)(4,d)
        mymap[i] = c;
        cout <<" mymap:" << endl;
    map < int,char >::iterator it;
```

```
for(it = mp.begin();it != mp.end();it ++)
    cout << it -> first << " " << it -> second << endl;

mymap[1] = 'x';                                    //将 1 的键值改为'x'
cout << "value of 1 = " << mymap[1] << endl;

pair < map < int,char >::iterator,bool > ret;
ret = mymap.insert(make_pair(4,'y'));        //插入(4,y)
if(! ret.second){
    cout << "element existed:";
    cout << ret.first -> first << " " << ret.first -> second << endl;
}
return 0;
}
```

运行结果如下：

```
mymap:
1 a
2 b
3 c
4 d
value of 1 = x
element existed: 4 d
```

map 类的其他操作与 set 类类似，不再赘述。若应用中出现一个关键字对应多个值的情况，可以使用 multimap 来存储。multimap 类与 map 类的区别在于，multimap 允许重复的关键字，适用于同一个关键字对应多个值的场合，其缺点是无法像 map 那样支持下标"[]"操作。

6.4　散　列　查　找

本节将要介绍一种理论上查找速度最快的查找方法——散列查找。前面介绍的查找方法，都是采用"比较"的方法找到要查询的记录，而散列查找方法是通过"计算"来进行查找的。

6.4.1　散列技术

查找的实质就是确定"关键码＝给定值"的记录在查找集合中的存储位置。由于存储位置与关键码之间不存在确定的对应关系，因此，查找时必须通过一系列与关键码的比较。若存储位置与关键码之间存在对应关系，则查找的效率将大大提高，散列技术就是这样一种技术：在元素和关键码之间建立一个确定的对应关系 H，使得每个关键码 key 和唯一的一个存储位置

(即散列值)$H(\text{key})$对应。采用散列技术将记录存储在一块连续的存储空间中,就得到散列表,这种对应关系叫作散列函数。

通常散列表的存储空间是一个一维数组,散列地址是数组的下标,我们将这个一维数组简称为散列表。

散列过程包含两个部分:

① 存储记录,通过 $H(\text{key})$ 计算记录的散列地址,并按此地址存储记录;

② 查找记录,通过同样的 $H(\text{key})$ 计算记录的散列地址,按此地址访问该记录。

散列不能表达记录之间的逻辑关系,所以不是完整的存储结构,而是一种主要面向查找的存储结构。

在理想的情况下,关键码和散列值存在一一对应关系,但是实际应用中,常常出现几个关键码对应于一个散列值的情况,在这里除了需要巧妙地设计散列函数以外,还需要进行冲突处理。

6.4.2 散列函数设计

散列函数的选取原则是:运算尽可能简单,函数的值域必须在表长的范围之内;尽可能使得关键码不同时,其散列函数值也不同。

散列函数的设计方法主要有以下 5 种。

(1)直接定址法

直接定址法的散列函数是关键码的线性函数,即

$$H(\text{key}) = a * \text{key} + b \quad (a, b \text{ 为常数})$$

这种方法计算简单,没有冲突,适合于关键码分布比较连续的情况,否则空间浪费较多。

例如,关键码集合为 $\{10, 30, 50, 60, 80, 90\}$,选取的散列函数为 $H(\text{key}) = \text{key}/10$,则散列表如表 6-2 所示。

表 6-2 直接定址法示例

地址	0	1	2	3	4	5	6	7	8	9
key		10		30		50	60		80	90

(2)除留余数法

除留余数法的基本思想是:选择某个适当的正整数 p,以关键码除以 p 得到的余数作为散列地址,即

$$H(\text{key}) = \text{key} \% p \quad (p \leqslant m)$$

其中,m 为散列表的长度,p 最好为素数或不包含小于 20 的质因数的合数。

这种方法的计算简单,使用范围广,需要选择合适的 p 值,尽可能避免冲突。若 p 为偶数,则它总是把奇数的关键码转换到奇数地址,把偶数的关键码转换到偶数地址,这当然不好;如果选 p 是关键码的基数的幂次也不好,因为那就等于选择关键码的最后几位数字作为地址。一般来说,选取 p 为小于或等于散列表长度 m 的某个最大素数比较好,并且尽量避免冲突。例如,对序列 $\{25, 18, 23, 3, 56, 87, 19, 37, 60\}$ 进行散列值的计算,其结果为如表 6-3 所示。

表 6-3 除留余数法示例

p	25	18	23	3	56	87	19	37	60
11	3	7	1	3	1	10	8	4	5
13	12	5	10	3	4	9	6	11	8
17	8	1	6	3	5	2	2	3	9

表 6-3 中，当 p 选取 11 和 17 时均有冲突，所以应当选取的 p 值为 13。

由于除留余数法的地址计算公式简单，而且在许多情况下效果较好，因此，除留余数法是一种最常用的构造散列函数的方法。

(3) 数字分析法

假设关键码集合中的每个关键码都是由 s 位数字组成($u_1, u_2, \cdots, u_s$)，分析每位数字的分布情况，从中提取分布均匀的若干位或它们的组合作为地址。

例如，有一组关键码如图 6-25 所示，用数字分析法设计散列函数。

①	②	③	④	⑤	⑥	⑦
8	2	7	0	2	5	4
8	2	7	1	1	2	6
8	2	6	1	6	0	6
8	2	7	2	3	2	2
8	2	7	8	2	6	9
8	2	6	3	9	7	1
8	2	6	9	0	1	6

⇒

关键码	散列地址
8 2 7 0 2 54	54
8 2 7 1 1 26	26
8 2 6 1 6 06	06
8 2 7 2 3 22	22
8 2 7 8 2 69	69
8 2 6 3 9 71	71
8 2 6 9 0 16	16

图 6-25 数字分析法示例

这种方法适合于所有关键码已知，并对每一位的取值分布有所分析的情况。

(4) 平方取中法

将关键码平方后，取中间几位作为存储地址。求关键字的平方值的目的是扩大差别，同时平方值的中间各位又能受到整个关键字中各位的影响。

这种方法适合事先不知道关键码的分布且关键码的位数不是很大的情况。

(5) 折叠法

将关键码从左到右分割成位数相等的若干部分，然后取它们的叠加和为散列地址。叠加处理的方法有以下两种。

① 移位叠加：将各部分的最后一位对齐相加。

② 间界叠加：从一端到另一端沿各部分分界来回折叠后，最后一位对齐相加。

如关键码 key＝25346358705，散列表表长为三位数，可以将关键码进行每 3 位一分割，得到 253、463、587、05，采用移位叠加和间界叠加的方法计算所得到的散列值如下。

移位叠加：(253＋463＋587＋05)%1 000＝308。

间界叠加：(253＋364＋587＋50)%1 000＝254。

这种方法适用于关键字的数字位数特别多的情况。

6.4.3 冲突处理

如果散列函数设计得不理想，则不同的关键字经过计算，会得到同一个散列地址，这种情况就是"冲突"。而冲突处理实质上就是为产生冲突的地址寻找下一个地址。冲突处理主要的方法有以下 3 种。

（1）开放定址法

开放定址法即当冲突产生时,使用某种方法在散列表中形成一个探测序列,沿着此探测序列逐个单元地查找,直到找到给定的关键码或者碰到一个开放的地址（即该地址单元为空）为止。插入时碰到开放的地址,则可将待插入新结点存放在该地址单元中。查找时碰到开放的地址,则说明序列中没有相等的关键码。显然,用开放地址法建立散列表,建表前必须将表空间的所有单元置空。

形成探查序列的方法不同,所得到的解决冲突的方法也不相同。下面介绍几种常用的探查方法,并假设散列表的长度为 m,结点个数为 n。

① 线性探测法

线性探测法的基本思想是将散列表看成是一个环形表。若地址为 d 的单元发生冲突,则下一个单元的地址计算公式为（其中 i 为冲突的次数）

$$H_i=(H(\text{key})+d_i)\%m \quad (d_i=1,2,3,\cdots,m-1)$$

例如,对序列$\{25,18,23,3,56,87,19,37,59\}$采用除留余数法取 $p=11$ 得到的散列值如表 6-4 所示。

表 6-4　线性探测法示例

key	25	18	23	3	56	87	19	37	59
$H(\text{key})$	3	7	1	3	1	10	8	4	4

经过线性探测法冲突处理得到的散列表见表 6-5。

表 6-5　线性探测冲突处理后的散列表

地址	0	1	2	3	4	5	6	7	8	9	10
key		23	56	25	3	37	59	18	19		87

假设每个元素被查找的概率相等,则该散列表查找成功的平均查找长度为

$$\text{ASL}=(1+1+1+2+2+1+1+2+3)/9=14/9=1.55$$

假设每个位置的查找概率相等,查找时,遇到空或者已经遍历了整个散列表仍未找到视为查找不成功,则其平均查找长度为

$$\text{ASL}=(0+8+7+6+5+4+3+2+1+0+1)/11=37/11=3.36$$

注意:只有和关键字的比较记为比较 1 次,判断指针是否为空或者当前位置是否为空等运算不计在内。

但是,采用这种方法很可能产生散列地址不同的元素争夺同一个后继散列地址的现象,即"堆积"。这将造成不是同义词的结点处在同一个探测序列之中,从而增加了探测序列的长度。为了减少堆积的机会,应该使探测序列跳跃式地散列在整个散列表中。

② 平方探测法

$$H_i=(H(\text{key})+d_i)\%m \quad (d_i=1^2,-1^2,2^2,-2^2,3^2,-3^2,\cdots)$$

采用这种方法处理上例中的序列得到的地址分布如表 6-6 所示。

表 6-6　平方探测法示例

地址	0	1	2	3	4	5	6	7	8	9	10
key	59	23	56	25	3	37		18	19		87

假设每个元素被查找的概率相等,则该散列表查找成功的平均查找长度为

$$ASL=(1+1+1+2+2+1+1+2+5)/9=16/9=1.78$$

思考:

如何计算平方探测法查找不成功时的平均查找长度? 请读者根据线性探测法的方法,自行解决。

平方探测法又称二次探测法,减少了堆积的可能性,但是平方探测法不容易探测到整个散列表空间。

③ 随机探测法

$$H_i=(H(key)+d_i)\%m$$

上式中,d_i 是一组伪随机数列或者 $d_i=i*H_2(key)$(双散列函数探测)。定义 $H_2(key)$ 的方法较多,但无论采用什么方法定义 H_2,都必须使 $H_2(key)$ 的值和 m 互素,才能使发生冲突的同义词地址均匀地分布在整个表中,否则可能造成同义地址的循环计算。

(2) 链地址法

链地址法又称拉链法,其基本思想是将所有散列地址相同的记录都存储在一个单链表中,称其为同义词子表,散列表存储所有同义词的头指针。例如,采用除留余数法,取 $p=7$ 对序列 $\{25,18,23,4,57,89,19,37,60\}$ 计算得到散列值如表 6-7 所示。

表 6-7　链地址法示例

key	25	18	23	3	56	87	19	37	59
$H(key)$	4	4	2	3	0	3	5	2	3

采用链地址法,其存储方式如图 6-26 所示。

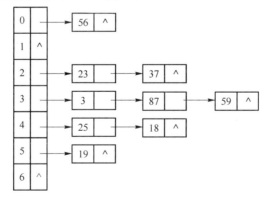

图 6-26　链地址法示例

假设每个元素被查找的概率相等,则该散列表查找成功的平均查找长度为

$$ASL=(1×5+2×3+3×1)/9=14/9=1.56$$

若查找不成功,假设每个位置的查找概率相等,则其平均查找长度为

$$ASL=(1+0+2+3+2+1+0)/7=9/7=1.29$$

与开放地址法相比,链地址法有如下几个优点:不会产生堆积现象,因而平均查找长度较短,由于其各单链表上的结点空间是动态申请的,故更适合于造表前无法确定表长的情况;在用链地址法构造的散列表中,删除结点的操作易于实现,只要简单地删去链表上相应的结点即可。而对于开放地址法构造的散列表,删除结点时不能简单地将被删结点的空间置为空,否则将截断在它之后填入散列表的同义词结点的查找路径,这是因为在各种开放地址法中,空地址单元都是查找失败的条件。因此在用开放地址法处理冲突的散列表上执行删除操作,只能在被删结点上做删除标记,而不能真正删除结点。

(3)建立公共溢出区法

建立公共溢出区法的基本思想为将散列表分成基本表和溢出表两个部分,未发生冲突的记录存储在基本表中,发生冲突的记录存储在溢出表中。对应的查找方法是通过 $H(key)$ 函数计算散列地址,先与基本表中记录的进行比较,若相等,则查找成功;否则,到溢出表中顺序查找。如对表 6-4 的查找序列采用建立公共溢出区法处理得到的散列表如图 6-27 所示。

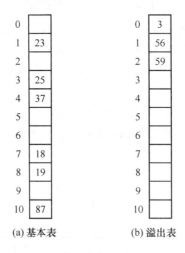

图 6-27 建立公共溢出区法示例

散列技术中,冲突处理的方法不同,则得到的散列表不同,散列表的查找性能也不同。比较次数取决于产生冲突的概率,产生的冲突越多,则查找效率越低。而影响冲突的因素,除了散列函数是否均匀、冲突处理方法是否合理外,还和散列函数的装填因子 a 有关,所谓装填因子,其定义为

$$a = \frac{\text{填入表中的元素的个数}}{\text{散列表的长度}}$$

a 越大代表填入表中的记录越多,则产生冲突的可能性就越大。

6.4.4 常用的散列函数

构造散列函数的方法有很多,如何构造一个"好"的散列函数是一个具有很强的技术性和实践性问题。"好"是指散列函数构造比较简单,并且用此散列函数产生的映射发生冲突的可能性最小。其中最重要的一个指标就是,关键码被映射到散列表各单元的概率应尽量接近于均匀分布,以避免导致低效率的情况,例如,关键码被集中映射到某一区间造成冲突加剧,或者某一区间仅被映射少量关键码导致空间利用率低下。总之,随机性越强、规律性越弱的散列函数越好。本节将在 6.4.2 节的基础上再介绍一些常用的散列函数。

（1）MAD 法（Multiply-Add-Divide method）

除留余数法可以在很大程度上保证关键码的均匀分布，但从关键码空间到散列地址空间映射的角度看，依然保留着某种连续性。具体来讲，相邻关键码对应的散列地址通常也相邻，而较小的关键码通常都被映射到散列表的起始区段。

例如，选择散列函数为 key%m，其中 m 为散列表长度，将关键码{2011,2012,2013,2014,2015,2016}映射到散列表，如图 6-28（a）所示。

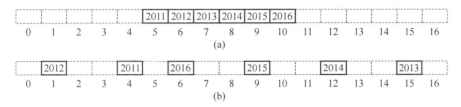

图 6-28　MAD 法散列示例

可以看到这些关键码被存放在地址连续的 6 个单元，尽管这里没有任何冲突，但就更为严格的意义而言，却不符合散列映射的均匀性要求。为弥补这一不足，可采用 MAD 法将关键码 key 映射为

$$H(\text{key}) = (a \times \text{key} + b) \% m \quad (a, b \text{ 均为常数，且 } a > 0, b > 0)$$

其中，散列表表长 m 为素数。

此类散列函数需依次执行乘法、加法和除法运算，因此而得名。MAD 法可以很好地克服除留余数法原有的连续性缺陷。当取 $a = 31$ 和 $b = 2$ 时按 MAD 法得到的散列结果如图 6-28（b）所示，各关键码散列的均匀性有很大的改善。

（2）乘法散列法

乘法散列法包含两个步骤。第一步，用关键字 key 乘以常数 $A(0 < A < 1)$，并提取 $\text{key} \times A$ 的小数部分。第二步，用 m 乘以这个值，再向下取整。总之，散列函数为

$$H(\text{key}) = \lfloor m * (\text{key} A \bmod 1) \rfloor$$

其中，"$\text{key} A \bmod 1$"表示取 $\text{key} \times A$ 的小数部分。

乘法散列法的一个优点是对 m 的选择不是特别关键，一般选择 m 为 2 的某个幂次（$m = 2^p$，p 为某个整数），这是因为在大多数计算机上，按下面所示方法可以较容易地实现散列函数。假设某计算机的字长为 w 位，而 key 正好可用一个单字表示。限制 A 为形如 $s/2^w$ 的一个分数，其中 s 是一个满足 $0 < s < 2^w$ 的整数。参见图 6-29，先用 w 位整数 $s = A \cdot 2^w$ 乘上 key，其结果是一个 2w 位的值 $r_1 2^w + r_0$，其中 r_1 为乘积的高位字，r_0 为乘积的低位字。所求的 p 位散列值中，包含了 p 个最高有效位。

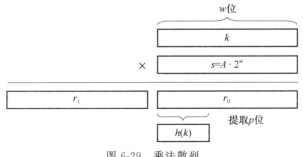

图 6-29　乘法散列

（3）伪随机数法

通过上述各具特点的散列函数的介绍，可以验证我们此前的判断：越随机、越没有规律的散列函数越好。按照这一标准，任何一个随机数发生器本身即是一个好的散列函数。例如，可直接使用 C/C++ 语言提供的 rand() 函数，将关键码 key 映射至散列地址，即

$$H(\text{key}) = \text{rand(key)} \mod M$$

其中，rand(key) 为系统定义的第 key 个（伪）随机数。

这一策略的原理也可理解为，将"设计好散列函数"的任务转换为"设计好的伪随机数发生器"。幸运的是，二者的优化目标几乎是一致的。不过需特别注意的是，由于不同系统环境所提供的（伪）随机数发生器不尽相同，在将某一系统中生成的散列表移植到另一系统时必须格外小心。

除了 6.4.2 节和以上介绍的散列函数外，还有很多其他的散列函数，这里不再赘述。

6.5　工程实践和思考

问题 1：自然语言处理的基本问题——中文分词

在对中文文本进行信息处理时，常常需要应用中文分词（Chinese Word Segmentation）技术。所谓中文分词，是指将一个汉字序列切分成一个一个单独的词。中文分词是自然语言处理、文本挖掘等研究领域的基础。对于输入的一段中文，成功地进行中文分词，使计算机确认哪些是词，哪些不是词，便可将中文文本转换为由词构成的向量，从而进一步抽取特征，实现文本自动分析处理。

1．问题的提出

中文分词有多种方法，其中基于字符串匹配的分词方法是最简单的。它按照一定的策略将待分析的汉字串与一个"充分大的"中文词典中的词条进行匹配，若在词典中找到某个字符串，则称匹配成功（识别出一个词）。按照扫描方向的不同，串匹配方法可以是正向匹配或逆向匹配；按照不同长度优先匹配的情况，可以分为最大（最长）匹配和最小（最短）匹配；按照是否与词性标注过程相结合，又可以分为单纯分词方法和分词与标注相结合的一体化方法。无论使用以上哪种方法，判断一个汉字串是否是词典中的词都是必不可少的，那么如何实现其快速匹配呢？

2．基本思想

通过前面的学习可知，采用散列技术进行查找时效率是最高的。因此，如何将词典中的词放到一个散列表中是关键。由于查找的关键字就是词语本身，因此需要设计合理的散列函数。

假定所有词典中的所有汉字都在 GB2312—1980 一级字库内，而一级字库的汉字共有3 755 个，其编码具有一定的规则：

① 每个汉字占两个字节；

② 第一个字节（高字节）的值大于等于 176；

③ 第二个字节（低字节）的值大于等于 161，但小于 255。

因此每个汉字编码的二进制形式为"1xxxxxxx 1xxxxxxx",每个字节的最高位为1。

如果设计如下散列函数:

H(汉字编码)=(汉字编码高字节－176)×94＋(汉字编码低字节－161)

这样一级字库的汉字放到长度为3 755的散列表中刚好地址是唯一的,得到的散列地址为0～3 754,既不会有冲突,也不会有空余。例如,一级汉字中的第一个汉字"啊",编码为0xB0A1,散列地址H("啊")=(0xB0－176)×94＋(0xA1－161)=0;最后一个汉字"座",编码为0xD7F9,散列地址H("座")=(0xD7－176)×94＋(0xF9－161)=3 754。

由于每个词都有第一个汉字,因此可以将其作为散列函数的关键字。所有以同一个汉字开头的词都会被散列到同一个地址,从而造成了冲突。解决冲突也比较简单,如可采用"拉链法",将所有以同一个汉字开头的词构成一个链表。这种方法是一种比较简单的中文词散列方法,图6-30为这种散列方法的示意图。

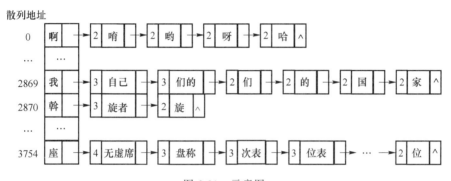

图6-30 示意图

显然,上述方法构造的散列表非常小,而每个链表相对较长,在查找链表时只能顺序查找,因此查找速度较慢。下面介绍一种更好的中文词散列表构造方法。

通常,散列表越长、关键字在表中的分布越均匀,则冲突越少、匹配速度越快。考虑到一般的中文词典包含的中文词有20万到60万不等,如果期望每个词都尽可能地散列到一个唯一的地址空间中,以60万为例,并设装填因子为0.6,则散列表长度设计为100万。

下面分析一下如此长度的散列表的空间复杂度。若依然采用拉链法建立散列表,表中每个单元都存放一个词结点的地址,而每个词结点可有3个域:汉字个数、所有汉字、下一个同义词结点地址。在存储时,对于32位计算环境,所有地址都占4字节;汉字个数域占1字节即可;存储字词中汉字所占用的空间大小因词的长度不同而不同,假设每个词平均有3个汉字,则占6字节。因此整个散列表总共的存储空间为

$$1\ 000\ 000×4＋600\ 000×11≈10.1\ \text{MB}$$

在当前的计算环境下申请这样大小的空间是完全可以接受的。

接下来研究如何将各个词存放到这个散列表中。显然,散列表长度为1 MB,因此可用20 bit表示每个地址。而对于二字词,共有4字节,考虑到每字节的最高比特均为1,实际只计28 bit即可,因此可考虑从这28 bit中抽取20 bit作为散列地址。而对于三字词或更高字词,所有汉字所占比特数更多,但仍然只需抽取20 bit。

抽取20 bit的方法可以有很多种,这里只介绍一种处理方法。对于含有n个汉字的词,共有$2n$字节,去掉每字节的最高位,共有$14n$ bit,可将这些比特每20个分为一组。若不足20,在后面补"0",构成20 bit。然后将各组进行异或运算,最后得到的运算结果作为散列地址。

例如,对于四字词,共有 56 bit,可分为 3 组进行异或运算,如图 6-31 所示。

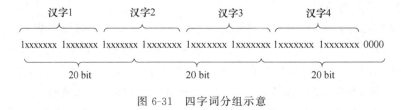

图 6-31　四字词分组示意

在实际应用中,使用该方法对 31 万个中文词构造长度为 1 MB 的散列表,一共产生了大约 26 万个不同的散列地址,也就是说大约有 5 万个词在构造散列地址时产生了冲突,最长的链表也只有 7 个词,即最坏情况是比较 7 次可以查找到一个词,而平均比较次数仅为 1.21 次。

3. 使用 STL 中的 map 实现中文分词

为方便查找,可以考虑使用 STL 中的容器 map 来存储词的首字和词尾的结构。为快速实现分词算法,可以考虑使用有序的 set 存储词尾,这样可以直接使用 set 的查找函数,因此,图 6-30 的结构可按如下方式定义:

```
//zh_word.h 文件中
# include <cstdio>
# include <cstdlib>
# include <map>
# include <set>
using namespace std;
class Zh_word            //给出 Zh_word 的定义
{
private:
    map<wchar_t,set<wstring>> store;
public:
    int insert(const wstring& srcStr);
    int exist(const wstring& srcStr);
};
```

这里只定义了词典最常用的两个操作,即插入和查找,其他操作读者可自行考虑。下面是这两个函数的实现:

```
//zh_word.cpp 文件中
# include "zh_word.h"
//查找该词是否存在,存在,返回 1;否则,返回 0
int Zh_word::exist(const wstring& srcStr)
{
    wchar_t wch = srcStr.c_str()[0];
    map<wchar_t,set<wstring>>::iterator itmap = store.find(wch);
```

```
    if(itmap == store.end())          return 0;//若词头不存在
    if(srcStr.size() == 1)            return 1;//若是单字词


    //查找词尾是否存在
    set < wstring >::iterator  itset = store[wch].find(srcStr.substr(1,srcStr.
size() - 1));
    if(itset == store[wch].end())     return 0;//词尾不存在
    else                              return 1;//词尾存在


}
//插入一个词,成功,返回 0;失败,返回 - 1
int Zh_word::insert(const wstring& srcStr)     //插入的实现
{
    int ret = exist(srcStr);
    if(ret)return - 1;                          //若该词已经存在

    wchar_t wch = srcStr.c_str()[0];            //取词头
    map < wchar_t,set < wstring >>::iterator itmap;
    itmap = store.find(wch);

    if(itmap != store.end())                    //若词头存在
    {
        if(srcStr.size()> 1)                    //直接插入
            store [wch].insert(srcStr.substr(1,srcStr.size() - 1));
    }
    else
    {
        set < wstring > tset;                   //定义一个空的 set
        if(srcStr.size()> 1)                    //非单字词
            tset.insert(srcStr.substr(1,srcStr.size() - 1));  //插入词尾
        store[wch] = tset;                      //插入该词
    }
    return 0;
}
```

C++提供了专门处理非 ASCII 码的宽字符类型 wchar_t、字符串 wstring 和输入输出等工具。不难看出,使用 STL 实现类似结构大大地减小了实现的代码量,由于减少了对自由存储的操作,也使得代码的可靠性增加,调试难度也得以降低。因此,在需要使用基础数据结构的地方应尽量使用 STL。

问题 2:数据库索引结构

下面将以 MySQL 数据库为例,讨论有关数据库索引的问题。MySQL 数据库支持多种索引类型,如 B−树索引、散列索引、全文索引等。这里仅就 MySQL 最常用的 B−树索引,从数据结构及算法理论层面进行讨论。

1. 索引的本质

索引实际上是一种数据结构,数据库利用它可以高效地获取数据。提取句子主干,就可以得到索引。

数据库查询是数据库的最主要功能之一,我们都希望查询数据的速度尽可能得快,因此数据库系统的设计应该从查询算法的角度进行优化。最基本的查询算法当然是顺序查找,但在数据量很大时,这种复杂度为 $O(n)$ 的算法很糟糕。我们还可以采用更好的查找算法,如折半查找、二叉排序树查找等。但分析后会发现,每种查找算法都只能应用于特定的数据结构之上,如折半查找要求被查找数据有序,而二叉排序树查找只能应用于二叉排序树,所以在数据之外,数据库系统还维护着满足特定查找算法的数据结构,而这些数据结构以某种方式引用(指向)数据,这样就可以在这些数据结构上实现高级查找算法。这种数据结构就是索引,如图 6-32 所示。

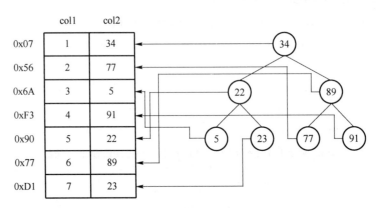

图 6-32 数据记录的索引

图 6-32 展示了一种可能的索引方式。左边是数据表,一共有两列 7 条记录,最左边的是数据记录的物理地址(地址不连续)。为了加快 col2 的查找,可以维护一个右侧所示的二叉排序树,每个结点分别包含索引键值和一个指向对应数据记录物理地址的指针,这样就可以运用二叉排序树查找算法,在 $O(\log_2 n)$ 的复杂度内获取相应的数据。虽然这是一个货真价实的索引,但是实际的数据库系统中几乎没有使用二叉排序树实现的。

2. 索引使用 B−树(B+树)

红黑树等数据结构也可以用来实现索引,但是文件系统及数据库系统普遍采用 B−/B+树作为索引结构。下面讨论 B−/B+树作为索引的理论基础。

一般来说,索引本身也很大,不可能全部存储在内存中,因此索引往往以索引文件的形式存储在磁盘上。由于 I/O 操作所消耗的时间比内存读写高几个数量级,所以索引的结构组织要尽量减少查找过程中磁盘 I/O 操作的次数。下面首先介绍内存和磁盘的存取原理,然后在此基础上分析 B－/B＋树作为索引的效率。

（1）内存存取原理

目前计算机使用的主存（内存）基本上都是随机读写存储器（RAM），对 RAM 的读写原理如图 6-33 所示。

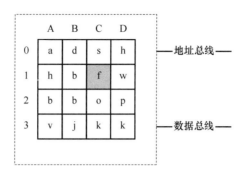

图 6-33　内存读写原理

内存是一系列存储单元组成的矩阵。每个存储单元存储固定大小的数据，有唯一的地址。内存编址比较复杂，这里将其简化为一个二维地址，即一个行地址和一个列地址，通过行地址和列地址可以唯一定位到一个存储单元。图 6-33 展示了一个 4×4 的内存模型。

内存读写的时间仅与数据的存取次数有关，不存在机械操作。

（2）磁盘存取原理

索引一般以文件形式存储在磁盘上，索引检索需要磁盘进行 I/O 操作。

由于存储介质的特性，磁盘存取速度往往是内存的几百分之一，因此为了提高效率，要尽量减少磁盘的 I/O 操作。为达到这个目的，磁盘往往不是严格按需读取，而是每次都会按顺序读取方式预读一部分数据（依据计算机科学中的局部性原理，即当一个数据被用到时，其附近的数据也通常会马上被使用）。

预读长度一般为页的整倍数。一页为一个存储块，即将磁盘分割得到的连续的大小相等的块，通常为 4k。内存和磁盘以页为单位交换数据。当程序要读取的数据不在内存时，系统会向磁盘发出读信号，磁盘找到数据的起始位置并向后连续读取一页或几页载入内存，然后异常返回，程序继续运行。

3. MySQL 索引实现

在 MySQL 中，索引属于存储引擎级别的概念，不同存储引擎对索引的实现方式是不同的，下面讨论 MyISAM 和 InnoDB 这两个存储引擎的索引实现方式。

（1）MyISAM 索引实现

MyISAM 引擎使用 B＋树作为索引结构，叶结点的 data 域存放的是数据记录的地址。图 6-34 是 MyISAM 索引原理的例子。

这里表有三列，假设以 col1 为主键，则图 6-34 是一个 MyISAM 表的主索引示意图。从中可以看出 MyISAM 的索引文件仅保存数据记录的地址，主索引和辅助索引在结构上没有任何区别，只是主索引要求 key 是唯一的，而辅助索引的 key 可以重复。如果在 col2 上建立一个辅助索引，则此索引的结构如图 6-35 所示。

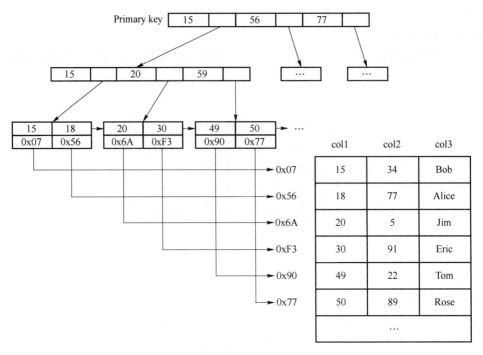

图 6-34　MyISAM 引擎的 Primary key 索引结构

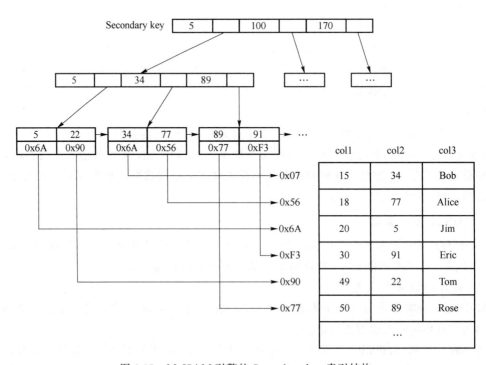

图 6-35　MyISAM 引擎的 Secondary key 索引结构

图 6-35 所示索引结构同样也是一棵 B＋树,其叶结点的 data 域保存数据记录的地址。因此,MyISAM 中索引检索的算法首先按照 B＋树搜索算法搜索索引,如果指定的 key 存在,则取出其 data 域的值为地址,读取相应数据记录。

为便于区分 InnoDB 的聚集索引,MyISAM 的索引方式也称为"非聚集"的索引。

(2) InnoDB 索引实现

虽然 InnoDB 也使用 B+树作为索引结构,但具体实现方式却与 MyISAM 截然不同。

首先,InnoDB 的数据文件本身就是索引文件。MyISAM 的索引文件和数据文件是分离的,索引文件仅保存数据记录的地址。而在 InnoDB 中,表数据文件本身就是按 B+树组织的一个索引结构,这棵树的叶结点 data 域保存了完整的数据记录。这个索引的 key 是数据表的主键,因此 InnoDB 表数据文件本身就是主索引。

图 6-36 是 InnoDB 主索引(同时也是数据文件)示意图,从中可以看到叶子结点包含了完整的数据记录,这种索引称为聚集索引。因 InnoDB 的数据文件要按主键聚集,所以它要求表必须有主键(MyISAM 可以没有),如果没有显式指定,MySQL 会自动选择一个可以唯一标识数据记录的列作为主键,如果不存在这种列,则会自动为 InnoDB 表生成一个隐含字段作为主键。

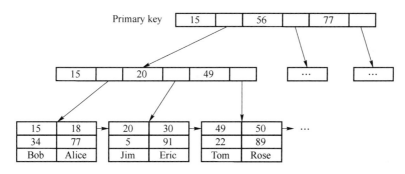

图 6-36 InnoDB 引擎的 Primary key 索引结构

其次,辅助索引。InnoDB 辅助索引的 data 域存储相应记录主键的值而不是地址,即 InnoDB 所有辅助索引都引用主键作为 data 域。例如,图 6-37 为定义在 col3 上的一个辅助索引。

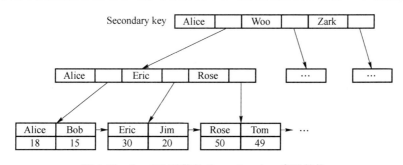

图 6-37 InnoDB 引擎的 Secondary key 索引结构

这里以英文字符的 ASCII 码作为比较准则。聚集索引这种实现方式使得按主键的搜索十分高效,但是辅助索引搜索需要检索两遍索引:首先检索辅助索引获得主键,然后用主键到主索引中检索获得记录。

了解不同存储引擎的索引实现方式对于正确使用和优化索引非常有帮助,例如,对于 InnoDB 索引实现,不建议使用过长的字段作为主键,因为所有辅助索引都引用主索引,过长的主索引会使得辅助索引过大。再如对于 InnoDB,使用自增字段作为主键是一个很好的选择。若使用非单调的字段作为主键,由于 InnoDB 数据文件本身是一棵 B+树,这会造成在插入新记录时数据文件为了维持 B+树的特性而频繁地分裂调整,十分低效。

习 题 6

1. 填空题

(1) 由 10 000 个结点构成的二叉排序树,在等概率查找的条件下,查找成功时的平均查找长度的最大值可能达到_____。

(2) 对长度为 11 的有序序列 $\{1,12,13,24,35,36,47,58,59,69,71\}$ 进行等概率查找,如果采用顺序查找,则查找成功时的平均查找长度为_____;如果采用二分查找,则查找成功时的平均查找长度为_____;如果采用散列查找,散列表长为 15,散列函数为 $H(key)=key\%13$,采用线性探测法解决地址冲突,即 $d_i=(H(key)+i)\%15$,则查找成功时的平均查找长度为_____(保留 1 位小数)。

(3) 在折半查找中,查找终止的条件为_____。

(4) 某索引顺序表共有 275 个元素,平均分成 5 块。若先对索引表采用顺序查找,再对块中元素进行顺序查找,则等概率情况下,索引查找成功的平均查找长度是_____。

(5) 高度为 8 的平衡二叉树的结点数至少是_____。

(6) 对于序列 $\{25,43,62,31,48,56\}$,采用的散列函数为 $H(k)=k\%7$,则元素 48 的同义词是_____。

(7) 在各种查找方法中,平均查找长度与结点个数无关的查找方法是_____。

(8) 一个按元素值排好的顺序表(长度大于 2),分别用顺序查找和折半查找这两种方法查找与给定值相等的元素,平均比较次数分别是 s 和 b,在查找成功的情况下,s 和 b 的关系是_____;在查找不成功的情况下,s 和 b 的关系是_____。

2. 单选题

(1) 从一个具有 n 个结点的单链表中查找值等于 x 的结点时,在查找成功的情况下,平均需比较( )个结点。

A. n B. $n/2$ C. $(n-1)/2$ D. $(n+1)/2$

(2) 对一个长度为 50 的有序表进行折半查找,最多比较( )次就能查找出结果。

A. 6   B. 7   C. 8   D. 9

(3) 对有 18 个元素的有序表进行折半查找,则查找 $A[3]$(下标从 1 开始)的比较序列的下标依次为( )。

A. 1—2—3   B. 9—5—2—3

C. 9—5—3   D. 9—4—2—3

(4) 在平衡二叉树中插入一个结点后造成了不平衡,设最低的不平衡点为 A,并已知 A 的左孩子的平衡因子为 -1,右孩子的平衡因子为 0,则进行( )型调整以使其平衡。

A. LL   B. LR   C. RL   D. RR

(5) 理论上,散列表的平均比较次数为( )次。

A. 1   B. 2   C. 4   D. n

(6) 二叉排序树中,最小值结点的( )。

A. 左指针一定为空   B. 右指针一定为空

C. 左、右指针均为空   D. 左右指针均不为空

(7) 散列技术中的冲突指的是(　　)。

A. 两个元素具有相同的序号　　　　B. 两个元素的键值不同,而其他属性相同

C. 数据元素过多　　　　　　　　　D. 不同键值的元素对应于相同的存储地址

(8) 散列表表长 $m=14$,散列函数 $H(k)=k\%11$。表中已有 15、38、61、84 这 4 个元素,如果用线性探测法处理冲突,则元素 49 的存储地址是(　　)。

A. 8　　　　　　　　B. 3　　　　　　　　C. 5　　　　　　　　D. 9

(9) 在采用线性探测法处理冲突所构成的闭散列表上进行查找,可能要探测多个位置,在查找成功的情况下,所探测的这些位置的键值(　　)。

A. 一定都是同义词　　　　　　　　B. 一定都不是同义词

C. 不一定都是同义词　　　　　　　D. 都相同

(10) 静态查找与动态查找的根本区别在于(　　)。

A. 它们的逻辑结构不一样　　　　　B. 施加在其上的操作不同

C. 所包含的数据元素的类型不一样　D. 存储实现不一样

3. 设一个散列表 hashSize=13,表项下标从 0 到 12,采用线性探测法解决冲突。请按以下要求,将关键码{10,100,32,45,58,126,3,29,200,400,0}散列到表中。

(1) 散列函数采用除留余数法,用%hashSize(取余运算)将各关键码映像到表中,请指出每一个产生冲突的关键码可能产生多少次冲突。

(2) 散列函数采用先将关键码各位数字折叠相加,再用%hashSize 将相加的结果映像到表中的办法,请指出每一个产生冲突的关键码可能产生多少次冲突。

4. 设散列表的长度为 13,散列函数为 $H(k)=k\%13$,给定的关键字序列为{19,14,23,01,68,20,84,27,55,11,10,79}。试画出分别用拉链法和线性探测法查找解决冲突时所构造的散列表,并求出在等概率情况下,这两种方法的查找成功和查找不成功时的平均查找长度。

5. 算法设计

(1) 试编写一个函数,完成在拉链法解决冲突的散列表上删除一个指定结点的算法。

(2) 编写算法求给定结点在二叉排序树中所在的层次。

(3) 设计算法,判定一棵二叉树是否为二叉排序树。

第7章 排序

排序是计算机数据处理中经常运用的一种重要运算,其主要目的是进行数据预处理,以便于后续查找,如电话号码查找、书的目录编排、字典查询等。因此,本章将详细介绍常用的排序算法,如插入排序、交换排序、选择排序和归并排序等的基本思想、特点、优缺点,从这些算法中,读者可以学习算法设计的某些重要原则和技巧以及广泛的算法分析技术,以便在实际中灵活应用。

此外,本章还将讲解 STL 中相关的各种排序算法的使用,方便读者在实际应用中进行快速开发。

7.1 基本概念

7.1.1 相关概念

本章所涉及的相关概念如下。

① 排序:给定一个元素序列$\{r_1, r_2, \cdots, r_n\}$,按照每个元素的关键码$(k_1, k_2, \cdots, k_n)$将元素重新排列,使关键码从小到大(正序)或从大到小(逆序)排列。

② 正序:关键码从小到大排列。

③ 逆序:关键码从大到小排列。

④ 趟:在排序算法中,将待排序的元素扫描一遍称为一趟。

⑤ 稳定性:如果待排序的文件中,存在多个关键码相同的元素,经过排序后这些具有相同关键码的元素之间的相对次序保持不变,则称这种排序方法是稳定的;若具有相同关键码的元素之间的相对次序发生变化,则称这种排序方法是不稳定的。

任何算法的实现都和算法所处理的数据元素的存储结构有关。线性表的两种典型存储结构是顺序表和链表。顺序表具有随机存取的特性,存取任意一个数据元素的时间复杂度为$O(1)$,而链表不具有随机存取特性,存取任意一个数据元素的时间复杂度为$O(n)$,因此,排序算法基本上是基于顺序表而设计的。由于排序是以元素的某个数据项为关键码进行排序的,因此,为了讨论问题的方便,假设顺序表中只存放元素的关键码,并且关键码的数据类型是整型,也就是说,本章使用的顺序表是整型的顺序表。

排序分为非递增有序排列和非递减有序排列这两种。为不失一般性,本章讨论的所有排序算法都是按关键码非递减有序排列设计的。

7.1.2　排序性能评估

要在繁多的排序算法中,简单地判断哪一种算法最好,以便能普遍选用是困难的。评价排序算法好坏的标准主要有两条:第一条是算法执行所需要的时间;第二条是执行算法所需要的附加空间。另外,算法本身的复杂程度也是需要考虑的一个因素。因为排序算法所需的附加空间一般都不大,矛盾并不突出,而排序是经常执行的一种运算,往往属于系统的核心部分,因此,排序的时间开销是评估算法的最重要的标志。排序的时间开销主要在于执行算法中关键码的比较和元素移动的次数,因此,在讨论各种内部排序算法时,我们可以给出各算法的比较次数及移动次数,也可以计算算法的平均时间复杂度(平均时间代价)。

为了关注排序算法本身,本章所有排序的存储结构是 0 号位置留空的整型一维数组 $r[n]$,之后各节不再赘述。

7.1.3　排序方法分析

根据是否将全部元素放入内存,排序可分为内部排序和外部排序。内部排序适用于元素不多的文件,即待排序数据可以一次性全部放入内存进行排序的运算。而对于一些较大的文件,由于内存容量的限制,不能一次全部装入内存进行排序,此时采用外部排序较为合适。因此,外部排序的速度比内部排序要慢得多。图 7-1 列出了常用的各种内部排序和外部排序方法。

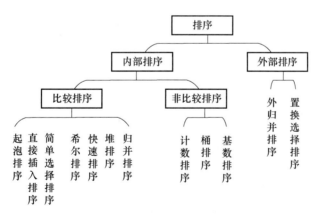

图 7-1　各种排序方法

本章重点讲解内部排序,根据内部排序过程中依据的原则不同,可将内部排序分为比较排序和非比较排序。

(1) 比较排序

① 时间复杂度为 $O(n^2)$:起泡排序、直接插入排序、简单选择排序;

② 时间复杂度为 $O(n\log_2 n) \sim O(n^2)$:希尔排序;

③ 时间复杂度为 $O(n\log_2 n)$：快速排序、堆排序和归并排序。

（2）非比较排序

时间复杂度为 $O(n)$：计数排序、桶排序和基数排序。

7.2 简 单 排 序

7.2.1 起泡排序

起泡排序属于交换排序，其基本思想是：从前向后反复两两比较相邻的元素，如果反序，则交换位置，直到没有反序的元素为止，如图 7-2 所示，经过一趟排序后，本趟最大的元素将调整至数据尾部。

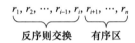

$$r_1, r_2, \cdots, r_{i-1}, r_i, r_{i+1}, \cdots, r_n$$

反序则交换　　有序区

图 7-2　起泡排序的存储状态

具体的排序过程是：将待排序元素划分为有序区和无序区，初始状态有序区为空，无序区包括所有待排序的元素；对无序区从前向后依次将相邻元素的关键码进行比较，若反序则交换，从而使得关键码小的元素向前移，关键码大的元素向后移；重复执行前一个步骤，直到无序区中没有反序的元素为止。图 7-3 给出了一趟排序的过程。

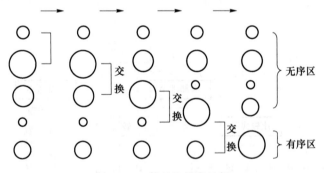

图 7-3　一趟起泡排序示例

起泡排序用 C++语言描述如下：

```
void BubbleSort(int r[], int n)//r[]为待排序元素所在数组;n为待排序元素个数
{
    //外循环:总共需要遍历的趟数
    for(int i=1;i<n;i++)    //n-1 趟
    {
        //内循环:每一趟需要比较的次数
        for(int j=1;j<=n-i;j++)
```

```
        {
            if(r[j] > r[j + 1])    //相邻元素比较
            {
                r[0] = r[j];       //交换元素位置
                r[j] = r[j + 1];
                r[j + 1] = r[0];
            }
        }
    }
```

由于基本的起泡排序算法每一次只能添加一个元素到有序区,所以存储在无序区的有序元素也需要进行比较,为了避免这种不必要的开销,可以将最后一次交换的位置 pos,作为下一趟无序区的末尾,以防止记录后部排序好的数据进行重复比较,这就是改进的起泡排序,如图 7-4 所示。

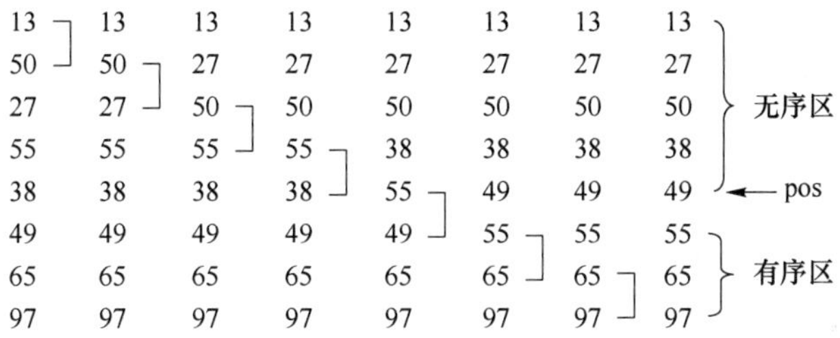

图 7-4　改进的起泡排序示例

假设改进后的起泡排序前一趟最后交换的位置为 pos,则根据算法思想,一趟起泡排序过程的 C++描述如下:

```
int bound = pos;            //前一趟最后交换的位置为 pos,即本次无序元素的范围
pos = 0;                    //设置本趟排序元素交换的起始位置
for(int i = 1;i < bound;i + + )
    if(r[i] > r[i + 1])     //相邻元素比较
    {
        r[0]   = r[i];     r[i]   = r[i + 1];   r[i + 1] = r[0];   //交换
        pos = i;            //记录本次交换的位置
    }
```

改进后的起泡排序需要的排序趟数由前一趟排序元素交换的位置 pos 决定,当前一趟排序中没有元素交换时,说明所有元素已经全部排好序,排序算法结束,因此改进的起泡排序完整的 C++算法描述如下:

```
void BubbleSort(int r[],int n)
{
    int pos = n;                    //初始化时无序元素的范围[1..n]
```

```
    while(pos!=0)
    {
        int bound = pos;              //本趟排序无序元素的范围
        pos = 0;                      //设置每趟排序元素交换的起始位置
        for(int i = 1;i < bound;i++)
            if(r[i] > r[i+1])  //相邻元素比较
            {
                r[0]   = r[i];    r[i]   = r[i+1];   r[i+1] = r[0];  //交换
                pos = i;          //记录本次交换的位置
            }
    }
}
```

交换排序中,元素交换 1 次相当于移动 3 次,因此,当原始序列为正序时,比较次数为 $n-1$,移动次数为 0;当原始序列为逆序时,比较次数为 $\sum_{i=1}^{n-1}(n-i)$,移动次数为 $3\sum_{i=1}^{n-1}(n-i)$,平均时间复杂度为 $O(n^2)$,空间复杂度为 $O(1)$。

由算法思想可知,改进的起泡排序算法是一种稳定的排序方法。

思考:

根据改进的起泡排序的优化原理,改进的起泡排序是否还可以更加优化?

答:当然可以,通过再增加一个标记 firstpos,用来记录前一趟起泡排序交换的开始位置,可以减少记录前部的比较次数,优化算法。具体算法实现请读者自行解决。

7.2.2 直接插入排序

直接插入排序的工作机理和打牌时整理手中牌的做法类似。在开始摸牌时,我们的左手是空的,牌面朝下放在桌上。接着,每一次从桌上摸起一张牌,并将它插入左手一把牌中的正确位置。为了找到这张牌的正确位置,要将它与手中已有的每一张牌从左到右地进行比较,如图 7-5 所示。无论在什么时候,左手中的牌都是排好序的,而这些牌原先都是桌上那副牌里最顶上的一些牌。

图 7-5　利用直接插入排序整理手中的牌

因此,直接插入排序的基本思想可以这样描述:每次将一个待排序的元素按其关键码的大小插入一个已经排好序的有序序列中,直到全部元素排序完成,如图 7-6 所示。

$$r_1, r_2, \cdots, r_{i-1}, r_i, r_{i+1}, \cdots, r_n$$

有序区　待插入　无序区

图 7-6　插入排序的存储状态

由此可见,直接插入排序的两个基本问题就是:

① 如何构造初始有序序列?

② 如何在有序序列中查找插入点?

对于第一个问题,当元素的个数为 1 时,序列必然有序,这就是初始有序序列。对于第二个问题,可以利用第 6 章的查找方法找到插入点,如采用顺序查找的方法设置哨兵从后向前查找,这种方法称为"直接插入排序";由于需要查找的部分序列有序,也可以采用折半查找的方法找到插入点,使用折半查找方法查找插入点的插入排序称为"折半插入排序",这里不再赘述,留待读者自行思考。本节以利用顺序查找方法查找插入点为例进行详述。图 7-7 所示为直接插入排序的一个示例。

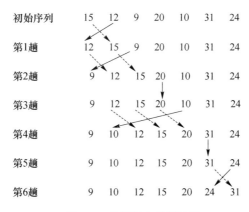

图 7-7　直接插入排序示例

对于直接插入排序的每一趟,都是采用顺序查找的方法查找插入点。由于待排序记录采用顺序存储结构,当找到插入点并将待插入记录插入该位置后,还需要将这个位置之后的元素后移一个位置,才能完成一趟排序。因此,为了提高时间效率,我们采用在顺序查找过程中边查找边后移的策略来完成一趟插入。

假设待排序记录集的有序序列为 $r[1..i-1]$,待插入记录为 $r[i]$,根据顺序查找的方法,则一趟直接插入排序过程的 C++描述如下:

```
if(r[i]< r[i-1])                    //若 r[i]就是最大的元素,则直接进行下一
                                       趟排序
{
    r[0] = r[i];                    //将待插入记录赋值给哨兵 r[0]
    r[i] = r[i-1];
    for(int j = i-2;r[0]< r[j];j--)  //从后向前进行顺序查找
        r[j+1] = r[j];              //元素后移
```

```
            r[j + 1] = r[0];                        //插入记录
    }
```

有序序列初始为 $r[1]$,从 $r[2]$ 开始插入,逐步扩展为 $r[n]$,n 为待排序的记录长度,因此,直接插入排序的完整算法用 C++ 语言描述如下:

```
void InsertSort(int r[],int n)                      //升序排列
{
    for(int i = 2;i < = n;  i + + )                  //i 从 2~n 循环,共 n - 1 趟排序
    {
        if(r[i] < r[i - 1])            //若 r[i] 就是最大的元素,则直接进行下一趟排序
        {
            r[0] = r[i];
            r[i] = r[i - 1];
            for(int j = i - 2;r[0] < r[j];j - - )  //边查找边后移
                r[j + 1] = r[j];
            r[j + 1] = r[0];
        }
    }
}
```

在原序列为正序的情况下,直接插入排序达到最好时间性能,比较次数为 $n-1$,移动次数为 0;在原序列为逆序的情况下,直接插入排序达到最差时间性能,比较次数为 $\sum\limits_{i=2}^{n} i$,移动次数为 $\sum\limits_{i=2}^{n}(i+1)$。直接插入排序的平均时间复杂度为 $O(n^2)$,空间复杂度为 $O(1)$。

直接插入排序是一种稳定的排序算法,特别适合于待排序集合基本有序的情况。

7.2.3　简单选择排序

简单选择排序的基本思想是:第 1 趟,在待排序记录 $r[1..n]$ 中选出最小的记录,将它与 $r[1]$ 交换;第 2 趟,在待排序记录 $r[2..n]$ 中选出最小的记录,将它与 $r[2]$ 交换;依次类推,第 i 趟在待排序记录 $r[i..n]$ 中选择关键码最小的记录,与 $r[i]$ 交换,使有序序列不断增长直到全部排序完毕,如图 7-8 所示。

图 7-8　简单选择排序的存储状态

图 7-9 所示是一个简单选择排序的示例。

初始序列　49　27　65　97　76　13　38

第 1 趟　　13　27　65　97　76　49　38

第 2 趟　　13　27　65　97　76　49　38

第 3 趟　　13　27　38　97　76　49　65

第 4 趟　　13　27　38　49　76　97　65

第 5 趟　　13　27　38　49　65　97　76

第 6 趟　　13　27　38　49　65　76　97

图 7-9　简单选择排序示例

简单选择排序中关键的算法就是如何在 $r[i..n]$ 范围内寻找一个最小数 $r[\min]$，找到后，将 $r[\min]$ 和 $r[i]$ 交换即可，这也是一趟简单选择排序的过程。该过程用 C++语言描述如下：

```cpp
//在 r[i..n]中寻找最小数的下标 index
int index = i;                      //不妨设每趟排序的第一个元素是最小的
for(int j = i + 1;j <= n;j ++ )     //依次与无序序列中的数比较,查找最小记录的位置
    if(r[j] < r[index])
        index = j;
r[index]↔r[i];                      //数据交换
```

简单选择排序从开始在 $r[1..n]$ 中选择最小的和 $r[1]$ 交换，一直到在 $r[n-1..n]$ 中选择最小的和 $r[n-1]$ 交换，一共需要进行 $n-1$ 趟循环，因此，简单选择排序完整的 C++描述如下：

```cpp
void SelectSort(int r[],int n)
{
    for(int i = 1;i < n;i ++ )          //n-1 趟排序
    {
        int index = i;                  //查找最小记录的位置 index
        for(int j = i + 1;j <= n;j ++ )
            if(r[j] < r[index])
                index = j;
        if(index != i)                  //若第一个就是最小元素,则不用交换
        {
            r[0] = r[i];
            r[i] = r[index];
            r[index] = r[0];            //利用 r[0]作为临时空间交换记录
        }
    }
}
```

简单选择排序是移动次数最少的算法,当原始序列为正序时,比较次数为 $\sum\limits_{i=1}^{n-1}(n-i)$,移动次数为 0;当原始序列为逆序时,比较次数为 $\sum\limits_{i=1}^{n-1}(n-i)$,移动次数为 $\dfrac{3(n-1)}{2}$。平均的时间复杂度为 $O(n^2)$,空间复杂度为 $O(1)$。

简单选择排序是不稳定的排序方法,例如,对序列 $\{2,2,1\}$ 进行简单选择排序,则排序的结果为 $\{1,2,2\}$。

7.3 复 杂 排 序

7.3.1 希尔排序

希尔排序又称"缩小增量排序",是对直接插入排序的一种改进,它利用了直接插入排序的两个特点:

① 基本有序的序列,直接插入最快;

② 记录个数很少的无序序列,直接插入也很快。

希尔排序的基本思想是:将待排序的元素集分成多个子集,分别对这些子集进行直接插入排序,待整个序列基本有序时,再对元素进行一次直接插入排序。

由此可见,希尔排序的两个基本问题是:

① 如何划分子集?

② 如何进行一次直接插入排序?

对于第一个问题,为了使集合基本有序而不是局部有序,不能简单地逐段分割,而应将相距某个"增量"的元素组成一个子序列,这个增量逐步缩小,最后等于 1,这样最终的结果就是整个序列有序。通常取增量为 $d_1=n/2$,$d_{i+1}=d_i/2$,且没有除 1 之外的公因子,最后一个增量等于 1。这个过程可以描述为

```
for(int d = n/2; d >= 1;d = d/2)//以 d 为增量
{
    以 d 为增量,在子序列中进行插入排序
}
```

对于第二个问题,根据直接插入排序的思想,整个序列的前 d 个元素是每个子序列的头部,也就是初始有序区,从第 $d+1$ 个元素开始向前插入,以 d 为增量向前跳跃式查找插入点,直到整个序列插入完毕。这个过程,即一趟希尔排序过程有两种实现方法:

① 依次对每一个子集进行直接插入排序,排完一个子集后,再排下一个子集。

② 依次对每个子集的第 2 个元素进行排序,然后再依次对每个子集的第 3 个元素、第 4 个元素进行排序。

本算法中采用第二种方法进行实现,C++代码可以描述为

```
for(int i = d + 1;i <= n;i ++ )  //一趟希尔排序
```

```
{
    if(r[i] < r[i - d])
    {
        r[0] = r[i];
        for(int j = i - d;j > 0 && r[0]<r[j];j = j - d)   //每隔 d 个记录,进行一次比
                                                           较和移动
            r[j + d] = r[j];
        r[j + d] = r[0];
    }
}
```

具体的排序过程是:设待排序序列有 n 个元素,先取 $d<n$,如 $d=n/2$ 作为间隔,将全部对象分为 d 个子序列,对每一个子序列分别进行直接插入排序;然后缩小间隔 d,如取 $d=d/2$,重复上述的子序列划分和排序工作;直到最后取 $d=1$,将所有对象放在同一个序列中排序为止。图 7-10 给出了一个希尔排序的示例。

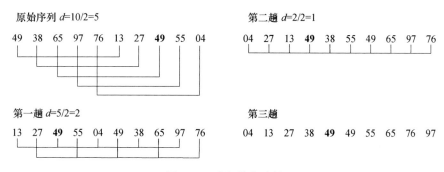

图 7-10　希尔排序示例

完整的希尔排序用 C++ 语言描述如下:

```
void ShellInsert(int r[],int n)
{
    for(int d = n/2;d > = 1;d = d/2)        //以 d 为增量
    {
        for(int i = d + 1;i < = n;i + + )   //一趟希尔排序
        {
            if(r[i] < r[i - d])
            {
                r[0] = r[i];
                for(int j = i - d;j > 0 && r[0]<r[j];j = j - d)
                    r[j + d] = r[j];
                r[j + d] = r[0];
            }
        }
    }
}
```

希尔排序的时间复杂度与"增量序列"的算法有关,不同的"增量序列"算法其时间复杂度不同。经过大量的实验得出,希尔排序的时间复杂度在 $O(n^2)$ 和 $O(n\log_2 n)$ 之间,为 $O(n^{1.3})$,空间复杂度为 $O(1)$。

在图 7-10 所示的例子中,由于进行了交叉分组,两个相同的关键码 49 在排序前后的相对次序发生了变化,因此希尔排序是一种不稳定的算法。

7.3.2 快速排序

快速排序是起泡排序的改进算法,由于起泡排序中元素的比较和移动是在相邻位置进行,需要比较和移动多次才能到达最终的位置,而快速排序中元素的比较和移动从两端向中间进行,元素移动的距离较远。由于每一次元素的移动,都会非常接近该元素最后排好序的位置,因此快速排序算法的效率很高。

快速排序的基本思想是:在分区中选择一个元素作为轴值,将待排序元素划分成两个分区,使得左侧元素的关键码均小于或等于轴值,右侧元素的关键码均大于或等于轴值,然后分别对这两个分区重复上述过程,直到整个序列有序,如图 7-11 所示。

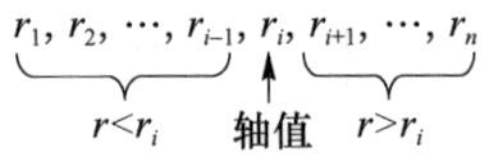

$$\underbrace{r_1, r_2, \cdots, r_{i-1},}_{r<r_i} \underset{\text{轴值}}{r_i}, \underbrace{r_{i+1}, \cdots, r_n}_{r>r_i}$$

图 7-11 快速排序存储状态

快速排序需要解决的 3 个基本问题如下。

(1)轴值的选择,选择第一个元素、中间的元素或者末尾的元素都可以,本书选用第一个元素。

(2)分区的实现,分区的算法要求使大于轴值的元素左移,小于轴值的元素右移,可以按照以下算法实现。

① 初始化,取第一个元素作为轴值,并保存在任意位置;然后设置两个标记 i 和 j,分别指示待排序区间的左界和右界,即 $i=1$ 为左侧第一个待比较元素,$j=n$ 为右侧第一个待比较元素。

② 右侧扫描,从后向前找到第一个比基准小的元素,移至位置 i。

③ 左侧扫描,从前到后找到第一个比基准大的元素,移至位置 j。

④ 反复执行步骤②和③,直到 i 与 j 相等,则快速排序结束,将保存的轴值移至位置 $r[i]$。

一趟快速排序的过程如图 7-12 所示,其中,黑体表示轴值。

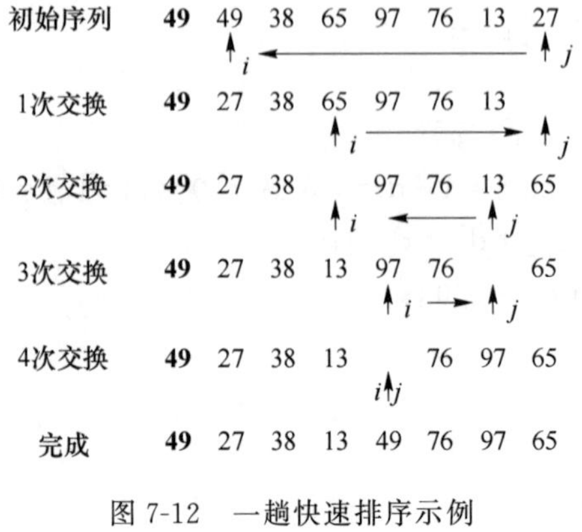

图 7-12 一趟快速排序示例

根据图 7-12,一趟快速排序的过程用 C++语言描述如下:

```
int Partion(int r[],int first,int end)      //r[]待排序元素,first 和 end 为区间的
                                              左右界
{
    int i = first;                           //分区的左界
    int j = end;                             //分区的右界
    int pivot = r[i];                        //保存第一个元素,作为基准元素
    while(i < j)
    {
        while((i < j)&&(r[j]> = pivot))      //右侧扫描,寻找< pivot 的元素前移
            j -- ;
        r[i] = r[j];
        while((i < j)&&(r[i]< = pivot))      //左侧扫描,寻找>pivot 的元素后移
            i ++ ;
        r[j] = r[i];
    }
    r[i] = pivot;                            //将轴值移动至 i = j 的位置
    return i;                                //返回分区的分界值 i
}
```

每一次分区,都可以将一个元素,即轴值移动到最终的位置。

(3) 结束的判定,当分区不断缩小至只有一个元素时,快速排序结束。因为每个分区的排序方法相似,所以快速排序可以采用递归的方法缩小分区,直到分区只有一个元素。

因此,完整的快速排序算法用 C++语言描述如下:

```
void Qsort(int r[],int i,int j)             //r[]待排序元素,初始 i = 1;j = n
{
    if(i < j)
    {
        int pivotloc = Partion(r,i,j);
        Qsort(r,i,   pivotloc - 1);          //左分区快速排序
        Qsort(r,pivotloc + 1,   j);          //右分区快速排序
    }
}
```

当每次划分的左侧序列和右侧序列的长度相同时,表长为 n 的序列可划分为 $\log_2 n$ 层。定位一个元素要对整个待划分序列扫描一遍,所需时间为 $O(n)$,总的时间复杂度为 $O(n\log_2 n)$。

当待排序元素为逆序或正序时,每次划分只得到比上一次少一个的子序列,此时必须要进行 $n-1$ 次递归,第 i 次需要 $n-i$ 次比较,所以,总的比较次数为

$$\sum_{i=1}^{n-1}(n-i) = \frac{n(n-1)}{2} = O(n^2)$$

由于元素的移动次数小于等于比较次数,所以总的时间复杂度为 $O(n^2)$。平均来说,快速

排序的时间复杂度为 $O(n\log_2 n)$,栈的深度为 $O(\log_2 n)$。

快速排序是一种不稳定的排序方法,如序列 $\{2,\boldsymbol{2},1\}$ 在快速排序之后将变为 $\{1,\boldsymbol{2},2\}$。

7.3.3 堆排序

堆排序是简单选择排序的一种优化。首先分析简单选择排序,可以发现简单选择排序在寻找最小值的过程中时间效率是很低的,原因在于该算法没有把前一趟的比较结果保留下来,这样在进行后一趟选择时,对前一趟已经做过的比较又重复了一遍,堆排序就是针对这一点对简单选择排序进行了改进。堆排序利用前一趟比较后的结果,减少了比较次数,从而提高了整个排序的效率。

堆是具有下列性质的完全二叉树。

① 小根堆:每个结点的值≤左右孩子结点的值。

② 大根堆:每个结点的值≥左右孩子结点的值。

图 7-13 是两个堆序列的示例。

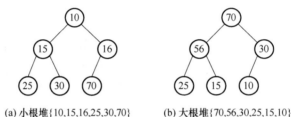

(a) 小根堆{10,15,16,25,30,70}　　　(b) 大根堆{70,56,30,25,15,10}

图 7-13　堆的示例

对于一个具有 n 个记录的堆,可以用如下方法,由数组 $r[\ ]$ 来存放:

① 根结点存放在 $r[1]$;

② 假定结点 x 存放在 $r[i]$,若它有左孩子结点,则其左孩子结点存放在 $r[2i]$,若它有右孩子结点,则其右孩子结点存放在 $r[2i+1]$;

③ 非根结点 $r[i]$ 的父亲结点存放在 $r[i/2]$。

图 7-14 给出了堆的顺序表示法的一个示例。

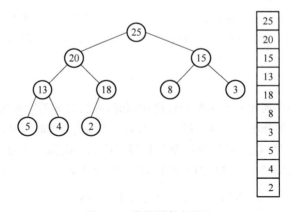

图 7-14　堆的顺序表示法

对于任意给出的一个待排序的序列 $r[1..n]$,按照完全二叉树的形式不一定能够满足堆的条件,所以必须首先进行建堆的操作,然后再进行堆排序。因此,为了简化建堆的过程,不妨假设一种最简单的情况:假设一棵完全二叉树中,根结点的左右子树都是堆,只有根结点不满足堆的条件。因此,我们的问题就转化为如何调整根结点,使整棵二叉树成为一个堆,这个调整过程称为"筛选"。

大根堆的筛选过程是:总是将根结点与左右孩子进行比较,若不满足堆的条件,则将根结点与较大的结点交换,一直到叶子结点,或所有子树均为堆为止,如图 7-15 所示。类似地可以得到小根堆的筛选过程。

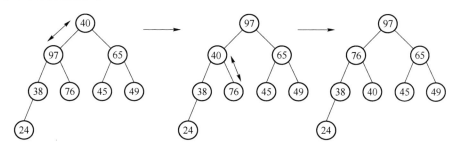

图 7-15　大根堆的筛选示例

大根堆的筛选算法用 C++语言描述如下:

```cpp
void Sift(int r[],int k,int m)      //k 是被"筛选"结点的编号,m 是最后一个结点的编号
{
    int i = k,j = 2 * i;            //i 是要筛选的结点,j 是 i 的左孩子
    while(j < = m)                  //j 存在
    {
        if(j < m && r[j]< r[j + 1])j + + ;    //j 是左右孩子中较大者
        if(r[i]> r[j])break;        //符合大根堆的条件,结束
        else
        {
            r[i]↔r[j];              //根结点与孩子结点交换
            i = j;                  //迭代
            j = 2 * i;
        }
    }
}
```

"筛选"假设了一种最简单的情况,其实建堆的过程也可以看成是一个反复"筛选"的过程。首先,假设一棵最小二叉树只有 1 个结点,那么它一定是堆,因此,一棵二叉树从下向上看的话,倒数第二层的分支结点,就是一棵除根结点外,其余结点均符合堆特性的二叉树。因此,我们从下向上"筛选",当倒数第二层的分支结点全部"筛选"完毕之后,则倒数第三层的分支结点也都是一棵除根结点外,其余结点均符合堆特性的二叉树。依次从下向上"筛选",直到根结点,则整棵二叉树就成为一个堆,这就是建堆的过程。

概括来说,建堆的过程就是从最后一个分支结点开始逐个向上"筛选",直到根结点结束,即从最后一棵子树开始使其符合堆的性质,然后迭代地使整棵树符合堆的性质。图 7-16 给出了大根堆建立的一个示例。

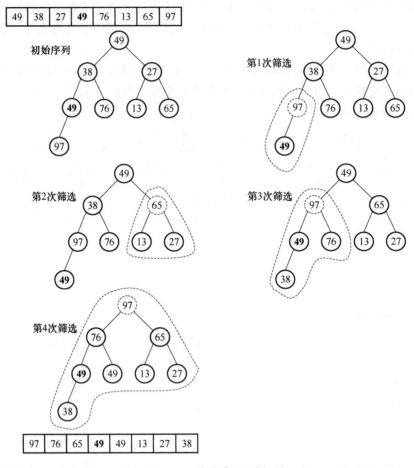

图 7-16　堆的建立示例

若待排序序列为 $r[1..n]$,则根结点编号为 1,最后一个结点编号为 n,最后一个分支结点的编号为 $n/2$。因此整个建堆的过程从编号为 $n/2$ 的结点开始"筛选",编号逐步递减,依次"筛选"直到根结点为止,建堆结束。上述建堆过程的 C++描述如下:

```
for(int i = n/2;  i > = 1;i--)        //从最后一个分支结点开始建堆
    Sift(r,i,n);
```

建堆的过程总共需要 $n/2$ 次"筛选",每次筛选需要 $\log_2 n$ 次比较,因此,堆排序初始建堆的时间复杂度为 $O(n\log_2 n)$。

堆排序:根据大根堆的性质,堆的根结点总是堆中的最大元素,所以将根结点逐个输出,并令剩下的部分重新恢复堆的性质,这样就可以实现排序。完整的堆排序的具体过程如下:

① 将待排序的元素构造成一个堆;

② 输出堆顶元素,即将堆顶元素和堆中最后一个元素交换;

③ 将剩余元素调整成堆;

④ 反复执行②、③步骤,直到堆中只有一个元素,堆排序结束。

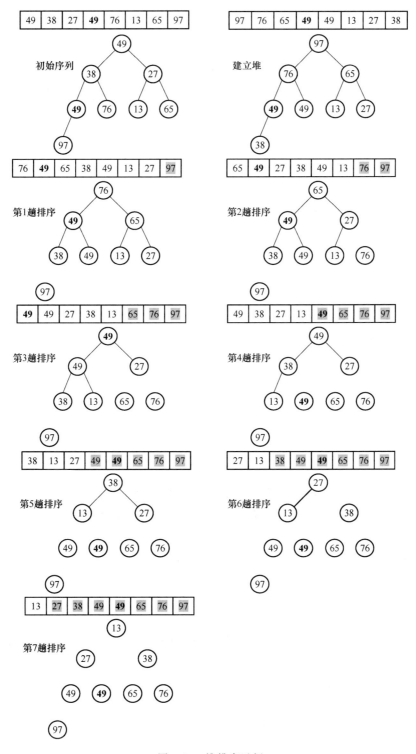

其中步骤②和③构成一趟堆排序。

为了节省空间,输出堆顶元素可以直接将堆顶元素直接与堆中最后一个元素交换,并使队尾减 1。堆排序的过程如图 7-17 所示。

图 7-17 堆排序示例

所以,对序列 $r[1..i]$ 进行一趟堆排序的过程就是将堆顶元素 $r[1]$ 和堆中最后一个元素 $r[i]$ 交换,并将剩余元素 $r[1..i-1]$ 调整成堆的过程。一趟堆排序过程的 C++ 描述如下:

```
r[1]↔r[i];          //输出堆顶元素,即 r[1]和 r[i]交换
Sift(r,1,i-1);    //将剩余元素调整成堆
```

每一趟堆排序能够排好 1 个元素,因此,n 个元素的堆排序总共需要 $n-1$ 趟,才能将全部元素排序完毕,因此堆排序(除建堆外)的全过程如下:

```
for(int i = n;i > 1;  i-- )        //输出堆顶元素,重新建堆
{
    r[0] = r[1];   r[1] = r[i];   r[i] = r[0];
    Sift(r,1,i-1);
}
```

除建堆的时间消耗外,堆排序总共需要进行 $n-1$ 趟排序,第 i 次建堆的时间复杂度为 $O(\log_2(n-i))$,所以总的时间复杂度为 $O(n\log_2 n)$。

综合上述建堆和堆排序的全过程,可以得出堆排序的完整算法,用 C++ 语言描述如下:

```
void HeapSort(int r[],  int n)
{
    for(int i = n/2;  i > = 1;i-- )                //建堆
        Sift(r,i,n);
    for(int i = n;i > 1;  i-- )                    //堆排序
     {
        r[0] = r[1];   r[1] = r[i];   r[i] = r[0]; //输出堆顶元素
        Sift(r,1,i-1);                            //重新建堆
     }
}
```

可见,堆排序中"筛选"过程的应用是堆排序的一个关键。由于堆的特性,与简单选择排序相比,堆排序使得每一趟选择最大元素的时间复杂度从 $O(n)$ 降为 $O(\log_2 n)$,因此提高了整个排序的时间效率。

堆排序是一种不稳定的排序算法,从图 7-17 所示的两个 49 在排序前后的顺序颠倒可见。

7.3.4 归并排序

归并排序的基本方法是:将两个或两个以上的有序序列归并成一个有序序列。最简单的归并排序就是二路归并排序,基本步骤如下:

① 将 n 个元素的序列分成 n 个子序列;

② 将相邻的两个子序列合并成 $n/2$ 个子序列;

③ 将相邻的两个子序列合并成 $n/4$ 个子序列;

……

④ 最后合并成一个序列。

图 7-18 给出了二路归并排序的一个示例。

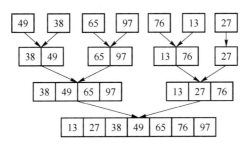

图 7-18　二路归并排序示例

可见,归并排序中最主要的问题就是如何把两个有序序列合并成一个有序序列。解决办法就是逐一对两个序列中的元素进行比较,并把较小者放入缓冲区,然后取出较小者所在序列的下一个元素再次比较,往复执行,直到其中一个序列中的元素全部放入缓冲区,再把另一个序列中剩下的元素放在缓冲区的尾部。

假设归并排序中待归并的两个相邻序列分别是 $r[s]\sim r[m]$ 和 $r[m+1]\sim r[t]$,需要将其归并成一个新序列 $r_1[s]\sim r_1[t]$,如图 7-19 所示。

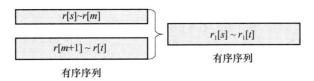

图 7-19　一次归并

由于该算法比较简单,故直接给出 C++语言描述如下:

```cpp
void Merge(int r[],int r1[],int s,int m,int t)  //r[]待排序数组;r1[]辅助数组
{
    int i = s;                      //i指向 r[s~m]
    int j = m + 1;                  //j指向 r[m+1~t],
    int k = s;                      //k指向 r1;
    while(i <= m && j <= t)
    {
        if(r[i] < r[j])
            r1[k ++] = r[i ++];  //取 r[i]和 r[j]中较小者放入 r1[k],并且自加 1
        else
            r1[k ++] = r[j ++];
    }
    while(i <= m)                   //若 r[s~m]没处理完
        r1[k ++] = r[i ++];
    while(j <= t)                   //若 r[m+1~t]没处理完
        r1[k ++] = r[j ++];
}
```

在一趟归并排序中,可能出现 3 种子序列合并的情况,如图 7-20 所示,其中 n 为记录总长度,h 为子序列的长度,i 为序列中的位置:

① 当 $i \leqslant n-2h+1$ 时,说明在 i 位置之后至少还有两个长度为 h 的子序列,可以进行两两合并;

② 当 $i < n-h+1$ 时,说明 i 位置之后只有两个子序列,并且最后一个子序列长度小于 h,可以进行合并;

③ 当 $i \geqslant n-h+1$ 时,说明 i 位置之后只有 1 个子序列,则最后一个子序列不需要合并,直接为新子序列。

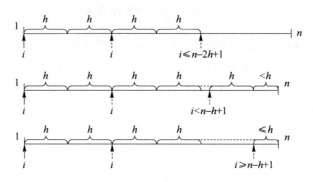

图 7-20　归并排序一趟合并的 3 种情况

这样,可以得到一趟归并排序的 C++语言描述:

```cpp
void MergePass(int r[],int r1[],int n,int h)        //r[]待排序数组;r1[]辅助数组
{
    int i = 1;
    while(i <= n - 2 * h + 1)                        //长度为 h 的序列两两归并
    {
        Merge(r,r1,i,i + h - 1,i + 2 * h - 1);
        i += 2 * h;
    }
    if(i < n - h + 1)
        Merge(r,r1,i,i + h - 1,n);                   //两个序列,其中一个 < h
    else
        for(;i <= n;i ++ )                           //只有一个 <= h 的序列
        r1[i] = r[i];
}
```

进而得到二路归并排序的最外层完整算法:

```cpp
void MergeSort(int r[],int r1[],int n)
{
    int h = 1;
    while(h < n)
    {
```

```
        MergePass(r,r1,n,h);          //将 r 归并到 r1
        h = 2 * h;
        MergePass(r1,r,n,h);          //将 r1 归并到 r
        h = 2 * h;
    }
}
```

二路归并排序方法也可以使用递归实现,递归式归并排序的形式描述是:将待排序列分成两个相等的子序列,用归并方法对这两个子序列进行排序,然后调用一次已有的合并算法(Merge),将两个有序子序列合并成一个含有全部元素的有序序列,如图 7-21 所示。

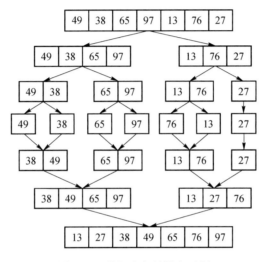

图 7-21　递归式归并排序示例

递归式归并排序用 C++语言描述如下,其中数组 r 用来保存未归并的原始数据,数组 r_1 保存归并后的数据,MergeSort 函数的功能就是将数组 $r[s..t]$ 归并到数组 $r_1[s..t]$ 中。

```
void MergeSort(int r[],  int r1[],int s,  int t)
{
    int r2[MAXSIZE];              //归并过程中的辅助空间
    if(s == t)   r1[s] = r[s];
    else
    {
        int m = (s + t)/2;        //将 r 平分成 r[s..m] 和 r[m+1..t]
        MergeSort(r,r2,s,m);      //递归地将 r[s..m] 归并为 r2[s..m]
        MergeSort(r,r2,m + 1,t);  //递归地将 r[m+1..t] 归并为 r2[m+1..t]
        Merge(r2,r1,s,m,t);       //将 r2[s..m] 和 r2[m+1..t] 归并为 r1[s..t]
    }
}
```

主函数中调用如下:

```
void main()
{
    int r[12] = {5,3,7,2,9,10,12,4,30,8,1,6};
    MergeSort(r,r,0,11);
}
```

归并排序需要 $\log_2 n$ 趟,每趟需要把结果存在 $r_1[\ ]$ 中,需要 $O(n)$,因此时间复杂度为 $O(n\log_2 n)$。由于归并排序需要额外的存储空间 $r_1[\ ]$,所以其空间复杂度为 $O(n)$。

归并排序是稳定的排序方法。

7.3.5 排序方法比较

迄今为止,已有的排序方法远远不止本章讨论的这些方法,人们之所以热衷于研究多种排序方法,不仅是因为排序在计算机中所处的重要地位,还因为不同的方法各有其优缺点,可适合不同的场合。

一般来说,排序的性能指标主要有时间复杂度、空间复杂度、稳定性和可读性等,这里给出了几种排序的比较结果,如表 7-1 所示。

表 7-1　排序方法性能比较

排序方法	平均情况	最好情况	最坏情况	辅助空间	稳定
直接插入排序	$O(n^2)$	$O(n)$	$O(n^2)$	$O(1)$	是
希尔排序	$O(n\log_2 n)\sim O(n^2)$	$O(n^{1.3})$	$O(n^2)$	$O(1)$	否
起泡排序	$O(n^2)$	$O(n)$	$O(n^2)$	$O(1)$	是
快速排序	$O(n\log_2 n)$	$O(n\log_2 n)$	$O(n^2)$	$O(\log_2 n)\sim O(n)$	否
简单选择排序	$O(n^2)$	$O(n^2)$	$O(n^2)$	$O(1)$	否
堆排序	$O(n\log_2 n)$	$O(n\log_2 n)$	$O(n\log_2 n)$	$O(1)$	否
归并排序	$O(n\log_2 n)$	$O(n\log_2 n)$	$O(n\log_2 n)$	$O(n)$	是

注:对希尔排序算法的时间性能分析是一个复杂的问题,有人在大量实验的基础上指出,当 n 在某个特定范围时,希尔排序的时间性能约为 $O(n^{1.3})$。

就时间性能而言,在希尔排序、堆排序、快速排序和归并排序等改进算法中,快速排序目前被认为是最快的一种方法,而在待排序元素个数比较多的情况下,归并排序较堆排序更快。

就稳定性而言,直接插入排序、起泡排序和归并排序是稳定的排序方法,而简单选择排序、希尔排序、快速排序和堆排序是不稳定的排序方法。

考虑以上各种因素,在选取排序方法时可以采用如下原则。

① 若排序元素的数目 n 较小(如 $n \leqslant 50$),可采用直接插入排序或简单选择排序。由于直接插入排序所需的元素移动操作较简单选择排序多,因此当元素本身信息量较大时,用简单选择排序比较好。

② 若元素的初始状态已经按关键码基本有序,可采用直接插入排序或起泡排序。

③ 若排序元素的数目 n 较大,则可采用时间复杂度为 $O(n\log_2 n)$ 的排序方法(如快速排序、堆排序或归并排序等)。快速排序的平均性能最好,在待排序序列已经按关键码随机分布时,快速排序最适合。快速排序在最坏情况下的时间复杂度是 $O(n^2)$,而堆排序在最坏情况下

的时间复杂度不会发生变化,并且所需的辅助空间少于快速排序。但这两种排序方法都是不稳定的排序,若需要稳定的排序方法,则可采用归并排序。

7.3.6　STL 中常用的排序算法

STL 中的所有的排序算法都包含在< algorithm >中。由于 STL 是为真正高效和通用型的算法而设计的,对于不同的需求,均采用尽可能高效的算法。排序算法要求给出随机访问迭代器,适用于一般数组和 STL 容器中的 vector、string 与 deque。

常用的排序类方法如表 7-2 所示。

表 7-2　定义在类中的方法

方法名	方法描述
sort()	全排序,数据量小时采用"直接插入排序"算法,数据量大时采用"快速排序"算法,若递归层次过深采用"堆排序"算法
stable_sort()	稳定全排序,采用"归并排序"算法
partial_sort()	对给定区间排序
partial_sort_copy()	对给定区间复制并排序
nth_element()	按指定元素排序

（1）全排序

全排序即把给定范围[first,last)内所有的元素按照比较函数给出的大小关系顺序排列。STL 的全排序算法 sort()有 3 个参数,分别是待排序的数组的起始地址 first、结束地址 end 和比较函数 comp(),比较函数决定了排序原则是正序、逆序或缺省,缺省为正序排序,例如:

```
int a[8] = {6,5,7,2,4,1,9,8};
vector < int > vect(a,a + 8);        //定义向量
sort(vect.begin(),vect.end());       //默认是正序排序
for(int i = 0;i < 8;i + + )
    cout << vect[i]<< ´\t ´;          //输出是 1,2,4,5,6,7,8,9
```

排序也可以这样写:

```
sort(vect.begin(),vect.end(),less < int >());        //正序排序
sort(vect.begin(),vect.end(),greater < int >());     //逆序排序
```

注意:STL 提供的 6 种常用比较函数 less()、greater()、less_equal()、greater_equal()、equal_to()、not_equal_to()都是函数模板,包含在头文件< functional >中。

sort()在各实现中通常采用以快速排序为基础的算法,平均时间复杂度为 $O(n\log_2 n)$,但最坏情况下达 $O(n^2)$。若要求稳定排序,则应当使用 stable_sort(),它以归并排序为基础,平均时间复杂度为 $O(n\log_2 n)$。

（2）局部排序

局部排序是为了减少不必要的操作而提供的排序方式,STL 中提供了 partial_sort()和 partial_sort_copy()两种局部排序。

partial_sort()有 4 个参数,分别是待排序数组的起始地址 first、区间地址 middle、结束地址 end 和比较函数 comp(),默认是正序排列。partial_sort()的功能是重新排列[first,last)区间内的元素,使得子区间[first,middle)升序包含整个区间内的最小元素,其他子区间元素的顺序是不确定的。与 sort()一样,比较函数可以在模板参数或函数参数中显式给出。partial_sort_copy()与 partial_sort()类似。下面给出一个示例:

```
int a[8] = {6,5,7,2,4,1,9,8};
vector < int > vect(a,a + 8);        //定义向量
//把最小的 4 个元素按照升序放在第 1 到第 4 的位置,其他不排
partial_sort(vect.begin(),vect.begin() + 4,vect.end());
for(int i = 0;i < 8;i + + )
    cout << vect[i]<< ´\t´;   //输出是 1,2,4,5,7,6,9,8
```

(3) 指定元素排序

STL 中 nth_element()函数的功能是把按大小计算的第 n 个元素放在它应在的位置上,并且前面的元素都比它小,后面的元素都比它大,但前后的两个子区间都是无序的,这与快速排序的一次划分有些类似,快速排序指定的是元素的值,而 nth_element()指定的是元素的大小位置。

nth_element()包含 4 个参数,分别是起始地址 first、区间地址 middle、结束地址 end 和比较函数 comp(),默认是正序排列。

下面给出一个示例:

```
int a[8] = {6,5,7,2,4,1,9};
vector < int > vect(a,a + 8);        //定义向量
//对第 3 元素进行一次划分
nth_element(vect.begin(),vect.begin() + 2,vect.end());
cout << vect[3]<< endl;              //输出为 4
```

7.4 非比较的排序算法

插入排序、堆排序、归并排序等排序方法,在排序的过程中,各个元素的次序依赖于关键字之间的比较,这一类的排序方法称为比较排序。此外,还有一类排序方法,如计数排序、基数排序和桶排序,使用计算的方法来得到元素的位置,这类排序方法称为非比较排序。非比较排序的时间复杂度一般接近 $O(n)$。

7.4.1 计数排序

计数排序是一种非常快捷且稳定性强的排序方法,时间复杂度 $O(n+k)$,其中 n 为要排序的数的个数,k 为要排序的数的最大值。计数排序在对一定量的整数排序时速度非常快,一般快于其他排序算法,但其局限性比较大,只限于对整数进行排序。计数排序通过消耗空间复杂度来获取时间效率,其空间复杂度为 $O(k)$,k 为要排序的最大值。

计数排序的基本思想是:一组数在排序之前先统计这组数中小于某数的个数,则可以确定这个数的位置。如图 7-22 所示,要排序的数组 A 为{ 2,5,3,0,2,3,0,3},则比 5 小的有 7 个

数,所以 5 应该在排序好的数列的第 8 位,对于重复的数字,0 在 1 位和 2 位(暂且认为第一个 0 比第二个 0 小),2 位于 3 位和 4 位。

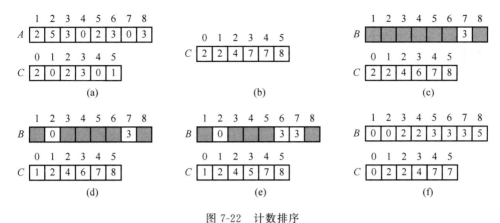

图 7-22 计数排序

图 7-22 示意了计数排序的执行过程,具体实现步骤如下:

① 数组 A 为待排序数组,长度为 n;此外,设置辅助数组 B 和 C,数组 C 记录比某个数小的其他数的个数,长度为 k+1(k 为最大的数),数组 B 为记录排序好的数的数组,长度为 n。

② 统计待排序数组中各个数值的个数,从而确定数组 C 中的内容,计算结果如图 7-22(a) 中数组 C 所示。

③ 根据步骤②计算得到的数组 C 的内容,重新对数组 C 计数,得到每一个数值对应的不大于它的数值的个数,如图 7-22(b)中数组 C 所示。

④ 从后向前遍历待排序数组 A,将其元素值作为数组 C 的索引所取得的 C 元素值即为 A 中元素在 B 数组中的位置;每排好一个数则对 C 中元素值(位置数)进行减 1 操作,以此完成数组 A 中其余数的排序,如图 7-22(c)~(f)所示。

根据以上计数排序算法的步骤,其完整的 C++程序如下:

```
void counting_sort(int a[],int b[],int n,int k)
//数组 a 为待排序整数,数组 b 为排序结果,k 为待排序最大整数,n 为排序整数个数
{
    int j, * c = new int[k + 1];
    memset(c,0,(k + 1) * sizeof(int));       //将数组 c 的每一个元素置 0
    for(j = 0;j < n;j + + )                   //计算数组 a 中每个元素的个数
        c[a[j]] = c[a[j]] + 1;
    for(j = 1;j < = k;j + + )     //计算数组 a 中每个元素比它小的元素个数
        c[j] = c[j] + c[j - 1];

    for(j = n - 1;j > = 0;j-- )  //根据数组 c,将数组 a 中的元素存储到数组 b 中相应
                                          的位置
    {
        b[c[a[j]] - 1] = a[j];
        c[a[j]] = c[a[j]] - 1;
    }
```

```
        delete []c;
    }
```

上述计数排序算法中,第 1、3 个循环所花时间为 $O(n)$,第 2 个循环所花时间为 $O(k)$。这样,总的时间代价就是 $O(k+n)$。当 $k \leq n$ 时,计数排序的运行时间为 $O(n)$。

7.4.2　桶排序

桶排序也称箱排序,其基本思想是:设置若干个桶,依次扫描待排序的元素,把关键字等于 k 的元素全都装入第 k 个桶里(分配),然后按序号依次将各非空的桶首尾连接起来(收集)。

例如,要将 52 张扑克牌按 1<2<3<…<J<Q<K 排序,需设置 13 个“桶”,排序时依次将每张牌按大小放入相应的桶里,然后依次将这些桶首尾相接,就得到了按大小递增排列的一副牌。显然,桶的个数取决于关键字的取值范围,若关键字的取值范围是在 $[0,m)$ 之间的整数,则可以设置 m 个桶。桶排序要求关键字的类型是有限类型,否则可能要无限个桶。在此例中,13 个桶里均放有 4 张牌,而在一般情况下,每个桶存放多少个关键字相同的元素是无法预先确定的,因此桶的类型应设计成链表。为了节省连接桶的时间,每个链表除设置头指针外,还应设置一个尾指针,这样只要修改指针即可完成连接操作,并且有了尾指针后,把一个元素装入桶就可以直接将其链接到相应链表的尾部。图 7-23 给出了一个桶排序的示例。

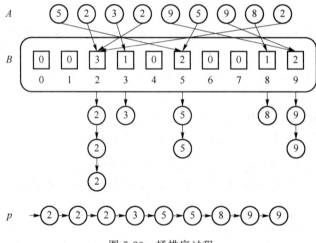

图 7-23　桶排序过程

桶排序的具体 C++代码如下:

```
struct bucket_node{                          //桶定义
    int num;
    list_node * first, * rear;
};
struct list_node{                            //桶中数据结点
    int data;
    list_node * next;
};
//数组 a 为 n 个待排序数,m 为桶的个数,p 为指针变量的引用
```

```
void Bucket_sort(int a[],int n,int m,list_node * &p)
{
    int i,k;
    bucket_node * b = new bucket_node[m];   //建立 m 个桶
    for(i = 0;i < m;i ++ )                   //清 m 个桶
    {   b[i].num = 0;
        b[i].first = b[i].rear = NULL;
    }
    for(i = 0;i < n;i ++ )          //分配,数组 a 中的 n 个数入桶,每个桶都是一个链表
    {   k = a[i];
        p = new list_node;
        p -> data = k;
        p -> next = NULL;
        if(b[k].num == 0)
            b[k].first = b[k].rear = p;
        else
        {   b[k].rear -> next = p;b[k].rear = p;}
        b[k].num ++ ;
    }
    //收集
    for(i = 0;i < m && b[i].num == 0;i ++ );     //寻找非空桶
    p = b[i].first;
    for(int j = i + 1;j < m;j ++ )               //非空桶首尾相连
    {   if(b[j].num != 0)
        {
            b[i].rear -> next = b[j].first;
            i = j;
        }
    }
    delete []b;
}
```

测试主程序如下:

```
int main()
{
    int a[] = {5,2,3,2,9,5,9,8,2};
    list_node * front, * p;
    Bucket_sort(a,9,10,front);   //调用桶排序
    p = front;
    while(p != NULL)                 //打印输出测试结果
```

```
{        cout << p -> data;        p = p -> next;        }
delete[]front;
return 0;
}
```

显然,清桶和连接桶的时间复杂度都是 $O(m)$,入桶的时间是 $O(n)$,所以桶排序的时间是 $O(m+n)$。

7.4.3 基数排序

基数排序是对桶排序的改进和推广。桶排序只适用于关键字取值范围较小的情况,否则所需桶的个数 m 以及清桶和连接桶的时间复杂度都比较大。

桶排序是按关键字值的大小进行排序的,而基数排序是一种按关键字各位的值进行排序的技术。它把关键字 k 看成一个 d 元组,即 $k=(k_1,k_2,\cdots,k_d)$,其中 k_1 是最高位关键字,k_d 是最低位关键字。例如,若关键字 $k=172$,则它可以表示成 $k=(k_1,k_2,k_3)=(1,7,2)$,该关键字中有 3 个十进制数字,每位可以出现 $0\sim9$ 中任意一个数字,因此其基数 d 等于 10。为实现多关键字排序,通常有两种方法,一是按关键字最高位优先的排序方法,简称为 MSD 方法;二是按关键字最低位优先的排序方法,简称为 LSD 方法。

最高位优先排序的基本思想是:先对 k_1 排序,并按 k_1 的不同值将记录序列分成若干个子序列,然后再对 k_2 进行排序,依次类推,直至最后对最低位关键字 k_d 排序完成为止。

最低位优先排序的基本思想是:先对 k_d 进行排序,然后对 k_{d-1} 排序,依次类推,直至对最高位关键字 k_1 排序完成为止。

下面以整数排序为例来说明基数排序的具体过程。其基本思想是:将整数按位数切割成不同的数字,然后按各位分别排序。具体做法是:将所有待比较数据统一为同样的数位长度,数位较短的数前面补零。然后采用 LSD 方法排序,即从最低位开始,依次进行一次排序。从最低位一直到最高位排序完成后,序列就变成一个有序序列。

例如,利用基数排序对序列$\{53,3,542,748,14,214,154,63,616\}$进行正序排序,具体排序过程如图 7-24 所示。

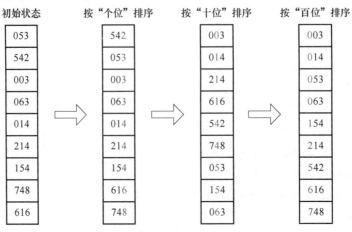

图 7-24 基数排序具体过程

完整的对数组元素按位排序的 C++ 程序如下：

```
void count_sort(int a[],int n,int exp)    //exp = 1 表示按"个位"排序,exp = 10 表示
                                            按"十位"排序,依次类推
{
    int *  output = new int[n];            //临时数组
    int i,buckets[10] = {0};
    for(i = 0;i < n;i + + )
        buckets[(a[i]/exp)%10 ]++ ;        //将数据出现的次数存储在 buckets[]中
    //更改 buckets[i],让其值为该数据在 output[]中的位置
    for(i = 1;i < 10;i + + )
        buckets[i]  + = buckets[i - 1];
    //将数据存储到临时数组 output 中
    for(i = n - 1;i > = 0;i -- )
    {   output[buckets[(a[i]/exp)%10 ] - 1] = a[i];
        buckets[(a[i]/exp)%10 ] -- ;
    }
    for(i = 0;i < n;i + + )                 //将排序好的数据赋值给 a 数组
        a[i] = output[i];
    delete []output;
}
void radix_sort(int a[],int n)            //基数排序
{
    int exp;   //按个位排序 exp = 1,按十位排序 exp = 10,按百位排序 exp = 100,依次类推
    int max = get_max(a,n);                //get_max 函数获取数组的最大值
    for(exp = 1;max/exp > 0;exp  * = 10)   //从个位开始,对数组 a 按位数排序
        count_sort(a,n,exp);
}
```

显然，基数排序的总体运行时间应等于其中各趟排序所需时间的总和。若各字段的取值范围分别为 $[0, M_i)(1 \leqslant i \leqslant t)$，则总体运行时间为

$$O(n+M_1)+O(n+M_2)+\cdots+O(n+M_t)=O(t(n+M))$$

其中，$M = \max\{M_1, M_2, \cdots, M_t\}$。

7.5　工程实践和思考

问题 1：电话号码排序

1. 问题的提出

设一个文件包含不超过 10 亿条数据，其中每条数据都是一个 13 开头的 11 位移动电话号

码,如图 7-25 所示,电话号码不重复,请使用尽可能小的内存空间,将这些整数按升序进行排序,注意:该算法时间复杂度为 $O(n)$。

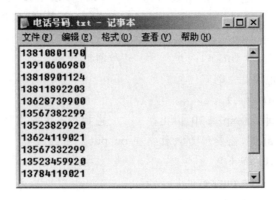

图 7-25 data.txt 示例

2. 基本思想

本问题的算法需要考虑两方面的因素:时间复杂度和空间复杂度。以下为本问题的两个难点。

① 本章前面已讲过的所有排序算法如快速排序、归并排序等的时间复杂度均高于 $O(n)$,所以该问题需要使用其他的思路进行求解。$O(n)$ 的时间复杂度对算法的要求是:有限次数地遍历所有数据,就能够完成排序。这可能吗?

② 按照一条电话号码使用 4 字节的空间存储进行计算,10 亿条数据如果全部调入内存,所需的内存空间是 4 GB,这是 32 位系统能够寻址的最大内存空间,而系统还有其他数据需要进行处理,所以实际上不可能提供如此大的内存空间进行排序。因此,该算法不能将数据一次性调入内存,需要多次读取文件,内外存交互,但会造成时间效率低下。

那么,该问题就无解了吗?实际上,这些整数有一个特点就是不重复,利用该特点可以使用散列的方法进行排序,能够达到意想不到的效果。具体来说,就是利用类似位图的方法使用散列函数进行排序。

位图的思想是什么呢?假设有一组小于 20 的非负整数集合,则可以使用一个 20 bit 的位串来表示,如集合{2,8,3,5,1,13},它的存储方式可以如表 7-3 所示。

表 7-3　20 bit 的位串

bit 位	0	1	2	3	4	5	6	7	8	9	10	11	12	13	14	15	16	17	18	19
位数值	0	1	1	1	0	1	0	0	1	0	0	0	0	1	0	0	0	0	0	0

其中,将代表数字的各位置 1,其他位全部置 0。这样就可以使用 20 bit 的空间存储 6 个整数,而且位串按位置升序存储,可达到升序排序的效果。本问题中,电话号码均为 11 位,其中前两位全部是 13,因此,按照位图的方法,只需要存储后 9 位即可,可以使用一个具有 1 000 000 000 bit(1 Gbit=128 MB)的位串来存储数据,在该位串中,当且仅当整数 i 在该文件中存在,将第 i 位置 1;否则置 0。所以,我们可以用以下方法设计解决该问题的算法。

初始化长度为 N 位串,全部位置 0,这里:

$N=$(最大整数值+1)/一个 char 所占用的 bit 数=1 000 000 000/8=125 000 000

按顺序依次读取文件中的每一条数据,对每条数据截取后 9 位整数,将位串中相应 bit 位置 1,再读下一条数据,直到文件结束。然后将位串中 bit 位为 1 的地址按顺序依次读出或重新存储即可。该算法整个过程的时间复杂度为 $O(n)$。

3. 算法实现

根据上面的分析,我们可以把整个程序进行模块化划分,分成以下 4 个部分。

① 构造一个空的散列表:

unsigned char ch[125 000 000]={0};

② 在位串中插入一个元素:

void insert_ele(unsigned char ch[],int elementary);

③ 读取文件,并调用函数②生成散列表:

void gen_hash();

④ 读取散列表,将相应位置置 1 的对应电话号码重新写入文件:

void sort_by_hash(unsigned char ch[]);

以上 4 个步骤,只需要遍历两次所有数据,因此符合时间复杂度的要求,该算法具体的 C++代码实现如下。

① 在散列表中插入一个元素:

```cpp
void insert_ele(unsigned char ch[],int elementary)
//ch 为散列表,elementary 为待插入的元素值
{
    int i = (elementary % 1000 000 000)/8;   //计算对应 char 型变量的下标
    int j = elementary % 8;                  //计算对应 bit 位
    ch[i] = ch[i] | (0x01 << j);             //对应位置 1
}
```

② 构造完整的升序散列表,时间复杂度 $O(n)$:

```cpp
void gen_hash()
{
    char str[12];
    ifstream in("data.txt");
    while(! in.eof())                 //读取文件
    {
        in.getline(str,12,'\n');
        int i = atoi(str);            //字符串转化成整型
        if(i)insert_ele(ch,i);        //每读取一个号码插入,节约存储空间
    }
    in.close();
}
```

③ 读取散列表,电话号码按升序写入文件,时间复杂度 $O(n)$:

```
void sort_by_hash(unsigned char ch[])
{
    ofstream out("data.txt");
    for(int i = 0;i < 125e6;i + +)              //读取散列表
    {
        for(int j = 0;j < 8;j + +)
        {
            unsigned char n = 1;
            n = n << j;
            if((ch[i] & n) = = 1)               //寻找置1的位置
            {
                int data = 13e9 + i * 8 + j;    //转化成标准的电话号码存储
                out << data << endl;
            }
        }
    }
    out.close();
}
```

④ 主函数调用上述②和③这两个函数,可完成升序排序:

```
void main()
{
    static unsigned char ch[125e6] = {0};         //声明并初始化字符数组,即散列表
    gen_hash();
    sort_by_hash(ch);
}
```

注意:

① 函数 atoi()实现由字符串到整型数的转换,包含在库 stdlib.h 中。

② 位图的方法将数据散列到位串中,还可以实现快速查找的功能,其查找的时间复杂度为 $O(1)$。有兴趣的读者,不妨自己实现一下。

问题 2:大数据下的排序问题

前面讨论的排序方法,在整个排序过程中不涉及数据的内外存交换,待排序的记录可以全部存放在内存中。但对于一个大型文件中的海量数据,如何对它们进行排序? 显然,在这种情况下,数据是无法一次装入内存的,而是需要在内存和外存之间进行多次数据交换,才能达到对整个文件进行排序的目的,具有这种特点的排序方法称作外部排序。

1. 外部排序方法

外部排序的基本思想是:首先,按可用内存大小,将外存上的文件(数据)划分为若干个长度适合的子文件,依次读入内存并利用内部排序方法进行排序,再将排序后的数据重新写入外

存,通常称这些有序子文件为归并段或顺串;然后,对这些归并段进行逐趟归并,使它们逐渐由小到大,直至得到整个有序文件为止。

例如,一文件含 10 000 个记录,通过 10 次内部排序可得到 10 个初始归并段 $R_1 \sim R_{10}$,其中每一段都含有 1 000 个记录。2 路归并外部排序的过程如图 7-26 所示。

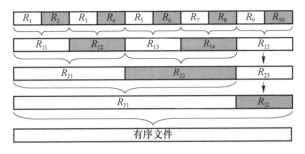

图 7-26　二路归并外部排序

从图 7-26 中可以看到,由 10 个初始归并段到一个有序文件,共进行了 4 趟归并,每一趟都由 m 个归并段变为 $\lceil m/2 \rceil$ 个归并段。那么,外部排序所需时间和哪些因素有关呢?

外存上信息的读/写是以物理块(扇区)为单位进行的,假设每个物理块可以容纳 200 个记录,则每一趟归并需要进行 50 次"读"和 50 次"写",4 趟归并加上内部排序时所需进行的读/写使得在外部排序中共需进行 500 次读/写。则有

外排序所需时间=内部排序(产生初始归并段)所需时间($m \times t_{IS}$)+外存数据读写时间
$$(d \times t_{IO}) + 内部归并时间(s \times u \times t_{mg}) = 10t_{IS} + 500t_{IO} + 4 \times 10\ 000t_{mg}$$

其中,m 为初始归并段个数,d 为外存的读/写次数,s 为归并趟数,t_{IS} 是为得到一个初始归并段进行内部排序所需时间的均值,t_{IO} 是一次外存读/写操作时间的均值,$u \times t_{mg}$ 是对 u 个记录进行内部归并所需的时间。

一般来讲,访问外存上的数据要比访问内存慢 5~6 个数量级,所以设计外部排序算法时,应主要着眼于减少外存的读/写次数。对于上面的例子,若采用 5 路归并,则归并需要 2 趟,外存读写次数减少为 $100 + 2 \times 100 = 300$,相比 2 路归并少了 200 次。因此,为改善外部排序的时间性能就需要减少归并趟数,以减少外存的读/写次数。由于 $s = \lceil \log_k m \rceil$,所以可以采用以下方法减少归并趟数:

① 扩大初始归并长度,从而减少初始归并段个数 m;

② 进行多路(k 路)归并,如设置 5 个内存缓冲区,4 个用于输入,1 个用于输出,则可以进行 4 路归并,如图 7-27 所示。

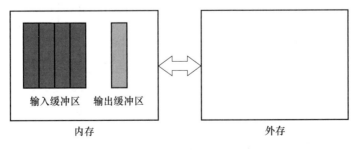

输入缓冲区　输出缓冲区

内存　　　　　　　　　　外存

图 7-27　k 路归并示意图

2. k 路归并方法

在内存里进行 k 路归并的方法有很多种。其中最简单的方法是对参加归并的 k 个有序段的当前记录进行比较,经过 $k-1$ 次比较可确定其中具有最小键值的记录,把此记录送到输出缓冲区(当缓冲区满时,将缓冲区写入外存),然后让此记录所在有序段的下一个记录参加比较,一直进行到 k 个有序段的所有记录全部输出为止。此时,若输出缓冲区未满,还要把输出缓冲区的记录写入外存。经过这样处理之后就生成一个新的有序段。

如果使用这样的归并方法,那么对于记录总数为 n、初始归并段个数为 m 的 k 路归并,其归并趟数 $s=\lceil \log_k m \rceil$,内部归并的总比较次数为

$$C = s(n-1)(k-1) = \lceil \log_k m \rceil(n-1)(k-1) = \lceil \log_2 m / \log_2 k \rceil(n-1)(k-1)$$
$$= \lceil \log_2 m \times (k-1) / \log_2 k \rceil(n-1)$$

可以看出,随着 k 的增加,归并趟数 s 下降(可减少 I/O 次数),但归并总比较次数增大。

为了减少归并时的比较次数,可以采用"胜者树"策略。归并过程如下。

① 用 k 个有序段的第一个记录构造出初始"胜者树"。首先用这 k 个记录作为叶子结点,然后将相邻的两个结点进行比较,把键值小的记录(胜者)作为两个结点的父结点,按此方法自下而上逐层生成了"胜者树"(为节省内存,分支结点存放记录的键值及记录的指针即可)。

② "胜者树"构造完成后,树中的根结点就是全胜者,它是这 k 个记录中具有最小键值的记录。此时把根结点所代表的记录送到输出缓冲区,然后让此记录所在有序段的下一个记录参加比赛。

③ "新选手"参加比赛,则需要重新调整"胜者树"。调整是在从新参加比赛的叶子到根的路径上的结点及它们的兄弟结点之间进行的,自下而上进行比较并调整其父结点,最后,根结点代表的记录进入输出缓冲区,依次进行直到 k 个有序段的所有记录全部输出为止。

"胜者树"的构建和调整的过程如图 7-28 所示。

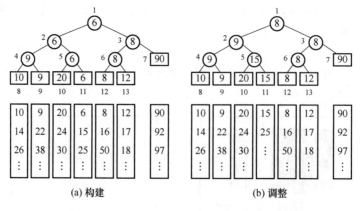

图 7-28　7 路归并"胜者树"的构建和调整

用"胜者树"进行 k 路归并,需要多少次比较呢?

假设有 m 个初始归并段,总共有 n 个记录,第一次建立"胜者树"需进行 $k-1$ 次比较。以

后每置换一次,重新构造"胜者树"需要进行$\lfloor \log_2 k \rfloor$次比较(树的深度为$\lfloor \log_2 k \rfloor + 1$),在一趟归并中为了确定$n$个记录需要进行$(k-1)+n\lfloor \log_2 k \rfloor$次比较,因此,对于$m$个初始归并段的$k$路归并外部排序,其内部归并总的比较次数为

$$[k-1+(n-1)\lfloor \log_2 k \rfloor] \times s = [k-1+(n-1)\lfloor \log_2 k \rfloor] \times \lceil \log_k m \rceil$$

通常n是相当大的$(n \gg k)$,所以进行k路归并内部处理时间为

$$O((n-1)\lfloor \log_2 k \rfloor \lceil \log_k m \rceil) = O(n\log_2 m)$$

也就是说,内部处理时间与k无关。这说明,利用"胜者树"进行k路归并,不但可以减少I/O时间,而且也不会增加内部归并处理时间。

用"胜者树"进行k路归并,在重新进行每一次比赛时,都要花费时间去寻找参加这次比赛的运动员。对此可以进行以下改进。

在单淘汰赛中,如果用D_1代替D(D是冠军)参加比赛,为了确定这次比赛的冠军,只要安排那些原来被D打败的运动员重新参加比赛即可。也就是说,树的分支结点不再表示胜利者,而是表示比赛的失败者。这时,从叶子结点D到根的路径上的所有分支结点,就是被D打败的需要重新参加比赛的选手,而最后的胜利者被存储在根结点之上的另外一个结点,这样的树称为"败者树",如图7-29所示。

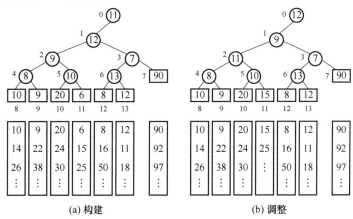

图7-29 7路归并"败者树"的构建和调整

图7-29(a)示意了7路归并"败者树"的构建。各归并段的第一个记录作为树的叶子,然后,"10"和"9"比较,生成双亲结点存储失败者"10"的标号8,胜利者"9"继续参加比赛。同理,"20"和"6"、"8"和"12"进行比较,双亲结点存储失败者标号,它们中的胜者继续参加比赛。依次进行,直到所有选手都参加了比赛为止,最后的胜利者就被存储在ls[0]中,它对应着"败者树"最顶端的结点。

图7-29(b)示意了"败者树"的调整。"6"是本轮比赛的冠军,输出"6"后,它所在归并段的下一个记录"15",进入"败者树"的结点11。这次重新调整败者树(即进行新一轮比赛)时,只需要将"15"与"20""9""8"相比较,它们在路径11—5—2—1上,无须寻找,比赛结果如图7-29(b)所示。

用"败者树"进行k路归并,不但具有"胜者树"的长处,而且在输出冠军以后重新调整树时,要比"胜者树"进行得快。

习　题　7

1. 填空题

(1) 排序的主要目的是以后对已排序的数据元素进行_____。

(2) 对 n 个元素进行起泡排序，在_____的情况下比较的次数最少，其比较次数为_____；在_____的情况下比较次数最多，其比较次数为_____。

(3) 对一组元素{54,38,96,23,15,72,60,45,83}进行直接插入排序，当第 7 个元素 60 插入有序表时，寻找插入位置需比较_____次。

(4) 对一组元素{54,38,96,23,15,72,60,45,83}进行快速排序，在递归调用中使用的栈所能达到的最大深度为_____。

(5) 对 n 个待排序元素序列进行快速排序，最好情况下所需时间是_____，最坏情况下所需时间是_____。

(6) 利用简单选择排序对 n 个元素进行排序，最坏情况下，元素交换的次数为_____。

(7) 如果将序列{50,16,23,68,94,70,73}建成堆，只需把 16 与_____交换。

(8) 对于键值序列{12,13,11,18,60,15,7,18,25,100}，用筛选法建堆，必须从键值为_____的结点开始。

(9) 采用改进的起泡排序对有 n 个记录的表 A 按键值递增排序，若 A 的初始状态是按键值递增，则排序过程中记录的比较次数为_____。若 A 的初始状态为递减排列，则记录的交换次数为_____。

2. 单选题

(1) 从未排序序列中依次取出一个元素与已排序序列中的元素依次进行比较，然后将其放在已排序序列的合适位置，该排序方法称为(　　)排序法。

A. 插入排序　　　B. 选择排序　　　C. 希尔排序　　　D. 二路归并排序

(2) 一个对象序列的排序码为{46,79,56,38,40,84}，采用快速排序，以位于最左侧位置的对象为基准而得到的第一次划分结果为(　　)。

A. {38,46,79,56,40,84}　　　　　　B. {38,79,56,46,40,84}

C. {40,38,46,56,79,84}　　　　　　D. {38,46,56,79,40,84}

(3) 对二叉排序树进行(　　)遍历，可以得到该二叉树所有结点构成的排序序列。

A. 前序　　　B. 中序　　　C. 后序　　　D. 按层次

(4) 当待排序列基本有序时，下列排序方法中(　　)最好。

A. 直接插入排序　　　　　　　　B. 快速排序

C. 堆排序　　　　　　　　　　　D. 归并排序

(5) 在下列排序算法中，在待排序的数据表已经为有序时，花费时间最多的是(　　)。

A. 快速排序　　　B. 希尔排序　　　C. 起泡排序　　　D. 堆排序

(6) 下列排序算法中，某一趟结束后未必能选出一个元素放在其最终位置上的是(　　)。

A. 堆排序　　　B. 起泡排序　　　C. 快速排序　　　D. 直接插入排序

(7) 下列排序算法中，时间复杂度为 $O(n\log_2 n)$ 且占用额外空间最少的是(　　)。

A. 堆排序　　　B. 起泡排序　　　C. 快速排序　　　D. 希尔排序

（8）已知数据表 A 中每个元素距其最终位置不远,则采用（　　）算法最节省时间。

A. 堆排序　　　　B. 插入排序　　　　C. 快速排序　　　　D. 直接选择排序

（9）下面给出的 4 种排序法中,（　　）排序法是不稳定的排序法。

A. 插入　　　　B. 起泡　　　　C. 二路归并　　　　D. 堆

（10）就平均性能而言,比较排序中最快的排序方法是（　　）。

A. 起泡排序　　　　B. 希尔排序　　　　C. 快速排序　　　　D. 插入排序

（11）下面（　　）排序算法是基于比较的排序。

A. 计数排序　　　　B. 桶排序　　　　C. 基数排序　　　　D. 插入排序

3. 判断以下序列是否为小（顶）根堆？若不是,则以最少的移动次数将它们调整为小（顶）根堆（要求画出最后的堆结构和线性序列）。

（1）$\{19,78,32,66,26,58,46,95,89,31\}$

（2）$\{113,98,69,35,68,25,43,19,31,55,16,29\}$

4. 设有关键码序列 $\{Q,H,C,Y,Q,A,M,S,R,D,F,X\}$,要求按照关键码值递增的次序进行排序。

（1）若采用初始步长为 4 的希尔排序法,写出一趟排序的结果。

（2）若采用以第一个元素为分界元素（轴值）的快速排序法,写出一趟排序的结果。

5. 算法设计

（1）试编写一个双向起泡排序算法,即在排序过程中交替改变扫描方向。

（2）编写算法,实现将整型数组中的元素按照奇数和偶数分开,使得奇数在原数组的前面,偶数在原数组的后面。

（3）利用快速排序算法的思想,编写算法,实现求第 k 个最小值的功能。

（4）试编写一个非递归的快速排序算法。

（5）若存储结构采用带头结点的单链表,编写排序算法使链表中的元素有序排列。

（6）已知 $\{k_1,k_2,\cdots,k_n\}$ 是堆,编写一个算法将 $\{k_1,k_2,\cdots,k_{n+1}\}$ 调整成堆。

参考文献

［1］ 王红梅,胡明,王涛.数据结构(C++版).北京:清华大学出版社,2005.

［2］ 漆涛,漆溢,蒋砚军.算法与数据结构(C++版).北京:电子工业出版社,2009.

［3］ 唐善策,李龙澍,黄刘生.数据结构——用 C 语言描述.北京:高等教育出版社,1995.

［4］ 张洪刚,陈光,郭军.图像处理与识别.北京:北京邮电大学出版社,2006.

［5］ 杨淑莹.图像模式识别——VC++技术实现.北京:清华大学出版社,2005.

［6］ 殷人昆,陶永雷,谢若阳,盛绚华.数据结构(用面向对象方法与 C++描述).北京:清华大学出版社,1999.

［7］ 严蔚敏,吴伟民.数据结构(C 语言版).北京:清华大学出版社,2007.

［8］ 李晓明,闫宏飞,王继民.搜索引擎——原理、技术与系统.北京:科学出版社,2008.

［9］ Jon Bentley.编程珠玑.2 版.黄倩,钱丽艳,译.北京:人民邮电出版社,2009.

［10］ 邓俊辉.数据结构(C++语言版).3 版.北京:清华大学出版社,2013.

［11］ Thomas H. Cormen Charles E. Leiserson.算法导论.2 版.北京:机械工业出版社,2009.

［12］ Stanley BL,Josee L,Barbara EM.C++ Primer 中文版.4 版.李师贤,蒋爱军,等译.北京:人民邮电出版社,2006.

附录

附录 1　异常处理

异常是指在程序运行时,由于运行环境、数据输入或操作不当,导致程序不能运行。异常的一个重要特征是:不能通过静态程序发现异常,而只能通过程序的运行发现。例如,用户调用程序时,参数设置不正确;申请、使用内存或外存时,存储空间不能满足要求等。C++通过下列语句实现异常处理机制:

√ *throw*——抛出一个异常,供 *try* 捕获;

√ *try*——检测异常;

√ *catch*——捕获并处理 *try* 检测的异常。

C++的异常处理分为两个方面:一是抛出异常,二是捕获异常。抛出异常是在可能出现异常的函数中,用 *if* 检测,如果确认异常产生,则用 *throw* 语句抛出该异常。在调用带有异常的函数时,将有可能抛出异常的函数放在 *try* 中,以检测是否抛出异常,若抛出,则程序跳转到 *catch* 捕获并进行处理;若没有抛出,则程序执行完带有异常的函数后,继续向下运行。例如:

```cpp
void FuncException(int n)
{
    if ( n == 0 )  throw  "参数不能为零!"      //抛出字符串类型的异常
    if ( n == 1 )  throw  1;                   //抛出整型异常
    cout<<"正常"<<endl;
}
void main()
{
    int n;    cin>>n;
    try
    {
        FuncException(n);                      //检测异常
    }
    catch( char * s)                           //捕获字符串类型的异常
    {
        cout<<s<<endl;                         //处理异常
    }
    catch ( int e)                             //捕获整型异常
```

```
        {
            cout<<e<<endl;                           //处理异常
        }
    }
```

　　运行该程序,若输入 0,则程序输出结果"参数不能为零!";若输入 1,则程序输出结果"1";若输入其他值,则程序输出结果"正常"。

　　说明:被调函数中使用 throw 抛出的异常可以是字符串、整型、指针或自定义类型,主调函数中使用 catch 处理异常时,一个 catch 只能处理一种类型的异常,即若 throw 抛出的是整型异常,则使用 catch 处理的时候,其参数类型也必须为整型。被调函数可能同时抛出多个不同类型的异常,则可以通过多个 catch 来进行捕捉。

附录 2　模板

模板(Template)指 C++程序设计语言中的函数模板与类模板。目前,模板已经成为 C++的泛型编程中不可缺少的一部分。模板是 C++程序员绝佳的武器,特别是结合了多重继承与运算符重载之后。C++的标准库提供了许多有用的函数,大多函数结合了模板的观念,如 STL 以及 IO Stream。

1. 函数模板

在函数重载中,有些重载函数的功能几乎完全一样,只是参数类型或返回值类型不同。比如函数 Max 用来完成找出两个输入参数的最大者,那么输入参数可以是整数、浮点数或字符,返回值也是相应的类型。若使用函数重载则需要 3 个函数来完成,而使用模板,只需要定义一个通用函数即可支持不同类型的参数和返回值。

```
#include <iostream>
using namespace std;
template <class T> T Max(T x, T y)          //①
{
    return  x>=y ? x : y;
}
void main()
{
  cout <<Max <int>(3,5) << endl;            //输出 5
  cout <<Max (3,5) << endl;                 //和上面相同
  cout <<Max (3.6, 2.5) << endl;            //输出 3.6
  cout <<Max ('a', 'c')<<endl;              //输出 c
}
```

上述代码①中关键字 **template** 表示该函数是模板,<**class** T>表示 *T* 是形式化参数,可以是 1 个或多个,可用来替代函数中的形式参数、返回值类型。<**class** T>也可以用<typename T>来代替。当该函数模板被调用时,根据实际输入的参数类型来确定 *T* 的类型。

2. 类模板

假如一个类包含类型不确定的成员变量,或成员函数的参数、返回类型不能确定,就可以使用类模板来解决这个问题。

```
template <class T> class Compare                //②
{
protected :
    T  m_x,  m_y;
public :
    Compare(T x, T y) : m_x(x), m_y(y) {}        //构造函数
    T  Max();
} ;
template <class T> T Max()
```

```
{
    return m_x > = m_y ? m_x: m_y;
}
```

上述代码②中关键字 **template** 表示 Compare 是模板类，**<class** T>中 *T* 是类模板参数，可以是一个或多个，可用来替代类的成员变量、成员函数形式参数或返回值类型。Compare 类能够完成对多种类型的数据进行比较。

使用类模板的实例化对象时，按如下形式进行定义：

类模板名<模板参数表> 对象 1，对象 2，…，对象 n；

```
void main()
{
    Compare<int>   C1(3, 5);              //声明整型比较对象 C1
    Compare<char> C2('a', 'b');          //声明字符型比较对象 C2
    cout <<C1.Max() <<endl;              //输出 5
    cout <<C2.Max() <<endl;              //输出'b'
};
```

类模板的参数可以是不确定的类型，也可以是确定的类型，根据实际情况进行选择。

```
template <class T, int n> class Compare          //③
{
protected :
    T   m_data[n];
public :
    Compare(T a[], int len)  {memcpy(m_data, a, sizeof(T) * len);}
                                                //构造函数
    T   Max();
}
template <class T> T Max()
{
    for(int k = 0, i = 1; i<n; i++)
        if (m_data[i] > m_data[k])  k = i;
    return m_data[k];
}
void main()
{
    int a[5] = {2,9,3,7,5};
    Compare<int, 5>   C(a, 5);              //声明整型比较对象 C1
    cout <<C.Max() <<endl;                  //输出 9
}
```

上述代码③中<class T, int n>中"int n"就是整型的模板参数，用来指定模板类的成员变量 m_data 的分配空间的大小。此时，Compare 类实例化后的对象 *C* 中所有出现 *n* 的地方都使用 5 来代替。

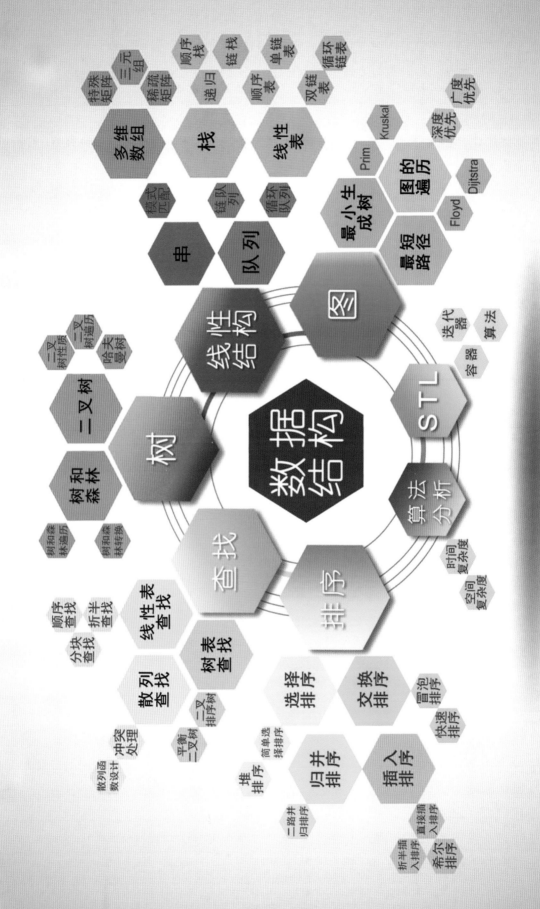